CB001249

Física e Filosofia

Coleção Debates
Dirigida por J. Guinsburg

Equipe de Realização – Tradução: Gita K. Guinsburg; Produção: Ricardo W. Neves e Sergio Kon.

mario bunge

FÍSICA E FILOSOFIA

Título do original inglês:
Physics and Philosophy

Dados Internacionais de Catalogação na Publicação (CIP)
(Câmara Brasileira do Livro, SP, Brasil)

Bunge, Mario
Física e filosofia / Mario Bunge ; tradução Gita K. Guinsburg. -- São Paulo : Perspectiva, 2012. -- (Debates ; 165 / dirigida por J. Guinsburg)

Título original: Physics and philosophy.
2ª reimpr. da 1. ed. de 2000.
Bibliografia.
ISBN 978-85-273-0210-4

1. Física - Filosofia I. Guinsburg, J.. II. Título. III. Série.

07-8812 CDD-530.01

Índices para catálogo sistemático:
1. Filosofia e física 530.01
2. Física e filosofia 530.01

1ª edição – 4ª reimpressão
[PPD]

Av. Brigadeiro Luís Antônio, 3025
01401-000 – São Paulo – SP – Brasil
Telefax: (11) 3885-8388
www.editoraperspectiva.com.br

2019

SUMÁRIO

PREFÁCIO

A física e a filosofia conviveram desde o seu nascimento: às vezes misturadas, outras vezes cooperando entre si e freqüentemente lutando uma com a outra. Desde os pré-socráticos até Einstein e Heisenberg, não houve grande físico que não sofresse o fascínio e não se sentisse em parte motivado pela filosofia. De Aristóteles até Whitehead e Russel não houve grande filósofo que não tivesse meditado sobre a física, não utilizasse alguns de seus resultados e não se inspirasse, às vezes, em seus métodos. É verdade, as incursões filosóficas dos físicos, assim como as filosofias da física excogitadas por filósofos, foram, amiúde, obra de amadores. Ainda assim, foram de interesse e, muitas vezes, fecundas e, de todo modo, não é possível ignorá-las. Talvez – esperemos – outras ciências, além da física, ocupem a atenção dos filósofos no futuro. Mas o fato é que, até agora, a física tem constituído o paradigma da ciência e o principal provedor de materiais para a elaboração filosófica.

Os trabalhos reunidos no presente volume tratam de alguns dos mais prementes problemas filosóficos da física contemporânea, em particular da microfísica. Por exemplo, discutem a questão se a mecânica quântica encerra elementos subjetivos e se é inevitavelmente metafórica; se toda nova teoria física contém suas predecessoras; e se é possível inverter o curso do tempo. Muitos outros problemas permanecem fora do âmbito deste livro. No tocante às questões de causalidade e determinismo, devo remeter o leitor ao meu livro sobre *Causality* (Cambridge, Mass., Harvard University Press, 1959), agora acessível em seis línguas. Quanto aos problemas de axiomatização e interpretação confira o meu *Foundations of Physics* (Nova York, Springer-Verlag, 1967). E para os itens metodológicos gerais, veja meu compêndio de filosofia da ciência *Scientific Research* (Nova York, Springer-Verlag, 1967) ou a sua tradução em espanhol *La Invertigación Científica* (Barcelona, Ariel, 1969).

1. O FÍSICO E A FILOSOFIA

Houve época em que todo o mundo esperava quase tudo da filosofia: uma época em que os filósofos traçavam confiantemente as principais linhas do retrato do universo e deixavam aos físicos a tarefa subalterna de suprir alguns pormenores. Quando se constatou que esta abordagem apriorística era falha, o físico passou a rejeitar inteiramente a filosofia. Hoje, ele não espera dela nada de bom. A tal ponto que a simples palavra "filosofia" pode provocar-lhe um sorriso irônico ou desdenhoso. Não é ele quem vai cair nessas elucubrações no ar.

No entanto, a desconsideração pela filosofia não a evita. Na verdade, quando afirmamos que não nos importamos com a filosofia, o que provavelmente fazemos é substituir uma filosofia explícita por outra implícita, por isso imatura e descontrolada. O físico típico de nosso tempo descartou os desgastados sistemas dogmáticos – que eram em parte inverificáveis e em parte falsos e, de qualquer modo, em grande parte estéreis – apenas para adotar de uma forma não-crítica um conjunto diferente de princípios filosóficos. Trata-se de uma filosofia, extremamente popular no mister físico desde o alvorecer de nosso século, que é conhecida pelo nome de operacionalismo. Esta filosofia da física sustenta que um símbolo, *e. g.*, uma equação, tem um significado físico na medida em que diz respeito a alguma operação possível.

O estudante de física absorve, desde o início, a filosofia operacionalista: ele a encontra em compêndios e cursos, bem como em discussões de seminários. Raramente se lhe apresenta algum exame crítico desta concepção filosófica, pois este é feito, em geral, por filósofos. Além disso, caso se sinta tentado a criticar a filosofia oficial da ciência, poderá descobrir muito depressa que não é isso que se espera dele. O operacionalismo é o credo ortodoxo.

De qualquer modo, tanto o operacionalista quanto seu crítico fazem filosofia. Filosofar não é algo inusual nem difícil; o que é difícil é fazer boa filosofia e abster-se inteiramente dela é impossível. Em suma, o físico não é, do ponto de vista filosófico, neutro. Ele sustenta, e na maioria das vezes sem o saber, um conjunto de princípios filosóficos que serão aqui examinados.

1.1. A Filosofia-padrão da Física

O físico contemporâneo, não importa quão sofisticado e crítico ele possa ser em questões técnicas, de praxe, esposa de modo dogmático o que se pode chamar de Credo do Físico Inocente. Os principais dogmas deste credo são os seguintes:

I. A observação é a fonte e a preocupação do conhecimento físico;

II. Não há mais realidade do que o conjunto de experiências humanas. A física toda diz respeito à experiência mais do que a uma realidade independente. Donde segue que a realidade física é um setor da experiência humana;

III. As hipóteses e teorias da física não passam de experiência condensada, *i. e.*, sínteses indutivas de itens experienciais;

IV. As teorias físicas não são criadas mas descobertas: elas podem ser discernidas em conjunto de dados empíricos, como tabelas de laboratório. A especulação e a invenção quase não desempenham papel algum na física;

V. O objetivo das hipóteses e teorias é sistematizar uma parte do repertório crescente da experiência humana e prever possíveis experiências novas. Em caso algum se deve querer explicar a realidade; e muito menos devemos tentar apreender elementos essenciais;

VI. As hipóteses e teorias que incluem conceitos que não provenham da observação, como os do elétron e do campo, não têm conteúdo físico: são meras pontes matemáticas em meio a observações reais ou possíveis. Esses conceitos transempíricos, portanto, não se referem a objetos reais porém imperceptíveis, sendo apenas auxiliares desprovidos de referência;

VII. As hipóteses e teorias da física não são mais ou menos verdadeiras ou adequadas: posto que correspondem a itens que existem não independentemente, são apenas modos mais ou menos simples e efetivos de sistematizar e enriquecer nossa experiência mais do que componentes de um retrato do mundo;

VIII. Cada conceito importante tem que ser definido. Por conseguinte, todo discurso bem organizado deve começar pela definição de seus termos-chave;

IX. O que atribui significado é a definição: um símbolo não definido não possui significado físico e, portanto, só pode ocorrer em física como um auxiliar;

X. Um símbolo adquire significado físico através de uma definição operacional. Tudo o que não seja definido em termos de possíveis operações empíricas é do ponto de vista físico algo sem sentido e deve, portanto, ser abandonado.

Tirando ou pondo algum mandamento, a maioria dos físicos contemporâneos parece, pelo menos de boca, guardar o Decálogo precedente – não apenas no mundo ocidental mas também nos dois outros. Isto não implica que todos os que juram pelo Decálogo vivam segundo seus mandamentos. Na realidade, nenhum físico iria muito longe se fosse agir em obediência ao Decálogo, pois este nem reflete efetiva pesquisa nem a promove. É o que tentarei mostrar a seguir – *i. e.*, que o operacionalismo é uma falsa filosofia da física.

1.2. Observação e Realidade

O Postulado I, que converte a observação na fonte e no objeto do conhecimento físico, é, em parte, verdadeiro: não há dúvida que a observação fornece algum conhecimento rudimentar. Mas, até mesmo o conhecimento comum vai muito além da observação, *e. g.*, quando postula a existência de entidades inobserváveis como o interior de um corpo sólido e ondas de rádio. E a física vai ainda mais longe, inventando idéias que ela não poderia possivelmente extrair da experiência corriqueira, como o conceito de elétron e a lei da inércia. Em resumo, é falso que a observação seja a nascente de cada item do conhecimento físico. Tão falso quanto a pretensão de que as boas observações são as não contaminadas pela teoria.

Além do mais, a observação, considerada como um ato, não é uma preocupação da física mas antes da psicologia. Assim, a teoria da elasticidade versa sobre os corpos elásticos mais do que sobre as observações humanas acerca de tais corpos. Não fosse assim, o especialista em elasticidade observaria o comportamento de seus colegas físicos mais do que o dos corpos elásticos, e proporia hipóteses concernentes ao conhecimento daquelas coisas em vez de aventar hipóteses sobre a estrutura interna e o comportamento manifesto dos corpos elásticos. É verdade que alguns dos problemas elementares da elasticidade foram sugeridos pela observação inteligente (*i. e.*, embebida de teoria), e que toda teoria da elasticidade deveria ser verificada por meio de experimentos que envolvem observações. Mas não é isto que o Postulado I pretende.

O Axioma II, que pertence à metafísica, procura prescindir do conceito de realidade; no mínimo, tenta pô-lo entre parênteses durante a investigação científica. Até a era do operacionalismo, todo físico pensava estar manipulando coisas reais ou tendo idéias a respeito destas. É o que ele ainda faz quando em trabalho, mas não quando filosofa: nessas ocasiões, o realista prático, amiúde, se transforma em empirista. Somente alguns conservadores como Einstein se atreveram a sustentar, no próprio auge do operacionalismo, que a física tenta conhecer a realidade. A desconfiança no tocante ao conceito de realidade foi herdado, ao que parece, dos empiristas ingleses – via positivistas e pragmatistas – que criticaram as pretensões dos escolásticos e dos outros filósofos especulativos de que eram capazes de apreender uma realidade imutável subjacente às experiências humanas cambiantes. Mas isto envolve um uso muito especial do termo "realidade", um uso que só tem interesse histórico. De qualquer modo, é desinteressante fustigar os cavalos mortos da metafísica tradicional: o que importa é descobrir se a física se prende efetivamente a uma metafísica da experiência, mais do que à velha metafísica da substância, ou se não tolera nenhuma das duas.

Sem dúvida, a física não exclui o conceito de realidade, mas o restringe ao nível físico, deixando às outras ciências a tarefa de investigar outros níveis – em particular o da experiência humana. Nenhuma teoria física faz a pressuposição de que seus objetos sejam sentimentos, pensamentos ou ações humanas; as teorias físicas versam sobre sistemas físicos. Além disso, ainda que a física não se preocupe com a experiência humana, ela constitui uma extensão e aprofundamento radicais da experiência humana. Assim, produzir um feixe de partículas de 1 G eV é uma novel experiência humana e assim o é a compreensão do espalhamento desse feixe por um certo alvo, mas o objetivo, ao projetar e executar a experiência, bem como ao elaborar a respectiva teoria, é conhecer mais acerca das partículas e não dos homens. Do mesmo modo, o astrofísico que estuda reações termonucleares no interior das estrelas não as penetra, salvo intelectualmente: ele não tem experiência direta dos objetos de seu estudo. No entanto, acredita, ou pelo menos espera, que suas teorias contenham contrapartes reais. Por certo, esta crença, ou antes esperança, não é destituída de fundamento: ao contrário do velho metafísico, ele controla suas teorias contrastando-as com os dados da observação – muitos dos quais podem ter sido reunidos à luz das próprias teorias que ele põem à prova. Em outras palavras, embora experiências de vários tipos sejam necessárias para comprovar nossas idéias físicas, elas não constituem o referente destas. O referente pretendido de qualquer idéia física é a coisa real. Se acontecer que esta coisa particular não seja real, tanto pior para a idéia. A realidade não parece importar-se com nossos malogros. Mas, se negligenciarmos a realidade ou negarmos que haja uma qualquer, acabaremos por renunciar à ciência e adotar, em seu lugar, a pior metafísica possível.

1.3. Natureza e Meta das Idéias Físicas

O Postulado III, concernente à natureza das teorias e hipóteses físicas, extrapola para a ciência física o que vale para uma parte do conhecimento comum. É verdade que muitos enunciados gerais são sínteses indutivas ou sumários de dados empíricos. Mas é falso que toda idéia física geral seja formada por indução a partir de experiências individuais, *e. g.*, observações. Considerem as fórmulas da física teórica, mesmo as do tipo mais difícil – as da física do estado sólido. Todas elas contêm conceitos teóricos mais ou menos sofisticados que se acham afastados da experiência imediata. Mais ainda, as hipóteses e teorias exsudam as experiências mais do que as sumariam, pois sugerem novas observações e experimentos. No entanto, não é esta a mais importante de suas funções: nós as valoramos primordialmente porque nos permitem delinear um mapa mais ou menos aproximado da realidade e porque nos permitem explicá-la, ainda que de uma forma parcial e gradativa.

Nada fica explicado quando se diz que algo é um fato de experiência ou quando se assegura que um enunciado é um pacote de itens experienciais. A experiência é algo que precisa ser explicada e a explanação é uma tarefa para as teorias. Em especial, as teorias físicas, mais do que unidades de experiência enlatada, são meios que nos habilitam a explicar um lado da experiência humana, em si mesmo uma parte diminuta da realidade. Mas elas não bastam, pois toda experiência humana é uma macrofato com muitos aspectos e que se processa em certo número de níveis, desde o nível físico até o mental, de modo que uma explanação conveniente deste fato exige a cooperação de teorias físicas, químicas, biológicas, psicológicas e psicossociais. Em resumo, as idéias físicas vão muito além da experiência e daí por que podem contribuir para explicar a experiência. O terceiro axioma da filosofia oficial da física é, portanto, falso.

O quarto dogma é uma conseqüência do Postulado III: se as teorias são sínteses indutivas, então elas não são criadas, mas formadas por aglomeração de particulares empíricos, de um modo bastante parecido ao da formação de uma nuvem pela agregação de gotículas de água. A falsidade dessa tese segue da falsidade do Postulado III, mas pode-se mostrá-la também independentemente, lembrando que toda teoria encerra conceitos que não ocorrem nos dados empregados para comprová-la. Assim, a mecânica do contínuo emprega o conceito de tensão interna, mas como o referido conceito é inobservável, ele não figura entre os dados que se usam para sustentar ou solapar qualquer hipótese particular a respeito da forma definitiva do tensor de tensão.

Um outro argumento, de natureza psicológica, pode ser brandido contra o Postulado IV, ou seja: Nenhuma teoria física jamais resultou da contemplação das coisas ou mesmo dos dados empíricos – toda teoria física tem sido a culminação de um processo criativo que ultrapassa de muito os dados à mão. Isto é assim não apenas porque toda teoria contém conceitos que não ocorrem nos enunciados experimentais pertinentes a ela, mas também porque, fornecido um conjunto qualquer de dados, há um número ilimitado de teorias que pode responder por eles. Não há uma estrada de mão única que vá dos dados às teorias; por outro lado, o caminho que vai das suposições básicas de uma teoria para suas conseqüências verificáveis é único. Em suma, enquanto a indução é ambígua, a dedução é inambígua. Além do mais, as teorias não são fotografias: elas não se assemelham a seus referentes, mas são construções simbólicas erigidas em cada época com a ajuda dos conceitos disponíveis. As teorias científicas, longe de serem sínteses indutivas, são criações – sujeitas a comprovação empírica, para serem confiáveis, mas nem por isso menos criativas.

A Crença V, relativa à meta das idéias físicas, é unilateral e pressupõe que haja apenas uma única meta. É verdade que sistematizar ou ordenar constitui um dos objetivos do teorizar, mas não é o exclusivo. O quadro sinóptico, a tabela de números e o gráfico são outros tantos meios de comprimir e ordenar dados, mas nenhum deles basta para explicar por que as coisas devem acontecer como acontecem e não de outra maneira. A fim de explanar algo, cumpre deduzi-lo, e a dedução exige premissas que vão além daquilo que está sendo explicado. Tais premissas são outras tantas hipóteses contenedoras de conceitos teóricos. Em resumo, a principal função das teorias físicas é fornecer explicação de fatos físicos.

Mas há explanações superficiais e profundas, e nós não vamos nos decidir pela primeira quando podemos conseguir a última. Ora, para explicar em profundidade, para chegar ao âmago das coisas, temos que construir mecanismos hipotéticos – não necessária ou mesmo usualmente mecânicos. E mecanismos, salvo para os macrofísicos e os propriamente mecânicos, escapam à percepção. Somente as teorias profundas (não-fenomenológicas) podem dar conta deles. Em síntese, para obter explanações profundas, seja em física, seja em qualquer outra ciência, cumpre inventar teorias profundas: teorias que transcendam tanto a experiência quanto as teorias do tipo caixa preta.

Em muitos casos, tais teorias profundas parecem chegar perto da essência de seus objetos – ou antes às propriedades originais ou essenciais destes. Daí não ser mais possível manter que a física, por não ir além das relações – em particular as leis – não capte a essência das coisas. Há propriedades essenciais ou básicas, como massa e carga, que geram várias outras propriedades; há igualmente padrões básicos ou essenciais, que envolvem algumas daquelas propriedades originais, que dão nascimento a padrões derivados. Certamente não existem essências imutáveis que só a intuição possa apreender.

Além disso, qualquer hipótese relativa ao caráter essencial de um dado conglomerado de propriedades e leis está sujeita à correção. Mas o fato é que, na medida em que a física transcende a abordagem externa ou comportamentista – que é necessária mas insuficiente – ela mina o Postulado V.

1.4. Conceitos Teóricos e Verdade

O Axioma VI é comum ao convencionalismo, pragmatismo e operacionalismo (que pode ser encarado como a filosofia da ciência do pragmatismo). Se adotado, a maioria dos referentes da teoria física são postos de lado e ficamos apenas com cálculos vazios. Pois, o que caracteriza uma teoria física por contraste a uma teoria puramente matemática, é que a primeira diz respeito – certa ou erradamente – a sistemas físicos. Se uma teoria não versa sobre uma classe de sistemas físicos, então ela não se qualifica como uma teoria física. Daí ser o sexto dogma semanticamente falso. É falso também do ponto de vista psicológico, pois se as teorias nada mais fossem exceto máquinas de moer dados, ninguém se daria ao trabalho de construí-las: o objetivo do teórico é apresentar uma explicação de uma fatia da realidade. Em suma, o Postulado VI é falso seja como for. Não obstante, cabe-lhe o mérito histórico de haver desacreditado o realismo ingênuo: começamos agora a compreender que as teorias físicas não são retratos da realidade mas envolvem simplificações brutais que levam a esquemas ideais, ou modelos de objeto, tais como os do campo homogêneo e da partícula livre. Também reconhecemos que, em acréscimo a tais aproximações iniciais, cumpre introduzir convenções como as das unidades de medida. Mas nada disso transforma a física em mera ficção ou num conjunto de convenções, do mesmo modo que a descrição em linguagem comum de um fenômeno observável não é oca por estar expressa em um sistema convencional de signos.

Quanto ao Postulado VII, que procura eliminar o conceito de verdade, ele decorre da tese convencionalista. Pois, se a física não versa sobre objetos reais, então seus enunciados não são desta ordem, *i. e.*, não são fórmulas mais ou menos verdadeiras (ou falsas). Mas tal doutrina não se quadra com a prática do físico. De fato, quando o teórico deriva um teorema, ele pretende que este é verdadeiro na teoria, ou teorias, ao qual pertence. E quando o experimentador confirma este teorema no laboratório, infere que a afirmação é verdadeira, pelo menos em parte, no que tange aos dados empíricos envolvidos. Em suma, tanto o físico teórico quanto o experimental empregam o conceito de verdade e talvez se sintam até insultados se alguém lhes disser que não estão em busca da verdade.

Sem dúvida, as verdades alcançáveis em física são verdades relativas no sentido de que valem, se é que valem, em relação a certos conjuntos de proposições que são momentaneamente assumidas como certas, *i. e.*, não são questionadas no contexto dado. Elas são também verdades parciais ou aproximadas, pois a confirmação é sempre parcial e ademais temporária. Mas nem por ser relativa e parcial a verdade não é uma ilusão. Quanto à simplicidade e eficiência que o pragmatista reverência no lugar da verdade, elas não se apresentam em toda teoria. As teorias físicas mais profundas, como a relatividade geral e a mecânica quântica, são também as mais ricas. No respeitante à eficiência para a ação, só é possível obtê-la quando se passa à ciência aplicada ou à tecnologia. Uma teoria física, simples ou complexa, nunca é eficiente, nem ineficiente, porém mais ou menos verdadeira. Uma teoria grosseira aplicada com perícia para fins práticos pode mostrar-se tão eficaz quanto uma teoria refinada, embora normalmente se verifique que quanto maior a verdade maior a eficiência. Em todo caso, a eficácia não é inerente às teorias: é uma propriedade de pares fins-meios; as teorias ocorrem entre os meios empregados na tecnologia, mas é apenas em relação às metas que se pode julgar de sua eficiência. O resultado final é que o sétimo postulado da filosofia oficial da física é falso.

1.5. Definições

O Postulado VIII, o qual exige que todo conceito seja definido desde o início, é chapadamente absurdo. Todo conceito, se definido, é construído de tal maneira em termos de outros conceitos, que alguns têm de permanecer não definidos. Assim, os conceitos de massa e força são primitivos (não definidos) na mecânica newtoniana. Nem por isso são obscuros ou indeterminados, uma vez que são especificados por um certo número de fórmulas. Uma teoria bem edificada não começa por um maço de definições mas, antes, com uma lista de conceitos não definidos ou primitivos. Estes são as unidades que, aglutinadas a conceitos matemáticos e lógicos, ocorrem mais de uma vez em cada estágio na construção de uma teoria. Eles constituem os conceitos básicos ou essenciais de uma dada teoria, os conceitos que não podem ser dispensados. Todos os demais conceitos, *i. e.*, os definíveis nos termos dos primitivos, são logicamente secundários. Daí ser errôneo o oitavo dogma, ao qual tantos manuais de ensino tentam ajustar-se.

O Postulado IX, relativo ao procedimento pelo qual um significado é atribuído a um símbolo, não vale em geral. As definições atribuem significação sob a condição de que estejam estruturadas em termos de símbolos dotados por si próprios de significação. E não se pode, por definição, atribuir um significado a tais símbolos definidores, precisamente porque estão definindo e não sendo definidos. Portanto, é preciso recorrer a outros meios e não à definição com o fito de delinear o significado de um símbolo físico básico ou não definido. O melhor que se pode fazer é assentar todas as três condições que lhe incumbe satisfazer: a) as condições matemáticas, *i. e.*, as propriedades formais que deve ter, b) as condições semânticas, *i. e.*, que objeto ou propriedades físicas deve representar e c) as condições físicas, *i. e.*, as relações que deve manter com outros símbolos fisicamente significativos na teoria. Como toda condição desta espécie é um axioma ou postulado, vemos que a tarefa de consignar significados físicos de uma forma não ambígua e explícita realiza-se pela axiomatização da teoria em que ocorrem os símbolos envolvidos. Assim, na teoria eletromagnética '*E*' é um símbolo primitivo de designa um conceito – o de intensidade de campo elétrico – que possui uma forma matemática definida (isto é, um campo vetorial sobre uma variedade quadridimensional) e um referente definido (isto é, uma propriedade de um campo físico). Esta última suposição, de natureza semântica, não é uma convenção qual uma definição, mas uma hipótese. Na verdade, pode acontecer que seja vazia: talvez não existam campos eletromagnéticos. Mas a teoria faz a suposição de que tais coisas existam. Em resumo, o que atribui um significado a um símbolo físico básico não é uma definição mas toda uma teoria com seus três ingredientes: os pressupostos físicos, semânticos e matemáticos. Caso se verificasse que a teoria é falsa, seus elementos primitivos ainda conservariam um significado definido, mas se tornariam inúteis. De qualquer modo, o nono dogma está errado, pois apenas os símbolos secundários ou definidos recebem um significado através das definições.

Enfim, também o Postulado X, atinente às assim chamadas definições operacionais é falso. Aplicado ao caso que consideramos há pouco, este dogma sustenta que '*E*' adquire um significado físico somente quando se prescreve um procedimento para medir os valores de '*E*'. Mas isto é impossível: as mensurações só nos permitem determinar um número finito de valores de uma função e, além disso, produzem apenas valores racionais ou fracionários. Ademais, o valor numérico de uma grandeza ou quantidade física constitui apenas uma de suas componentes. Por exemplo, o conceito de campo elétrico é, matematicamente falando, uma função e tem portanto três ingredientes: dois conjuntos (o domínio e o contradomínio da função) e a correspondência precisa entre eles. Um conjunto de valores medidos é apenas um exemplo do contradomínio da função. A menos que se tenha uma idéia bem acabada da coisa toda, não se saberia sequer como proceder quando se toma um tal exemplo como amostra. Ou seja, longe de atribuir significados, a mensuração os pressupõem.

Além disso, as medidas do valor '*E*' são sempre indiretas: os campos são acessíveis à experiência somente através de suas ações ponderomotoras. Mais ainda, há muitas maneiras de medir valores de '*E*'; e se cada uma delas fosse determinar um conceito de intensidade de campo elétrico*, teríamos um certo número de conceitos de campo elétrico em lugar do conceito único que entra na teoria de Maxwell. Se quisermos saber o que '*E*' significa, precisaremos penetrar na teoria de Maxwell. Os significados não são determinados pelo

* A unidade de campo elétrico fornece a força por unidade de carga $\frac{N}{q}$ $\left(\frac{\text{Newton}}{\text{Coulomb}}\right)$ (em módulo, direção e sentido) que uma prova de carga sofre em qualquer ponto de um campo elétrico criado por cargas elétricas. (N. da T.)

fazer mas pelo pensar. Só depois de dispormos de uma idéia razoavelmente clara é que vale a pena ir para o laboratório. Em suma, o Postulado X é falso: não há definições operacionais. A crença de que elas existem provém de uma confusão elementar entre definir (uma operação puramente conceitual e além disso uma operação que não recorre aos conceitos básicos) e medir – uma operação que é não só empírica mas também conceitual.

Isto encerra nossa crítica ao Credo do Físico Inocente. Ela utilizou umas poucas ferramentas filosóficas – sobretudo lógicas e semânticas – e uns poucos contra-exemplos tirados da física. O resultado final é claro: Na extensão em que nossa crítica se justifica, a filosofia feita de um modo explícito pode ser útil para levantar algo da cerração que paira sobre a física. Veremos agora que, além de desincumbir-se de uma função crítica, a filosofia pode exercer um papel criativo.

1.6. Em Busca da Irrefutabilidade

Uma atitude filosófica talvez ajude escolher problemas ambiciosos, tentar teorias profundas, desconfiar da simplicidade, desgostar da obscuridade e procurar formulações consistentes e ordenadas. Ordem e irrefutabilidade não têm apenas um valor estético: quanto melhor organizado um corpo de idéias, tanto mais fácil de apreendê-lo e retê-lo (vantagem psicológica) e tanto melhor ele se presta à crítica, avaliação e eventualmente também à substituição por um sistema diferente. Por estas razões os matemáticos, desde os tempos de Euclides, sempre valorizaram as teorias axiomaticamente formuladas. Trata-se não apenas de uma questão de ensinar, mas como foi sugerido antes, também de metodologia: a axiomática é valiosa cientificamente porque torna explícitas todas as suposições efetivamente empregadas e, destarte, permite mantêlas sob controle.

Infelizmente a maioria dos físicos desconfia da axiomática, aparentemente por acreditar que axiomatizar é cristalizar ou ossificar. (Um físico eminente disse ao autor: "A axiomatização é inútil". Outro foi além, declarando-lhe: "Não queremos teorias axiomáticas na física".) Gostemos ou não disso, o fato é que uma teoria intuitivamente formulada não é tanto uma teoria única quanto um conjunto de teorias, de tantas teorias quantos forem os diferentes feixes de assunções tácitas. Daí por que é possível axiomatizar qualquer teoria mais ou menos amorfa segundo uma quantidade de formas não equivalentes, *i. e.*, adotando diferentes planos de fundo (*e. g.*, diferentes ferramentas matemáticas) e diferentes hipóteses básicas (axiomas). Como axiomatizar é tornar explícito o que era tácito, os inimigos da axiomática inconscientemente lutam contra a explicitação e favorecem seu oposto, a obscuridade. Além disso, axiomatizar uma teoria não equivale à obrigação de adotá-la para sempre: antes, ao contrário, uma vez que a axiomatização facilita o exame da teoria e elimina qualquer obscuridade que esta possa conter, ela abre o caminho para novas teorias obtidas pela mudança de alguns dos pressupostos.

Pode-se replicar que, mesmo se admitindo que a axiomática é valiosa, isto não prova que a filosofia seja necessária para tanto. De acordo: um bom teórico pode realizar o trabalho de axiomatização sem aproveitar-se manifestamente de qualquer filosofia, assim como a vida corriqueira não lucra muito como o estudo da lógica. Mas a experiência mostra que os sistemas de axiomas físicos são em sua maioria desequilibrados: enquanto alguns deixam de especificar o *status* matemático dos conceitos básicos, outros não colocam claramente o que estes últimos representam. Uma pitada de filosofia poderia evitar os dois extremos de concretismo e formalismo, porque uma das tarefas da filosofia é examinar a natureza das teorias científicas bem-construídas.

Considerem uma vez mais o caso do símbolo '*E*' discutido acima. O intento do matemático ao axiomatizar a teoria de Maxwell será certamente não esquecer de postular, digamos, que '*E*' designa um campo vetorial sobre uma certa variedade diferenciável, mas ele pode esquecer-se de dizer que esta variedade representa o espaço-tempo e talvez ele não tome o cuidado de declarar que o campo vetorial se refere a um campo supostamente real. Ele pode apenas aludir a esta interpretação pretendida ou, adotando de maneira não-crítica a filosofia do operacionalismo, afirmar que os valores numéricos de '*E*' são os resultados de mensurações (o que não é exato nem específico); ou, finalmente, talvez sustente que '*E*' é apenas um nome para a expressão 'campo elétrico' – com o que reduz o problema semântico ao de prover regras de designação. O filósofo pode salientar que as regras de designação dificilmente são algo mais do que convenções mediante as quais os nomes são atribuídos, enquanto as suposições semânticas envolvem hipóteses relativas à existência dos referentes (ver seção 1.5.). Ele poderá também advertir contra a crença de que um postulado de interpretação esgotará o significado do símbolo envolvido: ele poderá assinalar que os conceitos físicos também são especificados pelos pressupostos físicos e matemáticos, e não apenas pelas suposições básicas, mas também pelas suposições que delas derivam. Ele poderá lembrar ao axiomatizador, em suma, que os significados físicos não devem ser negligenciados e que não se deve crer que seja possível consigná-los, de modo não ambíguo, com uma ou duas sentenças. Em resumo, o filósofo poderá ser de alguma ajuda na mais delicada, embora talvez não a mais criativa, das atividades teóricas, ou seja, a fundamentação de teorias.

1.7. A Análise de Teorias

Outro aspecto da pesquisa dos fundamentos em que a filosofia participa é a análise de teorias e, em particular, de seus enunciados e conceitos distintivos. Habitualmente essa análise é efetuada de um modo intuitivo ou semi-intuitivo, *i. e.*, sem uma axiomatização prévia. Mas uma análise rigorosa requer que a teoria seja nesse ponto completa e bem ordenada no que diz respeito a suas bases. Por exemplo, é absurdo tentar descobrir se o conceito de campo elétrico é primitivo ou derivado, exceto em um contexto teórico definido. Além disso, o significado de '*E*' pode variar com a teoria. Assim em uma teoria '*E*' referir-se-á a um campo real, uma substância que se estende sobre uma região do espaço; em outra teoria, '*E*' não será mais do que um símbolo auxiliar e somente a força poderomotora '*eE*' receberá um significado. E em uma ação a distância '*E*' não ocorrerá em geral. Também nesse caso a filosofia poderá ser útil. Por exemplo, se o físico reluta em atribuir a '*E*' um significado físico em uma teoria do campo, o filósofo poderá pressioná-lo para explicar tal relutância. Se o físico argumentar que '*E*' não é mensurável diretamente e que nenhum campo livre o é, dado que a própria presença de um aparelho de medição abole o vácuo, o filósofo pode replicar que uma tal crítica, se estendida a todos os outros conceitos teóricos, priva-los-ia de significado. Em todo caso, visto que o físico que analisa uma teoria física emprega os conceitos filosóficos de teoria, forma, conteúdo, verdade e muitos outros, ele pode esperar ou crítica ou ajuda do filósofo.

A filosofia científica contemporânea (a lógica matemática, a semântica, a metodologia) é portanto relevante quer para os aspectos críticos quer construtivos (ou antes reconstrutivos) da pesquisa dos fundamentos. Sem dúvida, a filosofia é insuficiente: o assunto precisa ser dominado em primeiro lugar. Mas o físico sem competência filosófica não está em melhor situação do que o filósofo puro quando se trata de efetuar pesquisa de fundamentos. A fim de determinar se o conceito de massa é definível na mecânica, o conhecimento desta última é necessário mas insuficiente: uma prova de independência de conceito exige uma certa técnica nascida nas metamatemáticas e agora pertencente à teoria das teorias. Quando duas disciplinas diferentes são requeridas em conjunto a fim de realizar um certo serviço, a cooperação se torna obrigatória. É o caso dos fundamentos da física. O físico que relute em assegurar tal cooperação e que se recuse teimosamente a olhar de frente para a filosofia terá de resignar-se a permanecer na ignorância acerca de certos problemas de fundamentos e terá de contar com um certo número de erros facilmente evitáveis com um pouco de filosofia. Exemplos comuns de erros assim que derivam de insuficiência filosófica são: a crença de que massa e energia são idênticas apenas porque elas se relacionam; a crença de que o uso de probabilidade indica conhecimento incompleto; a crença de que as teorias estocásticas revelam a bancarrota do determinismo; a crença de que tudo o que seja não-aleatório seja causal; a crença de que todo valor teorético (*e. g.*, o autovalor de uma variável dinâmica quanto-mecânica) é um valor mensurado – e centenas de outras que são repetidas de um modo não-crítico.

Só é possível efetuar uma análise exata de uma teoria física depois que a teria foi formulada de um modo pleno e consciente, *i. e.*, depois que foi axiomatizada. Na falta de uma tal reconstrução, só nos é dado contar com a intuição para atravessar o emaranhado de fórmulas. Pior ainda, a menos que a teoria seja construída de uma forma ordenada, haverá a tendência de agarrar-se a fórmulas isoladas da teoria, como as relações de De Broglie ou Heisenberg, esquecendo-se de onde elas vêm e, portanto, qual o significado delas. Assim, ainda que as relações de Heinseberg sejam derivadas sem pressupor qualquer aparato, pretende-se, com freqüência, que elas relacionem erros de medida ou mesmo incertezas subjetivas. Quando a teoria toda é levada em consideração, percebe-se que ambas interpretações são supervenientes. Quando a mecânica quântica é axiomatizada, compreende-se que ela não versa sobre mensurações e que não trata de estados mentais, tampouco: verifica-se que ela diz respeito a microssistemas eventualmente sob a ação de macrossistemas, que são outros sistemas físicos mais do que observadores. Os autovalores, médias, desvios-padrão e outras quantidades que se calculam na mecânica quântica precisam portanto receber um significado puramente objetivo.

Numa teoria bem construída todo referente possível é mencionado no início: ele se encontra na lista de conceitos não-definidos. O acréscimo de um *deus ex machina* (o observador) ao sistema físico é impossível em semelhante contexto. Só pela introdução arbitrária de elementos estranhos ao nível de teoremas – *i. e.*, pelo contrabando de conceitos que não aparecem entre os axiomas – que as interpretações por nós mencionadas estouram. Em suma: qualquer que seja o conceito utilizado numa teoria, é mister ou introduzi-lo como um conceito primitivo ou defini-lo em termos de primitivos. Como nem o observador nem o (inexistente) aparelho de medida de propósito geral são conceitos definidos ou primitivos na mecânica quântica, ambos não cabem nela. Se se quer erigir uma teoria da mensuração, faz-se necessário erigi-la como uma aplicação de todas as teorias que efetivamente se apresentam na mensuração particular – na mecânica quântica, em especial, mas não exclusivamente. De todo modo, a análise das teorias é melhor desenvolvida num contexto axiomático: as análises de contexto aberto são obrigatoriamente deficientes.

Resumindo, a análise das teorias físicas é um campo adequado à cooperação entre físicos e filósofos, pois se trata de uma tarefa tanto científica quanto filosófica, exigindo quer conhecimento substantivo (física) quer consciência metodológica.

Conclusão

Todo físico que arranhe a superfície de seu próprio trabalho, ver-se-á forçosamente face a face com a filosofia, a menos que ele se restrinja a tarefas de rotina ou a problemas muito estreitos. Uma vez diante da fera, o físico tem duas opções. Uma é sujeitar-se ao seu domínio, *i. e.*, sucumbir à filosofia prevalente que, sendo popular, há de ser grosseira e atrasada. A outra possibilidade é estudar a fera com a esperança de conseguir domá-la , *i. e.*, familiarizar-se com algumas das investigações filosóficas correntes, examiná-las criticamente e pô-la a serviço de seu trabalho científico.

O físico que recusa a escravizar-se a uma filosofia anacrônica e está disposto a encarar a filosofia como um campo de indagação exata, pode esperar muito de um tal modo de abordar o assunto. A leitura de filósofos imaginativos pode sugerir-lhe novas idéias; o estudo da lógica elevará seus padrões de rigor e clareza; o hábito das análises semânticas ajuda-lo-á a descobrir os genuínos referentes de suas teorias, e o amor à nitidez lógica e à clareza semântica hão de levá-lo a preferir o formato axiomático. Por fim, um contato como a filosofia pode contribuir para desenvolver as asas e não para cortá-las: pode fortalecer a fé do teórico no poder das idéias, ajudar-lhe a não deter-se quando lhe disserem que suas idéias estão não- definidas do ponto de vista operacional ou que suas hipóteses não podem ser aferidas de maneira óbvia (nenhuma hipótese nova e ousada é passível de semelhante comprovação) ou que suas teorias estão demasiado cheias de idéias complicadas. Em resumo, uma familiarização com a filosofia contemporânea da ciência pode eliminar alguns dos obstáculos ao progresso científico levantados por uma filosofia que não se ajusta com a prática da pesquisa científica e cujo prestígio apenas deriva do fato de ter sido defendida por alguns físicos eminentes que jamais viveram segundo seus ditames.

Bibliografia

BUNGE, M. *Scientific Research*. Nova York, Springer Verlag, Inc., 1967, 2 vols. Trad. espanhola *La investigación científica*. Barcelona, Ariel, 1969.

______. *Foundations of Physics*. Nova York, Springer Verlag, Inc., 1967.

______. "Philosophy and Physics". Klibansky, R. *Contemporary Philosophy*. Florença, Ed. Nouva Italia Editrice, 1968, vol. II, pp. 167-199.

______ (ed.). *Delaware Seminar in the Foundations of Physics*. Nova York, Springer-Verlag, Inc., 1967.

______. *Quantum Theory and Reality*. Nova York, Springer Verlag, Inc., 1967.

HEMPEL, C. G. *Aspects of Scientific Explanation*. Nova York, Free Press, 1965.

NAGEL, E. *The Structure of Science*. Nova York, Harcourt Brace & World, 1961.

POPPER, K. R. *The Logic of Scientific Discovery*. Londres, Hutchinson, 1951.

______. *Conjectures and Refutations*. Londres, Routledge & Kegan Paul, 1963.

STOLL, R. R. *Sets, Logic and Axiomatic Theories*. São Francisco e Londres, W. H. Freeman and CO., 1961.

2. FILOSOFIA E FÍSICA

O presente estudo abrange alguns dos problemas típicos que atraíram a atenção quer de filósofos quer de físicos nos últimos anos. Além de exemplificar e ponderar certas produções recentes na filosofia da física, irá apontar alguns problemas em aberto, na esperança de dirigir as miradas dos que começam a dedicar-se a tais estudos, levando-os a investigar determinados pontos até agora negligenciados.

2.1. *Interações entre Física e Filosofia*

2.1.1. *O retardo do tempo*

A filosofia e a física sempre interagiram fortemente uma com a outra, mas em geral com considerável retardo de tempo. (As exceções modernas mais óbvias são Descartes e Leibniz). Isto não é apenas porque os filósofos pensam usualmente em termos de ciência fossilizada: os físicos retribuem aferrando-se, com não menos freqüência, a filosofias mortas e ignorando todo e qualquer avanço filosófico. Isto torna a comunicação entre uns e outros tão difícil quanto a tentativa de conversar com os mortos.

Há um ponto, não obstante, sobre o qual a maioria dos filósofos e físicos parece concordam, ou seja, o retrato da atividade do físico. Na verdade, o físico é pintado de maneira quase universal como alguém empenhado em efetuar observações e/ou sistematizar seus resultados e/ou predizer possíveis novas observações: ele é, segundo se afirma, um sistema de coletar-e-processar-dados, despreocupado com a realidade (= metafísica) e evitando a especulação (= metafísica). Sem dúvida, as teorias são agora permitidas – mas apenas na medida em que são dispositivos para armazenar-e-agitar-dados. É certo também: nenhum filósofo da ciência com alguma originalidade sustenta literalmente esse credo, mas quantos filósofos os rejeitam inteiramente e quantos dos incrédulos são lidos pelos físicos profissionais?

2.1.2. O credo ortodoxo na atomística

A filosofia ortodoxa das teorias atômica e subatômica é ainda uma mistura de operacionalismo e fenomenalismo esboçada por E. Mach sob a influência conjunta do empirismo tradicional e a da termodinâmica (ou antes da termostática). Esta filosofia tornou-se popular entre os cientistas na virada do século, precisamente quando a mecânica estatística atingia a maioridade e quando a teoria atômica, triunfante na química durante várias décadas, começava também a firmar-se na física. Seja como for, a maioria dos teóricos quânticos pretende que seus intelectualizados construtos são ou itens observacionais ou artifícios para computar observáveis, e que todos eles estão "baseados na observação" – não apenas comprovados pela observação (em grande parte indiretamente, *i. e.*, com a ajuda de fórmulas teóricas), mas originadas dela (indutivismo) e até se lhe referindo (empirismo radical).

Quando essa pretensão se torna evidentemente absurda – como ficou patente para Heisenberg[1] em relação à mecânica

1. W. Heisenberg, "Die boebachtbaren Grössen in der Theorie der Elementarteilchen", *in Zeitschrift für Physik 120*, 513, 673 (1943).

quântica – então, em vez de mudar de posição filosófica, o físico passa amiúde a queixar-se de que as teorias anteriores não eram bastante fiéis ao credo oficial, e passa a propor, eventualmente novas teorias, supostamente livres dos não-observáveis. Esta foi a motivação filosófica do formalismo da matriz de espalhamento e outras inovações que se propunham a ser estritamente fenomenológicas (isentas de construtos hipotéticos): sua função não seria a de explicar como as coisas funcionam mas apenas a de computar previsões a partir de certos dados (Février[2], Bunge[3]). Mas, de algum modo, as idéias-chave de tais teorias, como a de mudança de fase, unitariedade e analiticidade (no sentido matemático) mostram-se tão distantes da observação direta quanto as idéias básicas da mecânica quântica. Ademais, nenhuma dessas novas teorias é completamente independente da estrutura geral da mecânica quântica: um exame mais de perto revela que se trata antes de apêndices desta última do que de teorias independentes, senão por outro motivo pelo menos porque é somente neste contexto mais amplo que seus símbolos básicos adquirem um significado físico (Bunge[4]) – e não resta dúvida que nenhuma teoria é uma teoria física a menos que possua semelhante conteúdo (Février[5], Bunge[6]).

Primeira moral: Mesmo uma teoria física avançada pode ser motivada por uma filosofia primitiva. Moral desta moral: Não importam as motivações.

2.1.3. O credo ortodoxo na relatividade

O operacionalismo também é esposado pela maioria dos relativistas, embora Mach, H. Dingler, P. W. Bridgman e H. Dingle – os mais eminentes operacionalistas – se opusessem

2. P. Février, *L'interprétation physique de la mácanique ondulatoire et des théries quantiques*, Paris, 1956.

3. M. Bunge, *Scientific Research*, Nova York, 1967, 2 vols.

4. *Idem*, "Phenomenological Theories", *in* M. Bunge (ed.), *The Critical Approach*, Nova York, 1964.

5. P. Février, *La structure des théories physiques*, Paris, 1951.

6. M. Bunge, "The Structure and Content of a Physical Theory", *in* M. Bunge (ed.), *Delaware Seminar in the Foundations of Physics*, Nova York, 1967. Ver também *Foundations of Physics*, Nova York, 1967.

pelo menos a uma das duas teorias da relatividade. Ainda que esta última seja clamorosamente inconsistente com a referida filosofia como se vê tanto pela análise (Grünbaum[7]) e pelas conhecidas reconstruções axiomáticas dessas teorias (Bunge[8]). Assim o princípio da relatividade, ou princípio da covariança, afirma que as leis básicas da física deveriam ser invariantes para (com respeito a) mudanças de sistemas de referência e conseqüentemente para as respectivas mudanças nos sistemas de coordenadas que mapeiam tais referenciais físicos. (Sobre a diferença do sistema coordenada-referencial, ver Bunge[9].) Como se pode considerar todo observador um sistema referencial (mas não inversamente), a essência da convariança é que os observadores são irrelevantes. (Eles são irrelevantes no nível das leis básicas, de absoluta importância ao nível das leis derivadas, dentro das quais as observações podem alimentar-se: Bunge[10].)

Daí ser difícil entender por que quase toda abordagem da relatividade contrabandeia o observador para dentro de cada canto do universo. Assim, o operacionalista ortodoxo dirá que o comprimento de um dado corpo relativo a (ou em) um dado referencial será o valor que um observador a cavaleiro neste referencial irá ou iria obter depois de realizar uma medida de comprimento – sem levar em conta se o referencial é efetivamente habitado por um observador qualificado. A filosofia subjacente é por certo de que apenas enunciados experimentais fazem sentido: de que nada é do ponto de vista físico significativo a não ser que se refira a uma possível operação empírica. No entanto, o próprio Bridgman[11] acaba criticando esse operacionalismo estreito. Ademais, uma análise lógica das variáveis envolvidas não consegue revelar o ubíquo observador (Bunge[12]) – este Deus do operacionalismo. Assim, a

7. A. Grünbaum, *Philosophical Problems of Space and Time*, Nova York, 1963.

8. M. Bunge, *Foundations of Physics*, Nova York, 1967.

9. *Idem.*

10. Ver nota 3.

11. P. W. Bridgman, "P. W. Bridgman's 'The Logic of Modern Physics' After Thirty Years", *Daedalus 88*, 518 (1959).

12. Ver nota 8.

fórmula da "contração" de Lorentz-Fitzgerald diz respeito ao (contém como variáveis independentes) sistema ou sistemas físicos cujo comprimento ou distância está em causa, ao campo eletromagnético (representado por sua velocidade de propagação) e a dois referenciais físicos (representados por sua mútua velocidade relativa). Que os dois referenciais poderiam ser, em particular, laboratórios equipados, não é negado pela teoria, mas tampouco é afirmado, pois a teoria é bastante geral para dizer respeito a cada canto do universo. Também a teoria não diz respeito às suas próprias comprovações possíveis – exceto mostrando que não é possível qualquer verificação direta da fórmula da "contração", pois as medidas de comprimento não são tomadas ao mesmo tempo relativamente ao mesmo referencial. Além disso, nenhum ser humano, até o presente momento, logrou sentar-se sobre um referencial perfeitamente inercial.

Moral: A ciência pode ser necessária mas está longe de ser suficiente para curar males filosóficos.

2.1.4. O impacto da filosofia atual

Os processos mais importantes da filosofia atual, tais como a semântica analítica e a superação do empirismo radical, ainda não atingiram a "física de fato". Mas alguns começaram a influenciar os fundamentos da física (ver seção 2.8.). Todavia, houve um impacto mais forte na filosofia da física. Entre os escritores recentes que lançam mão de algumas das ferramentas semânticas, lógicas e metodológicas moldadas pelos filósofos no decorrer deste século, cabe citar as seguintes: as análises da mecânica quântica efetuadas por Février[13], Hanson[14], Scheibe[15], Popper[16], Mehlberg[17] e Bunge[18]; a aná-

13. Ver notas 2 e 4.

14. N. R. Hanson, *The Concept of the Positron*, Cambridge, 1963.

15. E. Scheibe, *Die kontingenten Aussagen in der Physik*, Frankfurt a. M., 1964.

16. K. R. Popper, "Quantum Mechanics without 'The Observer'", *in* M. Bunge (ed.), *Quantum Theory and Reality*, Nova York, 1967.

17. H. Mehlberg, "The Problem of Physical Reality in Contemporary Science", *in* M. Bunge (ed.), *Quantum Theory and Reality*, Nova York, 1967.

18. M. Bunge (ed.), *Quantum Theory and Reality*, Nova York, 1967. Ver também nota 8.

lise da relatividade realizada por Törnebohm[19]; e o exame crítico histórico que North[20] fez das teorias e fantasias cosmológicas. Assim, em vez de repetir o fatigante lugar-comum de que a simplicidade é o fator decisivo na escolha entre teorias rivais, North mostra a grande complexidade que se esconde na "simplicidade" (Bunge[21]). Em suma, alguns filósofos da física começam a utilizar certos instrumentos filosóficos modernos e, em vez de aceitar o que quer que os físicos possam escrever em suas obras de divulgação, tais filósofos procuram as fontes com espírito crítico.

2.1.5. Situação atual da filosofia da física

A despeito de certos progressos, a maioria das análises filosóficas da física são insatisfatórias seja devido às carências em matéria de física (de parte dos filósofos) seja devido à pobreza no terreno da lógica ou epistemologia (de parte dos físicos) ou ainda por ausência de ambos os aspectos (de parte dos filósofos da natureza). Há alguns ensaios bastante longos sobre a teoria física, que não se preocupam em apresentar um só espécime de teoria física, desmontando-a com o fito de mostrar que a filosofia proposta conta pelo menos com um ponto de apoio. Há outros que tomam erradamente a mensuração (a operação empírica) pela medida (o conceito matemático), ou confundem uma ou ambas com o índice ou objetivador de um não-observável, ou tratam da mensuração científica em separado das teorias, como se fosse realizada numa mercearia. Outros ainda confundem modelos, no sentido de representações visuais, com 'modelo' no sentido físico ou 'modelo'no sentido de modelo teórico. Existem, além disso, os que empregam um enunciado de lei a fim de definir um dos símbolos implicados, mas, ao mesmo tempo, atacam o convencionalismo. Outros, enfim, tomam o "provável" por "verossí-

19. H, Törnebohm, *A Logical Analysis of the Theory of Reality*, Estocolmo, 1952.

20. J. D. North, *The Measure of the Universe*, Oxford, 1966.

21. M. Bunge, *The Myth of Simplicity*, Englewood Cliffs (N. J.), 1963.

mil" ou "*x* significa *y*" por "*x* é verificado por *y*", ou "observador" por "meio macrofísico", ou consideram a interpretação de Copenhague como idêntica à das assim chamadas relações de incerteza. Dificilmente qualquer outro ramo da filosofia apresenta confusões tão grandes como a da filosofia da física. E as coisas não melhoraram com o impressionante aumento no número de pessoas envolvidas no assunto e com toda a produção neste campo no curso da última década. Contudo, a nossa tarefa é a de explorar Babel e não a de deplorar sua existência.

2.1.6. *Problemas sugeridos*

1) Estudo de casos de duplo sentido em física (*i. e.*, de progresso científico interpretado em termos de filosofias retrógradas ou mesmo estimulado por elas); 2) uma história do operacionalismo e seu impacto sobre a física; 3) o mesmo no tocante ao fenomenalismo.

2.2. *O Estatuto dos Construtos*

2.2.1. *Física e empirismo*

Desde o seu nascimento entre os filósofos jônicos, a física manipulou construtos: conceitos que denotam entidades não-observáveis (*e. g.*, "átomo") e propriedades (*e. g.*, "tensão"), hipóteses (*e. g.*, a lei da inércia) e teorias (*e. g.*, estática). A física sempre foi portanto não-empirista, ainda que a maioria de seus praticantes tenha, de maneira assaz inconsistente, defendido uma filosofia empirista. (Até Newton e Einstein começaram como empiristas). Hoje em dia, o empirismo radical encontra maior apoio entre os físicos do que entre os filósofos e muito pouco entre os filósofos da física. Estes, todavia, vêem-se muitas vezes em dificuldade para se desembaraçarem de suas antigas superstições: aceitam amiúde os construtos a contragosto e tentam reduzi-los a observáveis.

2.2.2. *Observáveis e não-observáveis*

Quando Carnap[22] finalmente concedeu um lugar na ciência aos conceitos teóricos, sem exigir que fossem introduzidos *via* "definições" operacionais, uma brisa refrescante começou a soprar na filosofia da ciência. Alguns filósofos da ciência descobriram de repente que, embora enunciados de lei tenham (freqüentemente) a forma de "Todos os corvos são pretos", é raro que possuam o mesmo *status* epistemológico, pois incluem conceitos teóricos, *i. e.*, conceitos sem uma contrapartida experiencial e que são de novo introduzidos ou pelo menos elucidados pelas teorias que contêm os enunciados da lei (ver, *e. g.*, Hempel[23]). Isto era desviar-se de "Nenhum conceito descritivo (ou específico) numa teoria é um conceito teórico" para adotar a tese mais tolerante "Alguns conceitos descritivos numa teoria são teóricos". As restantes constantes não-lógicas em uma linguagem científica são por certo apresentadas como estritamente observacionais, *i. e.*, considera-se que denotam diretamente coisas, eventos e propriedades observáveis – tais como "quente", "azul" e "elegante". (Para a crítica, ver 2.2.4.).

2.2.3. *A hidra do reducionismo*

Os conceitos teóricos devem ser tolerados, mas é preciso integrá-los no modo empírico de pensar – esta era a nova política. É possível executá-la por dois caminhos: pela submissão ou pela violência; relacionando construtos a conceitos observacionais ou reduzindo os primeiros aos segundos. A primeira vista, nos é dito, consiste em construir teorias cujas premissas iniciais contenham conceitos teóricos que deixam de ocorrer nos teoremas. Em outras palavras, procedendo pacificamente ficamos livres dos construtos por meio da dedução (Braithwaite[24]). Mais precisamente, dada uma teoria qualquer que contenha "expressões auxiliares", *i. e.*, signos não-

22. R. Carnap, "The Methodological Character of Theoretical Concepts", *in* H. Feigl, M. Scriven & G. Maxwell (eds.), *Minnesota Studies in the Philosophy of Science*, Minneapolis, 1956, vol. I.

23. C. G. Hempel, *Foundations of Concept Formation in Empirical Science*, Chigaco, 1952.

24. R. B. Braithwaite, *Scientific Explanation*, Cambridge, 1953.

observacionais e "regras de correspondência" a ligá-los a itens observacionais, o edifício todo pode ser apreciavelmente reduzido a um enorme amontoado de puros enunciados observacionais: este é, em poucas palavras, o famoso teorema de Craig (Craig[25]). Não precisamos temer a besta não-empirista, pois é sempre possível domesticá-la e transformá-la em animal caseiro. O fato de não restar neste caso nenhuma teoria e de jamais ter sido apresentado ou que possa ser apresentado um exemplo específico de uma tal redução (Bunge[26]), não deve perturbar nosso filósofo.

Pode-se efetivar de várias maneiras a abordagem violenta da domesticação de idéias. Uma delas é por certo a de introduzir uma "definição" operacional ou, em geral, uma "regra de correspondência" para cada construto. Pouco importa se isto é impossível no caso da maioria das idéias físicas não definidas de alto nível, tais como as de elétron e potencial: elas podem ser ou ignoradas ou amansadas por decreto. Uma segunda técnica consiste em substituir a teoria em questão por sua sentença de Ramsay (Ramsay[27]), na qual todo termo teórico foi substituído por uma variável arbitrária do mesmo tipo. (Para uma clara exposição desses dois métodos, ver Carnap[28], para a crítica, ver Bunge[29]). Chamemos t e o os termos teórico e observacional, respectivamente, de uma teoria e $P(t, o)$ as condições que os postulados da teoria lhes impõem. Então a sentença de Ramsay correspondente é: $(\exists u)\ P(u, o)$, um enunciado inócuo que se pode entender como significando que existe, na teoria dada, símbolos determinados por seus axiomas e dotados de uma função sintática: o problema da referência externa dos termos teóricos é destarte ladeado. Um terceiro método (Carnap[30]) utiliza o descritor

25. W. Craig, "Replacement of Auxiality Expressions" *in Philosophical Review 65*, 38, 1956.

26. Ver nota 3.

27. F. P. Ramsay, *The Foundations of Mathematics*, Londres, 1931.

28. R. Carnap, *Philosophical Foundation of Physics*, Nova York, 1966.

29. M. Bunge, "Physical Axiomatics", *in Reviews of Modern Physics 39*, 463, 1967.

30. R. Carnap, "On the Use of Hilbert's e-operator in Scientific Theories", *in* I. Bar-Hillel (ed.), *Essays on the Foundations of Mathematics*, Jerusalém, 1961.

indefinido de Hilbert ε, como um dispositivo para despir um termo teórico t de sua independência: $t = \varepsilon_u P(u, o)$, entendendo-se que "$t$ é um objeto que satisfaz o predicado P que resume os postulados da teoria". Por esta via, poder-se-á também, espera-se, castrar as teorias. O problema é, naturalmente, que antes que seja possível efetuar a redução precedente os termos teóricos deverão estar ali, plenamente desabrochados quer sintática quer semanticamente, pois do contrário nenhum axioma pode ser registrado. (Há um obstáculo ainda maior que abordaremos na próxima subseção, ou seja, o de que nenhuma teoria física contém termos fenomenais). Um quarto método (Braithwaite[31]) é o de presumir que toda "regra de correspondência" ou "axioma de dicionário" apresenta a confortável forma de uma identidade, ou seja: $O = (...t_1 ...t_2 ...)$. Se os físicos se dignassem a construir suas teorias desta maneira, então sempre que ocorresse uma fórmula teórica da forma '$(...t_1 ...t_2 ...)$' ela poderia ser substituída pelo correspondente termo observacional. Não seria bom?

2.2.4. Decapitando a hidra

Todas as propostas anteriores são truques para desteorizar as teorias, reduzindo-as a itens observacionais. O que elas têm em comum é um pressuposto que nunca é questionado: de que toda teoria contém quer termos observacionais quer teóricos. O problema é que nenhuma teoria física é moldada numa linguagem dotada de um vocabulário observacional. Termos como "vermelho" e "áspero" ocorrem na linguagem do físico experimental e nos compêndios elementares – a única fonte de informação da maioria dos filósofos da física. Esses termos também se apresentam em contextos psicofisiológicos, mas não aparecem nem podem aparecer na física teórica porque estão vinculados ao observador, enquanto a física teórica versa sobre sistemas físicos, que ela descreve em termos altamente

31. R. B. Braithwaite, "Axiomatizing a Scientific System by Axioms in the Form of Identifications", *in* L. Henkin; P. Suppes & A. Tarski (eds.), *The Axiomatic Method with Special Reference to Geometry and Physics*, Amsterdã, 1959.

sofisticados. A tese de que o vocabulário da física é em parte teórico e em parte observacional aplica-se à física do escolástico, as não à física contemporânea. Isto seria de uma clareza transparente para quem quer que se desse ao trabalho de analisar pelo menos uma teoria física existente. Pois, escandaloso como é, não se encontra uma só análise semelhante, na defesa de qualquer das propostas reducionistas. De outro lado, uma leitura atenta de uma dúzia, ou tanto, de teorias físicas axiomatizadas mostra que nenhum de seus conceitos específicos é estritamente observacional ou fenomenal (Bunge[32]). Cabe perguntar-se que utilidade tem a experiência para o empirismo dogmático.

2.2.5. *As metas da teorização*

Se o objetivo de toda teoria científica fosse o de sistematizar os resultados da observação, por que se haveria de usar termos teóricos? A isto deu-se o nome de paradoxo da teorização (Hempel [33]). O paradoxo desaparece se se abandona a suposição de que a meta da teorização é sistematizar fenômenos. Seja isto ou não às vezes motivo para teorizar, o que importa é saber se as teorias nada mais são do que inventários de dados. Mais uma vez, se qualquer das teorias básicas da física for examinada, embora sua formulação possa ser estimulada pelo desejo de sistematizar diretamente eventos observáveis, embora possa ajudar a explicar aparências, percebe-se que não diz respeito exclusivamente a fatos observáveis e que tem uma função explanatória.

De fato, toda teoria física esboça um modelo idealizado de um pedaço de realidade (corpo, campo, campo quântico ou o que quer que se tenha). Para configurar tal quadro não são empregadas quaisquer *qualia*: todos os conceitos utilizados são estritamente físicos. Que isto é assim verifica-se pelo desvendamento dos conceitos não definidos da teoria e em particular de sua classe de referência. Assim a classe de referência da mecânica dos meios contínuos é o conjunto de corpos, e cada

32. Ver nota 8.

33. C. G. Hempel, "The Theoretician's Dilemma", *in* H. Feigl, M. Scriven & G. Maxwell (eds.), *Minnesota Studies in the Philosophy of Science*, Minneapolis, 1958, vol. II.

corpo é representado nessa teoria como uma região em uma certa variedade contínua. Que isto é tão-somente uma pretensão, é fato bem conhecido; que isto é falho nos casos da supercondutividade e da superfluidez, também é algo muito conhecido; que, em geral, funciona no macronível, se pode explicar. Em todo caso o referente (mediato) da teoria é um pedaço da realidade; seu referente imediato ou preocupação é um esboço ou modelo de semelhante sistema real, representado com predicados não-fenomenais como "densidade de massa", "campo de velocidade" e "tensor de tensão". (Para os conceitos de referente imediato e mediato e de modelo, ver Bunge[34]). Em suma, os construtos da física são mais do que "expressões auxiliares" (convencionalismo) e acessórios heurísticos (Hempel[35]): são introduzidos porque pretendem espelhar, ainda que grosseiramente e de maneira muito indireta, partes da realidade física. Mas o assunto dos modelos físicos merece outra seção.

2.2.6. Problemas sugeridos

1) A natureza das assim chamadas "regras de correspondência" (hipóteses observáveis-inobserváveis); 2) o papel, na teoria física, das prescrições para construir, manejar e ler instrumentos de laboratório; 3) o papel da hipótese do "quark" na transição que parte da elementar taxonomia de partícula para a elementar dinâmica de partícula.

2.3. Modelos e Explicações

2.3.1. A reação contra modelos mecânicos

No tempo de Lorde Kelvin nenhuma teoria era considerada como teoria física a menos que envolvesse algum modelo pictórico e, mais particularmente, um modelo mecânico – donde os esforços de Maxwell e outros para apensar *ad hoc* modelos mecânicos (redundante e intestável) à teoria de cam-

34. M. Bunge, "Physics and Reality", *in Dialectica 19*, 185 (1965). Ver também nota 3.

35. Ver nota 33.

po eletromagnético. Uma análise da termodinâmica clássica torna claro, entretanto, que os modelos pictóricos são dispensáveis em física: que uma teoria pode explicar (no sentido técnico) e predizer sem delinear nada. É verdade, a termodinâmica foi edificada com a ajuda de analogias hidrodinâmicas e o eletromagnetismo com a ajuda de analogias elásticas; mas, uma vez construídas as teorias, esses apoios deixaram de preencher qualquer função útil. Tal era a tese de P. Duhem e é presentemente a concepção da maioria dos físicos teóricos.

2.3.2. *A reação contra a explanação como familiarização*

Uma vez que explicar é popularmente concebido como familiarizar-se, a explanação parece suspeita a muitos físicos contemporâneos – tanto quanto o modelo pictórico –, pois nenhuma explicação no sentido de uma redução ao conhecido é possível a menos que um modelo pictórico esteja envolvido e na física quântica dificilmente modelos dessa espécie são disponíveis. A primeira reação contra a explicação foi o descritivismo de positivistas clássicos como A. Comte. Mas nas últimas décadas compreendeu-se, especialmente através da obra de Popper[36], Hempel[37] e Braithwaite[38], que um conceito mais amplo de explanação se fazia necessário: que, em ciência, explicar alguma coisa é deduzi-la a partir de leis gerais e itens particulares de informação. Esse modo de ver a explicação científica era consistente com o antipictorialismo dos energeticistas (*e. g.*, W. Ostwald) e seus sucessores, mas não exigia inteiramente a renúncia a modelos pictóricos.

2.3.3. *A restauração*

Nos últimos dez anos, o papel dos modelos pictóricos na física, tanto como amparos heurísticos quanto como ingredientes de explicação, tem sido vigorosamente defendido, pri-

36. K. R. Popper, *The Logical of Scientific Discovery*, (trad. de *Logik der Forschung*, Viena, 1934), Londres e Nova York, 1959.

37. C. G. Hempel, *Aspects of Scientific Explanation*, Nova York, 1965.

38. Ver nota 24.

meiro por Hutten[39], depois por Hesse[40] e um certo número de Jovens Turcos insatisfeitos com o ponto de vista hipótetico-dedutivo da explicação. Os neo-kelvinistas pretendem que toda teoria física inclui ou pressupõe ou é acompanhada de alguma representação visual de seu objeto, ou modelo, na acepção da palavra, como vigorava no século XIX. Segundo Hutten[41] (e aqueles que o seguem sem citá-lo):

> O modelo ajuda-nos a imaginar o que acontece no mundo sugerindo uma analogia com a experiência familiar; mas não é apenas um *auxílio psicológico*. Um modelo também tem uma *função lógica*, pois mostra como a coisa simbolizada na equação se comporta em uma dada situação. O modelo fornece uma interpretação possível para os símbolos que destarte adquirem um significado, e nós podemos aplicar a equação, ou fórmula, e testá-lo. Tal interpretação é expressa verbalmente no texto acompanhante ou é mostrada pela discussão de um exemplo ou pela feitura de um diagrama: por essa razão, o modelo é importante na ciência.

2.3.4. O justo meio

Esta reação contra a filosofia do antimodelo de Duhem e seus sucessores é valiosa, mas vale tanto quanto qualquer outra reação. Deveria estar claro a esta altura que, enquanto algumas teorias envolvem modelos pictóricos ou semipictóricos, outras não o fazem. Em particular, as teorias de campos e as teorias quânticas dificilmente são retratáveis. Deveria estar claro também que uma teoria não-retratável como o eletromagnetismo de Maxwell pode implicar um modelo (não-mecânico) de seu objeto: assim, ao contrário das teorias de ação-a-distância, a teoria de Maxwell postula a existência de um campo, que descreve como uma substância imponderável, extensa e contínua. Este modelo não-visualizável constitui o mecanismo da interação eletromagnética de corpos perceptíveis – um mecanismo não-mecânico e imperceptível, na verdade. Terceiro, não se trata de caso em que um modelo constitui uma interpretação parcial de um simbolismo e de que sem uma tal representação visual o formalismo fica despido

39. E. Hutten, *The Language of Modern Physics*, Londres, 1956.
40. M. Hesse, *Models and Analogies in Science*, Londres, 1963.
41. Ver nota 39.

de significado: a interpretação de um formalismo é especificada por enunciados de interpretação, dos quais alguns são regras de designação, enquanto outros são hipóteses plenamente desenvolvidas (Bunge[42]). É verdade, esses enunciados semânticos não esgotam o significado de uma teoria mas apenas a delineiam. Entretanto, o ponto é que a função do modelo (neste sentido) não é semântica: não consiste em interpretar os símbolos em termos mais simples, mas em esboçar o naco de realidade em mira ao qual a teoria é aplicada.

2.3.5. Modelos em física

Em todo caso, um modelo, em física, não é um retrato e muito menos uma metáfora: é um conjunto de enunciados que proporciona um delineamento do referente. Que alguns desses enunciados possam ser representados por diagramas enquanto a maioria não é passível de semelhante representação, é interessante do ponto de vista psicológico mas, semanticamente, irrelevante. O que importa é que toda teoria física encerra um modelo dessa espécie e que quanto mais preciso mais específica é a teoria. Assim, a mecânica clássica não se compromete com o modelo de átomos-dançando-em-um-vácuo: no que concerne à estrutura geral da mecânica clássica, toda porção do mundo poderia também ser fluidiforme. Mas tão logo a teoria geral é aplicada para explicar ou prever um feixe de fatos, é preciso acrescentar um conjunto de assunções específicas. Assim, com o fito de aplicar a teoria a um sistema planetário, podemos supor, como uma primeira aproximação, que o sistema pode ser esboçado como um corpo fixo em torno do qual giram várias massas pontuais mutuamente independentes; e com o fito de explicar o inflamento da mangueira de jardim modelaremos a água e a mangueira como contínuos diferentes e faremos várias assunções específicas a respeito da distribuição de pressão e da elasticidade do tubo, nenhuma das quais pertence às suposições gerais da mecânica clássica. O fato de esses modelos serem por acaso retratáveis, é acidente humano: outros seres racionais poderiam

42. Ver notas 8 e 29.

perceber campos em vez de corpos e poderiam, conseqüentemente, mudar o referente do "visualizável".

Em suma, toda teoria específica faz uma idealização mais ou menos grosseira do objeto físico a que diz respeito, e tal idealização é descrita na linguagem abstrata (epistemologicamente) da teoria. Retratável ou não, esta idealização é chamada modelo. O modelo tem que ser plasmado na linguagem da teoria, se é que esta deve processá-lo – e semelhante linguagem possui tanto uma sintaxe como uma semântica que devem estar presentes, ainda que apenas em esboço, antes que a teoria possa ser aplicada a casos particulares. Não há dúvida que no caso de uma teoria recente, o tratamento de casos especiais e destarte a construção de modelos específicos contribui para descobrir o significado do formalismo. Mas uma teoria não é um exemplo – nem sequer um conjunto infinito de exemplos. Uma teoria genérica é uma estrutura altamente indeterminada que, para ser aplicada em geral, requer a adjunção de um certo número de hipóteses subsidiárias relativas às peculiaridades do objeto físico envolvido: condições limites, condições iniciais, equações constitutivas, vínculos e assim por diante. Em todo caso, o modelo envolvido em cada teoria, genérica ou específica, não precisa ser pictórico e não deve ser confundido com as analogias ou metáforas que tantas vezes são meios para o nascimento (e ulterior turvamento) de uma teoria.

2.3.6. Profundidade de explicação

O impacto da caracterização precedente de modelos físicos na teoria da explanação é o seguinte: Se uma teoria compreende eventualmente um modelo visualizável, então ela será capaz de oferecer explicações em termos mais pictóricos do que uma teoria fenomenológica que não abarque um modelo assim. Mas toda teoria, contenha ou não hipóteses de mecanismo, pode fornecer explicações científicas – isto é, uma vez que um modelo adequado de um sistema particular seja especificado, e seja ou não este modelo visualizável. O relato que a explicação científica faz da "lei de cobertura" é então correto.

O que se deve argumentar é que há explanações superficiais e outras profundas, sendo as primeiras derivadas de teorias fenomenológicas (ou de caixa preta) e as últimas, de teorias representacionais ou de mecanismo. Assim a explicação do desvio de uma agulha magnética na vizinhança de uma corrente elétrica é mais pormenorizada e mais profunda se for realizada com a ajuda da teoria de Maxwell (uma teoria de mecanismo não-mecanicista) do que se for realizada no contexto da teoria da ação-a-distância de Ampère. Mas, em ambos os casos, o mesmo modelo de circuito-com-agulha pode ser utilizado, isto é, a mesma esquematização do sistema físico perceptível. O resultado final da teoria da explanação é este: Há diferentes graus de profundidade de explanação, desde a dedução a partir de leis e dados fenomenológicos, até a dedução a partir de leis de mecanismo e dados: em ambos os casos ocorre uma subordinação lógica, mas no segundo caso as leis implicadas são mais profundas (Bunge[43]).

2.3.7. *Problemas sugeridos*

1) A importância, se houver, da teoria do modelo (= semântica matemática) sobre a semântica da física e sobre o conceito de modelo físico; 2) construção de um conceito comparativo de profundidade de teoria (casos extremos: teoria fenomenológica e teoria de mecanismo); 3) construção de um conceito comparativo e, se possível, de um conceito quantitativo de poder explanatório.

2.4. *Modelos Físicos de Teoria de Probabilidade*

2.4.1. *As duas interpretações tradicionais e sua coexistência*

A maioria dos físicos não tem uma filosofia consistente das probabilidades: às vezes utilizam a interpretação subjetivista da probabilidade e outras vezes (freqüentemente no mesmo texto) a interpretação estatística. A primeira é, em ge-

43. Ver nota 3.

ral, empregada em relação às hipóteses, a segunda, com referência aos resultados experimentais. Ocasionalmente, apenas, deparamo-nos com uma tentativa consistente de usar probabilidades subjetivas em física. Fica-se curioso por saber se, neste caso, as fórmulas resultantes são verdadeiras por causa ou a despeito da interpretação a elas consignadas. Se não vão além dos cálculos comuns de probabilidades e de estatística matemática, então sua validade pode ser conferida independentemente das mensurações da utilidade subjetiva do usuário. De qualquer modo, uma teoria não pode ser física se deixa de dizer respeito aos sistemas físicos e se suas provas empíricas consistem em investigar o teórico mais do que em armar situações experimentais objetivas.

2.4.2. *Um recém-chegado: a propensão*

O mais interessante recém-vindo ao debate acerca da probabilidade é a interpretação dada por Popper à propensão (Popper[44]). Popper rejeita a interpretação subjetivista e enriquece a interpretação da freqüência como um conteúdo físico. Na interpretação da propensão, uma probabilidade é uma medida da tendência de uma dada possibilidade para realizar-se por repetição dos ensejos experimentais: não é uma propriedade do sistema físico individual (*e. g.*, um elétron) mas de um arranjo experimental (*e. g.*, um sistema de fendas). Em outras palavras, uma função de distribuição é uma propriedade que caracteriza o espaço amostral mais do que cada um de seus pontos (os eventos). Popper aplica esta idéia à análise da mecânica quântica (Popper[45]) e consegue clarificar consideravelmente o que chama de confusão quântica.

2.4.3. *Generalizando a propensão*

Não está claro como usar de maneira consistente na teoria quântica a interpretação popperiana de propensão, a não

44. K. R. Popper, "The Propensity Interpretation of Probability", *in British Journal for the Philosophy of Science 10*, 25, (1959). Ver também nota 16.

45. Ver nota 16.

ser com referência a possíveis resultados de experimentos definidos. Mas isto exigiria que a própria teoria fosse a respeito de experimentos. Tal pretensão é sustentada pela escola de Copenhague mas não é demonstrada por uma análise da teoria. De fato, a teoria geral refere-se a situações físicas não especificadas, sob controle experimental ou não. Além do mais, muitas situações às quais a teoria se aplica, pressupõe que o objeto é livre, *i. e.*, não sofre perturbações externas, em particular de sistemas macrofísicos, tais como dispositivos de mensuração. Isto vale para o grosso da eletrodinâmica quântica, que lida com elétrons que, exceto no que tange às suas interações *via* campo, são tomados como livres (não sofrem a ação de nada). Neste caso, é claro que se desejamos empregar a interpretação de propensão na teoria quântica precisamos livrá-la de seu vestígio de frequentismo: devemos afrouxar a condição de que as probabilidades só fazem sentido em relação a arranjos experimentais.

É possível estender a interpretação de propensão de probabilidade de modo a que possa cobrir situações quer experimentais quer de natureza livre (Bunge[46]). Nesta maneira de ver, uma probabilidade é uma propriedade física objetiva de um indivíduo (ou simples ou composto). Em particular, o objeto pode consistir de um microssistema (*e. g.*, um átomo) acoplado a um microssistema (*e. g.*, um campo magnético externo); mas o objeto pode também ser um único microssistema isolado (livre) (obviamente uma primeira aproximação). O que vale para as probabilidades também vale para as densidades de probabilidade. Assim a distribuição de momento de um elétron em um dado estado poder ser vista como uma propriedade física daquele particular, ou seja, a tendência a adquirir certas velocidades de preferência a outras (exceto no caso acadêmico de uma distribuição constante).

2.4.4. Significado e testabilidade

Um empirista pode retorquir que a atribuição de uma probabilidade a um indivíduo não faz sentido porque não é

46. Ver nota 8.

testável: qualquer prova empírica de um enunciado de probabilidades requer o exame de todo um conjunto de casos similares. Mas este é apenas um exemplo da confusão usual entre referência e teste. A sentença: "A probabilidade de transição do estado 1 para o estado 2 é igual a p" é perfeitamente significativa com respeito a um único sistema: ela diz quão forte é a tendência da transição dada. Por certo, seu teste demanda a investigação de um grande número de sistemas semelhantes, inicialmente no estado 1. Mas poderíamos nem sequer planejar tal teste a menos que soubéssemos de antemão o que a sentença significa: pois a sentença indica precisamente o que fazer, isto é, vigiar o comportamento de objetos de uma certa espécie, que se encontra inicialmente no estado 1.

É prática costumeira, em física atômica e subatômica, construir agregados de sistemas similares com o fito de testar enunciados de probabilidade relativos a particulares. Assim, a fim de comprovar um cálculo concernente à probabilidade de transição entre dois níveis dados de energia de um particular átomo de carbono, medir-se-á a intensidade da linha espectral correspondente – uma medida que envolve apreciável porção de teoria atômica. E, inversamente, a fim de obter uma estimativa de uma probabilidade de transição, medir-se-á a correspondente intensidade da linha. A descoberta de uma distribuição de freqüência próxima à distribuição de probabilidade computada será encarada como uma confirmação empírica da hipótese e, substitutivamente, da teoria toda à qual a hipótese pertence. Em suma, se não se aceita a confusão referente-teste, não é necessário aceitar como a única interpretação correta a interpretação que von Mises fez da probabilidade: estar-se-á em condições de complementá-la com a interpretação de propensão enquanto aplicada ao objeto particular, quer este esteja ou não sob controle experimental.

2.4.5. Aplicação à mecânica quântica

Uma interpretação estritamente objetiva da mecânica quântica, uma cuja significação não dependa de qualquer referência a experimentos, pode ser elaborada nos termos anteriormente sugeridos (Bunge[47]). Nessa interpretação a assim chamada função de onda não é um campo físico, nem um campo de propensão, nem um campo de conhecimento: é uma função fonte que, em conjunto com as diferentes variáveis dinâmicas, determina a distribuição de seus valores próprios. Por si mesmo, cada conjunto de possíveis valores próprios de variáveis dinâmicas carece de uma estrutura estocástica, mas o vetor de estado induz uma definida distribuição de probabilidades naquele conjunto.

2.4.6. Problemas sugeridos

1) Uma análise detalhada da medida de probabilidades *e. g.*, intensidades de linhas espectrais e secções de choque de espalhamento) em microfísica; 2) uma vez que as freqüências não satisfazem estritamente os axiomas da teoria da probabilidade, será possível considerar a interpretação de freqüência como um modelo cálculo (no sentido modelo-teórico)?; 3) paradoxo de possibilidade: a) de acordo com todos os sistemas da lógica modal, se algo é o caso então é possível ($p \rightarrow \Diamond p$) mas não inversamente; b) de outro lado, de acordo com a física estatística se algo é possível então ele deve obrigatoriamente ocorrer a longo tempo.

2.5. O Problema da Objetividade na Teoria Quântica

2.5.1. Ressurreição do objeto

De acordo com N. Bohr, W. Heisenberg, W. Pauli e mais alguns dos construtores das teorias quânticas, a grande contribuição desta à epistemologia foi a descoberta de que não existe microobjeto autônomo ou, pelo menos, que não tem sentido afirmar-se de que há um objeto assim. Segundo essa doutrina, nada jamais acontece nos níveis microfísicos sem a intervenção ativa do experimentador (em geral chamado observador). Em resumo, não existiriam objetos e sujeitos sepa-

47. Ver notas 8 e 18.

rados e, muito menos, uma relação analisável entre eles: o microevento seria um fenômeno no sentido filosófico da palavra e, além do mais, seria um átomo básico. Embora esta ainda seja a filosofia oficial e ortodoxa das várias teorias quânticas, alguns físicos percebem o seu compromisso com o subjetivismo e um certo número de físicos e filósofos começaram a criticá-la. (ver referências em Destouches[48], bem como em Bunge[49] e Popper[50], e também os artigos de Putnam[51], Suppes[52] e Mehlberg[53]). Esta revolta contra a ortodoxia e associado a ela o ressurgimento de uma epistemologia crítico-realista são talvez as mudanças recentes mais significativas na filosofia da física.

2.5.2. *O argumento da comprobabilidade*

O argumento filosófico em favor da interpretação de Copenhague é, por certo, a doutrina da verificabilidade da significação: nenhuma declaração pode ter algum sentido a menos que envolva ou seja acompanhada por uma declaração relativa às condições de sua própria prova. Assim, a afirmação de que uma dada partícula tem uma unidade de carga elétrica é significativa se e somente se for uma parte de uma descrição da medida da carga dessa partícula, descrição essa que precisa incluir uma referência ao observador. As dificuldades com essa pretensão são, primeiro, que nenhuma declaração teórica, nem sequer na teoria quântica, envolve qualquer referência à sua própria prova empírica, ainda que seja apenas porque tal prova exige a colaboração de outras teorias (principalmente clássicas) e uma especificação precisa do arranjo experimental. A segunda dificuldade é que, dado o fato

48. J.-L. Destouches, "Physique moderne et Philosophie", *in* R. Klibansky (ed.), *Philosiphyein the Mid-Century*, Florença, 1958, vol. I.

49. M. Bunge, *Metascientific Queries*, Springfield (Ill.), 1959.

50. Ver nota 16.

51. H. Putnam, "A Philosopher looks at Quantum Mechanics", R. J. Colodny (ed.), *Beyond the Edge of Certainty*, Englewoad Cliffs (N. J.), 1956.

52. P. Suppes, "Probability Concepts in Quantum Mechanics", *in Philosophy of Science 28*, 378 (1961).

53. Ver nota 17.

de terem os filósofos quase unanimente abandonado a doutrina da verificabilidade do significado, os físicos não contam mais com o seu amparo e ficam expostos à acusação de serem ferrenhos positivistas da época do Círculo de Viena.

2.5.3. O argumento da atividade perturbadora do observador

O segundo argumento empregado pelos físicos-filósofos de Copenhague é o do importante papel desempenhado pelo experimentador ao preparar o objeto que ele manipula, *i. e.*, ao colocá-lo em um estado predeterminado. Primeira réplica: isto pressupõe a existência autônoma do objeto e, destarte, não arruina o objetivismo, embora possa danificar a tese racionalista da cognoscibilidade exaustiva do mundo. Segunda réplica: o experimentador é tão ativo quanto na física clássica, onde aquece, quebra, magnetiza e opera muitas outras mudanças de estado. O ponto crucial da questão é que em nenhum dos dois casos a mente do experimentador atua diretamente sobre o objeto: em ambos os casos as ações e reações são físicas e podem ser justificadas em termos estritamente físicos. Terceira réplica: mesmo concedendo que o experimentador exerce um papel essencial na mudança do estado do objeto, poder-se-ia argumentar que isso diz respeito à prova e não ao significado da teoria. Ademais, embora seja possível em princípio introduzir na teoria variáveis dos aparelhos, na verdade elas não ocorrem nesta por toda a parte: ocorrem apenas na teoria quântica da medida, que é preciso encarar como uma aplicação da teoria geral (Feyerabend[54], Bunge[55]). E sempre que são introduzidas tais variáveis dos aparelhos, não se deve tomá-las pelos atributos físicos do observador. De vez em quando o teórico de Copenhague concederá que o termo "observador" não significa necessariamente "experimentador" mas pode significar "arranjo experimental" (Heisenberg[56]) –

54. P. K. Feyerabend, "The Quantum Theory of Measurement", *in* S. Körner (ed.), *Observation and Interpretation*, Londres, 1959.

55. Ver nota 8.

56. W. Heisenberg, *Physics and Philosophy*, Nova York, 1958.

mas ele não conseguirá compreender que essa admissão é fatal ao subjetivismo.

2.5.4. O argumento da natureza das fórmulas

Um terceiro argumento em favor da interpretação ortodoxa é esta: toda fórmula da teoria refere-se a uma ou outra situação experimental (pois do contrário não faria sentido). Assim, as famosas relações de "incerteza" de Heisenberg envolvem erros de observação (ou antes de medida) das variáveis implicadas. Mas essa pretensão é errônea. Primeiro, a teoria quântica aplica-se não só a sistemas em interação com objetos macrofísicos, mas também a microssistemas livres como um fóton isolado, (lembrar 2.4., 2.4.6.). Segundo, uma análise matemática de qualquer dos símbolos da teoria básica deixa de revelar variáveis específicas dos aparelhos, isto para não falar de variáveis físicas. Em particular, as relações de espalhamento de Heisenberg são derivadas, de um modo geral, para qualquer sistema quântico-mecânico, quer interaja ou não com um macrossistema. (Além do mais, a fórmula geral "$\triangle A \,.\, \triangle B \geq \backslash\, C_{AV} \backslash$" vale para qualquer par de variáveis, sendo A e B tais que $AB - BA = iC$, sem que se faça qualquer pressuposição sobre as propriedades que A e B representam – e muito menos acerca do dispositivo de mensuração necessário para medi-los.)

Terceiro, a costumeira interpretação da fórmula de Heisenberg como uma relação entre erros de medida envolve uma falácia lógica. De fato, todo erro (casual) de observação é medido por um desvio-padrão, mas o inverso não subsiste – isto sem falar na alegada equivalência. Assim, o desvio-padrão de uma distribuição de velocidade não é, em geral, o mesmo que o desvio-padrão dos erros de medida das velocidades dos objetos individuais envolvidos, senão por outro motivo, pelo menos porque o erro depende da mensuração técnica e não apenas da extensão objetiva dos valores de velocidade. Do mesmo modo, as fórmulas de Heisenberg são fórmulas teóricas; qualquer teste experimental destas resultará num par de enunciados acerca dos erros experimentais das extensões. Se a teoria for verdadeira – e há pouca dúvida de que o seja, como uma primeira aproximação – então os valores experimentais do desvio-padrão estarão próximo dos valores calculados, mas sempre permanecerá uma diferença entre as extensões teóricas e as experimentais, que são apenas uma estimativa das anteriores. De todo modo, quando devidamente analisada e axiomatizada (Bunge[57]), a teoria básica da mecânica quântica resulta ser uma teoria sobre um par: um microssistema relacionado a um macrossistema classicamente descritível. Este último pode estar ausente e em qualquer caso é um objeto físico e não psicofísico: se fosse o observador, então a teoria quântica conteria, na realidade, o conjunto da psicofisiologia, o que infelizmente ela não contem.

2.5.5. *Será o vetor de estado subjetivo?*

Um quarto argumento em favor da interpretação ortodoxa é que a função de estado (a "função de onda"), longe de representar uma propriedade física como posição ou massa, tem um significado de probabilidade. Como as probabilidades se ligam à ignorância ou pelo menos à incerteza, o vetor de estado não pode dizer respeito a uma coisa autônoma, mas tem que ser uma medida de nosso estado de conhecimento. Esse argumento pressupõe a filosofia subjetivista da probabilidade: não se prende a qualquer interpretação objetivista, seja a interpretação de freqüência ou propensão (ver 2.4., 2.4.1. e 2.4.2.). Por certo o vetor de estado não espelha uma propriedade física única como o faz toda variável dinâmica; mas então a lagrangiana clássica de um sistema não é tão diferente nesse sentido; pois ela também é uma propriedade básica ou uma fonte a partir da qual se constroem predicados físicos específicos. Assim sendo, é verdade que a fim de comprovar uma hipótese relativa à forma particular do vetor de estado de um sistema é insuficiente efetuar mensurações simultâneas no sistema: é preciso construir ou um conjunto real de sistemas similares ou um agregado potencial constituído por um e mesmo sistema em sucessivos momentos de sua evolução. Mas

57. Ver nota 8.

isso só mostra mais uma vez que um enunciado não é idêntico a suas condições de prova (ver 2.4., 2.4.4.).

2.5.6. Para além de Copenhague

A insatisfação com a interpretação de Copenhague levou vários físicos a olhar para trás com o fito de tentar construir teorias clássicas que envolvessem a mecânica quântica (ver os apanhados de Destouches[58] e Bunge[59]). Algumas destas tentativas, particularmente as de Broglie e Bohm, são deterministicas na acepção clássica, enquanto outras, mormente as de A. Landé[60] e Bopp[61], aceitam o acaso como um modo básico de comportamento. Isto mostra que o problema em debate é tanto ontológico quanto epistemológico. Em todo caso, ainda não é evidente que qualquer dos novos fundamentos propostos para a mecânica quântica envolvam a teoria costumeira, livre das confusões de Copenhague.

Deve ser possível manter o formalismo básico da teoria, reinterpretando-o de tal maneira que o subjetivismo e as inconsistências da interpretação de Copenhague não estejam presentes. Dois possíveis lances são concebíveis. Um é para salvar os traços essenciais da interpretação de Copenhague (e particularmente o dualismo), reexpondo-o de um modo convincente e livrando-o de seus vínculos dogmáticos. Esta reforma foi esboçada por Feyerabend[62]. Como qualquer compromisso, é improvável que possa satisfazer as partes envolvidas, tanto mais quanto o *forte* da interpretação de Copenhague é o de ser capaz de manter as questões essenciais no escuro e o de prevenir toda crítica possível.

O segundo lance possível é o de esquecer quer a interpretação de Copenhague quer as várias reformulações clássicas,

58. Ver nota 48.

59. Ver nota 49.

60. A. Landé, *New Foundations of Quantum Mechanics*, Cambridge, 1965.

61. F. Bopp, "Statische Mechanik bei Störung des Zustandes, etc.", *in* F. Boop (ed.), *Werner Heisenberg und die Physik unserer Zeit*, Braunschweig, 1961.

62. P. K. Feyeraben, "Problems of Microphysics", *in* R. G. Colodny (ed.), *Fronties of Science and Philosophy*, Pittsburgh, 1962.

mantendo ao mesmo tempo o formalismo e as características quânticas peculiares da teoria. Isto foi tentado por Bunge[63], que começa expondo o formalismo e seus pressupostos de um modo bastante completo, e a seguir interpreta os símbolos não definidos de uma maneira estritamente física, sem usar analogias clássicas tais como as de partícula e onda e sem prejulgar a questão por meio de arquitetados experimentos-mentalizados. Esta formulação axiomática da mecânica quântica é objetivista e fornece todas as fórmulas costumeiras da teoria.

2.5.7. Problemas sugeridos

1) Uma análise cabal dos argumentos pró e contra a interpretação de Copenhague; 2) formulações axiomáticas da mecânica estatística quântica e das teorias quânticas do campo; 3) uma teoria pormenorizada da medida para uma medida real específica.

2.6. Quanta e Lógica

2.6.1. Lógicas para proposições não-comensuráveis

Seguindo Birkhoff e Von Neumann[64], Février[65], Reichenbach[66] e vários outros continuaram a explorar o que freqüentemente é chamado de lógica quântica. O motivo é este. Se as grandezas A e B não possuem em conjunto valores precisos, então a associação "No tempo t, o valor de A é a e o valor de B é b" pareceria não ser apenas falso mas sem significação ou mesmo malformado. Ora se não é possível conjugar duas proposições quaisquer numa teoria, então a lógica

63. M. Bunge, "Quanta and Philosophy" *in Actes du 7éme Congrès Intermérícain de Philosophie*, Quebec, 1967. Ver também notas 8 e 18.

64. G. Birkhoff & J. von Neumann, "The Logic of Quantum Mechanics" *Annals of Mathematics 37*, 823, (1936).

65. Ver nota 5.

66. H. Reichenbach, *Philosophic Foundations of Quantum Mechanics*, Berkeley & Los Angeles, 1944.

subjacente à teoria não pode ser uma lógica comum. Pois bem, a mecânica quântica é precisamente uma teoria assim, pois nela nem todo par de grandezas é "comensurável", no sentido de que a medida conjunta de certos pares de variáveis (conjugadas) não é igualmente precisa para cada magnitude. Portanto, a lógica subjacente à mecânica quântica não pode ser o cálculo comum de predicados. Até aqui, temos a pretensão dos lógicos quânticos e a tarefa que eles estabelecem para si próprios.

2.6.2. Pressuposições examinadas

Diante de um exame mais acurado isto mostra ser um pseudoproblema. Pois, se os dois enunciados são incompatíveis, então sua conjunção pode ser enunciada embora seja falsa. Isto há de valer, em particular, para qualquer par *A*, *B* de enunciados relacionados por um condicional da forma "Se *A*, então não-*B*". Isto concedido, um enunciado assim é destituído de significado quanto à doutrina da verificabilidade do significado a menos que o verdadeiro valor de *A* e de não-*B* possam ser determinados. E na interpretação de Copenhague da teoria quântica há pares de enunciados tais que, se um deles for comprovado como verdade, então o valor de verdade do outro não pode ser constatado. Se a interpretação de Copenhague e a subjacente doutrina da verificabilidade de significado forem aceitas, então o lógico quântico está certo – mas, nesse caso, ele é incapaz de explicar o fato de que a mecânica quântica incorpora teorias matemáticas que pressupõem a lógica clássica.

Abandonar a doutrina da verificabilidade do significado (e portanto a doutrina de Copenhague igualmente: ver 2.5., 2.5.2.) é suficiente para dissolver o problema. De fato, se essa doutrina é rejeitada então a conjunção *A* e *B* pode fazer sentido mesmo que possamos não estar em condições de determinar os valores de verdade de qualquer das proposições nas conjunções. E, se a interpretação de Copenhague for também posta de lado, as próprias questões que trazem à tona as falsas conjunções não surgirão. Assim, se *A* e *B* são variáveis aleatórias então, comutem ou não (ou sejam comensuráveis, na interpretação de Copenhague), as próprias questões "Qual é o valor de *A*?" e "Qual é o valor de *B*?" não fazem sentido, pois pressupõem que *A* e *B* têm valores únicos (a cada instante) quando, na realidade, para um e mesmo sistema individual em um dado estado, cada variável dinâmica tem em geral todo um espectro infinito de valores – somente que, cada valor singular, tem um peso definido ou probabilidade ou propensão de vir à tona. A teoria quântica, em suma, não pede uma nova lógica. Antes, a lógica comum é inconsistente com a interpretação de Copenhague.

A necessidade de uma lógica quântica parece surgir quando se assume que a mecânica quântica contém proposições experimentais (falso: ver 2.4., 2.4.6. e 2.5., 2.5.4.) e que estas são da forma "*x* se encontra no ponto *y* no instante *t*" e "*x* move-se com a velocidade *z* no instante *t*". No entanto, é claro que se trata de enunciados relativos a partículas clássicas pontuais: elas não ocorrem na mecânica quântica, uma vez que a teoria está livre do lastro clássico (ver Bunge[67]). Os enunciados típicos da mecânica quântica são ou acerca de possíveis valores individuais de uma grandeza ou acerca de suas distribuições; e todos são enunciados teóricos e não experimentais: do contrário, especificariam aparelho e técnica, o que não o fazem. Além disso, em geral, não há junção de distribuições de probabilidades para pares arbitrários de variáveis. Por isso o problema não se apresenta em geral. Onde ele pode se apresentar é na física experimental, que é dominada pela física clássica. Mas todo mundo concorda que nesta ele não aparece.

2.6.3. A lógica clássica vindicada

Não há necessidade de entrar nos detalhes precedentes a fim de compreender-se que a lógica quântica é redundante. Pois todas as teorias matemáticas utilizadas na mecânica quântica pressupõem a lógica usual e todas as deduções na mecânica quântica têm de se lhe ajustar. Se a teoria quântica envolve uma lógica exótica, isto deveria então tornar-se pa-

67. Ver notas 8, 18 e 63.

tente nas teorias matemáticas e nos padrões de inferência implicados – o que não é o caso. (No que diz respeito à forma, todo raciocínio válido em mecânica quântica é um exemplo de algum padrão de inferência do cálculo de predicados. Em particular, a lei distributiva "$p \vee (q \,\&\, r) = (p \vee q) \,\&\, (p \vee r)$" e sua dual é válida. A pretensão de que em seu lugar vale a identidade modular "Se p então r, então: $p \vee (q \,\&\, r) = (p \vee q) \,\&\, r$", é injustificada.) Mais ainda, qualquer prova de uma teoria quântica envolve sua conexão com as teorias clássicas, pois estas se fazem necessárias a fim de planejar e interpretar os experimentos. E precisamente em que ponto, pergunta-se, cessa *a longa cadeia de razões* de obedecer à lógica comum para obedecer à lógica quântica? Poderia um lógico quântico, exibir, por favor, uma árvore lógica completa partindo de premissas quanto-teóricas e terminando em enunciados experimentais?

2.6.4. Moral

O episódio da lógica quântica vem mostrar que a boa física depende da lógica e não o contrário. E sugere que a espécie de lógica que se escolhe para elaborá-la pode ter motivação filosófica. Em terceiro lugar, confirma o ditado de que *No hay mal que por bien non venga* (Não há mal que não venha para o bem): pois, enquanto os físicos eram transviados por mais uma obscuridade, os matemáticos divertiam-se trabalhando na teoria da matriz modular e seu modelo proposicional, a pretexto de que estavam tentando ajudar os físicos.

2.6.5. Problemas sugeridos

Reformulação do conjunto da física com base em algum sistema de lógica que seja diferente do cálculo comum de predicados; 2) exame da pretensão de que uma interpretação realista da mecânica quântica requer o abandono da lógica clássica (Heisenberg[68]); 3) uma história das motivações filosóficas e heurísticas das teorias lógicas.

68. W. Heisenberg, Comunicação Pessoal, 1966.

2.7. *Física e Metafísica*

2.7.1. *A ressurreição da metafísica*

A proscrição da metafísica foi levantada nos anos de 1950: podemos agora aventurar-nos a discutir problemas ontológicos, tais como os de espaço, tempo, princípio da causalidade, probabilidade e lei. Mas isto não constitui um mero retorno à metafísica selvagem: aqueles que se atrevem a tratar de problemas metafísicos hoje em dia sentem-se, com muita freqüência, cônscios da necessidade de clareza. Alguns têm até mesmo consciência de que a nitidez lingüística, embora seja um indispensável capacho de entrada, não abre a porta para a metafísica: o que isso exige é percepção dos problemas metafísicos. E uns poucos vão tão longe a ponto de exigirem algum conhecimento de ciência e alguma habilidade em análise lógica. Isto não é para dizer que a metafísica científica está a caminho, mas pelo menos alguns problemas metafísicos estão sendo tratados com um respeito mínimo pela lógica e pela ciência. Estamos começando a sentir que discutir a natureza do tempo não é vergonhoso exceto se isso é feito à maneira existencialista, isto é, com total desrespeito pela linguagem, pela lógica e pela física. Entre os problemas metafísicos relacionados com a física, e que voltaram à tona em nossa época, encontramos os do tempo, causalidade e níveis integrativos.

2.7.2. *Tempo*

A recente literatura filosófica a respeito do tempo é bastante extensa (ver Grünbaum[69], Smart[70], Costa de Beauregard[71], Gonseth[72], Mehlberg[73] e Fraser[74]). Mas também os fí-

69. Ver nota 7.

70. J. J. C. Smart (ed.), *Problems of Space and Time*, Nova York, 1964.

71. O. Costa de Beauregard, *La notion de temps. Equivalence avec l'espace*, Paris, 1963.

72. F. Gonseth, *Le problème du temps*, Neuchâtel, 1964.

73. H. Mehlberg, "Physical Laws and Time's Arrow", *in* H. Feigl & F. Maxwell (eds.), *Current Issues in the Philosophy of Science*, Nova York, 1961.

74. J. T. Fraser (ed.), *Voices of Time*, Nova York, 1966.

sicos têm contribuído para esse assunto metafísico por excelência – e desta vez não se mostram menos entontecidos do que a maioria dos metafísicos e certamente não mais claros do que Lucrécio e Agostinho. Uma das nuvens persistentes que circundam o conceito de tempo concerne à natureza da reversão do tempo.

A reversão do tempo tornou-se de importância suprema na física das partículas elementares durante a nossa época por causa do teorema da inversão paridade-carga-tempo (ou antes do metateorema: ver Bunge[75]). De acordo com o referido teorema, se uma teoria de um certo tipo é relativística, então é também invariante sob a troca conjunta entre esquerda e direita, entre carga positiva e negativa e entre t e $-t$. O problema é atribuir um significado à substituição de $-t$ por t. Infelizmente tal coisa nunca é feita de um modo claro na literatura da física, a ponto de alguns acreditarem que, se a teoria se mantém inalterada sob a reversão do tempo, então o tempo pode "fluir para trás" (uma metáfora inversa de que nem mesmo os filósofos se atrevem a usar). O filósofo pode prestar alguma ajuda neste caso ao salientar que "reversão de tempo" é uma expressão ambígua que não é necessariamente absurda: que ela não tem significado por si mesma mas é uma propriedade de um enunciado de uma espécie. Se o enunciado vem a ser o enunciado de uma lei básica, então o que é ou deixa de ser T-invariante é o próprio enunciado, não havendo qualquer outro significado envolvido. Mas se o enunciado é de nível baixo e diz respeito a um processo específico, neste caso T-invariante pode significar que o enunciado permite tanto um certo processo quanto seu movimento reverso. A relação entre as duas interpretações parece ser a seguinte: Se um processo é T-invariante, então suas leis são T-invariantes (sendo o inverso em geral falso). Uma análise nesses termos (Bunge[76]) poderia ajudar o físico experimental a decidir se certos experimentos apresentam a reversão do tempo, como se pretende ocasionalmente. De qualquer modo, trata-se de

75. Ver nota 21.

76. M. Bunge, "Physical Time: The Objective and Relational Theory", *in Philosophy of Science 35*, 355, (1968).

um caso nítido em que se podem cometer erros – como ao se dizer que converter t em $-t$ significa substituir o futuro pelo passado – a menos que se realize uma certa parcela de análise semântica.

2.7.3. *Tempo e devir*

Outra confusão comum diz respeito à relação da assim chamada seta do tempo com a irreversibilidade. Se a gente se dá ao trabalho de formular uma teoria do tempo antes de filosofar sobre ele, percebe-se que – ao contrário do que diz a maior parte da literatura sobre o assunto – a direcionalidade ou assimetria do tempo independe da irreversibilidade em questão: quer os eventos x e y pertençam ou não a um processo irreversível, $T(x, y) = -T(y, x)$, onde T é a função do tempo (ver Bunge[77]). O tempo, com sua peculiar direcionalidade, seria inerente a um modo totalmente reversível (um mundo sem aumentos de entropia). Além do mais, a análise mostra que a direção do tempo não é determinada pela seta do devir e que esta é determinada pela relação causa-efeito. (O conjunto dos acontecimentos é orientado para o futuro e, mais precisamente, é em parte ordenado na direção do tempo: é assim que o princípio de antecedência, em geral confundido com a causalidade, é interpretado pelos físicos.)

Todavia, a direcionalidade do tempo e a seta do devir estão em geral misturadas e, ademais, o operacionalista exigirá uma "definição" da primeira em termos da segunda: ele pretenderá, por exemplo, que a direção positiva do tempo é "definida" pela lei de entropia crescente de um sistema isolado (ou por um refinamento estatístico desta lei). Estas e outras tentativas do gênero são comumente muito populares, ainda que a) antes que um enunciado de lei contendo a variável tempo possa ser escrito, um conceito de tempo deve estar à mão, e b) ao contrário das definições, os enunciados de lei são tomados como convenções. Estes dois pontos lógicos elementares são esquecidos não apenas pelos físicos, que são conhecidos por serem lógicos descuidados, mas também pela

77. *Ibidem*. Ver também nota 8.

maioria dos filósofos da física. Ambos poderiam tê-los talvez percebido se, para começar, teorias do tempo explícitas e plenamente desenvolvidas tivessem sido formuladas.

2.7.4. Níveis

O conceito de nível vem recebendo alguma atenção da parte dos físicos, que começam a suspeitar que a distinção entre macronível e micronível é insuficiente e que, no fim de contas, ele pode ser de caráter ontológico e não apenas epistemológico. O metafísico (o emergente teórico da evolução em particular) e o biólogo têm dito de há muito que o mundo possui uma estrutura multinível e que, por conseqüência, o reducionismo está errado. Mas essa idéia não atraiu os físicos até o nascimento da teoria quântica. Aqui havia uma clara indicação de que o macrocosmo, embora composto de microssistemas, é do ponto de vista qualitativo diferente deles, pois, do contrário, um e mesmo conjunto de predicados e portanto, um e mesmo conjunto de enunciados de lei bastariam para dar conta dos dois níveis. Mas, uma vez que as teorias quânticas existentes eram consideradas como formulações que esgotavam o micronível, nenhuma distinção mais fina se afigurava necessária.

A rápida multiplicação do número de "partículas" "elementares", que começou a verificar-se por volta de 1950 e chegou agora ao registro de cerca de 200 espécies, mostrou que novas teorias se faziam indispensáveis a fim de enfrentálas. Isto, mais do que qualquer crítica filosófica, pode ter inclinado vários físicos a especular sobre níveis mecânicos subquânticos e daí sobre teorias mais profundas que, como primeira aproximação, seriam reduzidas às nossas teorias quânticas correntes. Assim muitos físicos eminentes brincam hoje com a idéia de que toda "partícula" pesada conhecida é composta de dois ou três "quarks" e "antiquarks" – entidades hipotéticas que constituiriam os tijolos básicos da matéria. Ninguém conseguiu ainda isolá-los, mas a esperança é que alguns dos aceleradores ora em desenvolvimento serão capazes de partir mésons e bárions em quarks e antiquarks. Isto não é apenas mais uma hipótese física: é uma hipótese muito ousada que há pouquíssimos anos atrás seria rotulada de "metafísica".

2.7.5. *Níveis e variáveis ocultas*

Num programa bastante conhecido mas ao qual se deu pouca atenção para a construção de teorias de nível mais profunda foi o apresentado por Bohm[78]. Na concepção original de Bohm, as latitudes quanto-mecânicas ou "incertezas" são flutuações objetivas e, além disso, longe de serem básicas e irracionais, têm causas e podem ser explicadas em termos de causas. As flutuações são ocasionadas por entidades sub-atômicas, até agora inobservadas, que desempenhariam um papel similar ao das moléculas de ar causadoras dos movimentos brownianos de pequenas manchas de poeira ou fumaça. Essas entidades subterrâneas seriam descritas por "variáveis ocultas", *i. e.*, por variáveis não-estocásticas (por conseguinte que não se espalham) do tipo clássico. Pela ampliação do contexto das teorias correntes de modo a incluir esse nível mais profundo, as relações de espalhamento de Heisenberg poderiam ser relaxadas em certa extensão (metaforicamente: o h de Planck poderia ser dividido).

Este programa, interessante como é, não conseguiu arrebatar a imaginação da maioria dos físicos. O problema não é apenas que os físicos se tornaram conservadores, mas que a idéia se depara com certos obstáculos que não foram superados. O primeiro é que não há razão para suspeitar de que os níveis mais profundos acabarão se mostrando mais parecidos com o classicamente descritível macronível; muito ao contrário, seria de se esperar um comportamento ainda menos ortodoxo. A segunda objeção é que, uma vez que introduzir variáveis ocultas não conduz a quaisquer novas previsões, é difícil justificá-las. (A propósito: o uso de "oculto" pelo físico é incorreto: todas as variáveis dinâmicas das teorias quânticas são ocultas no sentido epistemológico, pois dizem respeito a microssistemas e não representam propriedades acessíveis aos

78. D. Bohm, *Causality and Chance in Modern Physics*, Londres, 1957.

sentidos). Mesmo assim, o metafísico deveria simpatizar com toda tentativa para considerar as entidades de um nível como sendo parcialmente determinadas por entidades de níveis mais profundos, assim também com toda tentativa de analisar a aleatoriedade como resultado de comportamento não-aleatório em um nível mais profundo (e inversamente).

2.7.6. Protofísica

Por fim, algumas palavras sobre a metafísica relevante para a física ou a protofísica para abreviar (Bunge[79]). Este campo, desenvolvido somente em parte, consiste de uma fornada de hipóteses genéricas e de algumas teorias plenamente desenvolvidas que são pressupostas por muitas teorias físicas específicas. Assim, uma teoria do tempo ou outra é pressuposta por qualquer teoria concernente ao tempo. Do mesmo modo, toda teoria acerca de sistemas complexos pressupõe alguma teoria geral de sistemas, *i. e.*, uma teoria referente às relações de ser uma parte de um todo (mereologia) e as operações físicas de justapor e superpor. Por exemplo, no esquema de "aniquilação" "$e^+ \dotplus e^- \dot{\rightarrow} \gamma \dotplus \gamma$", o sinal de soma com ponto em cima significa justaposição ou adição física, enquanto que a seta com ponto em cima significa "tornar-se", "produz" ou "dá origem a". Na literatura científica faltam os pontos, razão pela qual surge certa confusão e a necessidade de elaborar um cálculo geral da adição, do produto e do vir a ser físicos, é esquecida.

Faz-se cada vez mais claro que a metafísica não é algo inteiramente externo à física: que parte dela esta dentro da maçã da física e que depende de nós se isto vai ser verme ou semente.

2.7.7. Problemas sugeridos

1) Achar a álgebra da relação de vir a ser; 2) constituir sistemas de geometria física utilizáveis em várias teorias físicas; 3) determinar a verificabilidade de teorias protofísicas.

79. Ver nota 8.

2.8. *Fundamentos da Física*

2.8.1. *Base de encontro entre filósofos e físicos*

Os fundamentos da física lidam com as idéias básicas da física e, por esse motivo, constituem um campo ideal para a cooperação entre cientistas e filósofos. Assim, o problema de saber se a mecânica quântica diz respeito a entidades reais ou antes atos de observação é uma questão tipicamente epistemológica, que não pode ser resolvida recorrendo-se aos testemunhos deixados por grandes físicos em obras de divulgação: ela exige que sejam desnudados os fundamentos da teoria, pois somente dessa maneira podemos certificar-nos se o conceito de observador ocorre na teoria como um conceito não definido ou como derivado.

Em razão de seu caráter técnico, os fundamentos da física tendem a ser arranhados por qualquer físico dado a cogitações; e, em razão de seu caráter filosófico, atrairão o filósofo da ciência. Mas, tal como no caso dos fundamentos da matemática, apenas alguns poucos estão dispostos a aproveitar-se dos dois conjuntos de ferramentas requeridos para um trabalho fecundo nesse domínio, ou mesmo para entender o que está se passando. De qualquer modo, tem havido um notável aumento de interesse pelos fundamentos da física no curso dos últimos anos. Isto se deveu em parte à crise dos fundamentos da teoria quântica, em parte, à ressurreição da física clássica e, em parte, ao desejo de limpar a ciência com a ajuda da "nova matemática".

2.8.2. *Origens da presente fase*

O ponto de partida do moderno labor nos fundamentos da física é o conhecido artigo de McKinsey *et al.*[80] sobre as bases axiomáticas da mecânica das partículas. Seus objetivos foram, ao que parece, eliminar as obscuridades nas formula-

80. J. C. C. McKinsey; A. C. Sugar & P. Suppes, "Axiomatics Foundations of Classical Particle Mechanics" *in Journal of Rational Mechanics and Analysis* 2, 253, (1953).

ções usuais desta teoria quase tricentenária, reduzi-la a um ramo da teoria dos conjuntos e mostrar a utilidade das técnicas metamatemáticas na análise de teorias fatuais. Eles não lograram converter a mecânica das partículas em uma parte da teoria dos conjuntos (uma vez que a interpretação é parte de uma teoria fatual), porém mostraram o caminho do rigor. É interessante notar que os autores desse trabalho pioneiro eram primordialmente filósofos e estudiosos dos fundamentos da matemática. Alguns anos mais tarde, o famoso simpósio de Berkeley sobre o método axiomático (Henkin *et al.*)[81] evidenciou o agudo interesse corrente no campo. Embora a maioria dos artigos de física fossem escritos no estilo de antes da guerra, alguns apresentaram nítidos progressos. Isto vale, em particular, para a contribuição de Noll[82], uma axiomatização da mecânica do contínuo explorando a matemática moderna para propósitos quer de elucidação quer de expansão das idéias científicas. O estudo de Noll vincula-se à fonte subseqüente de desenvolvimento dos fundamentos da física: a física neoclássica.

2.8.3. Física neoclássica

O interesse no bom arranjo lógico e na modernidade matemática das teorias físicas fundiram-se com o movimento de renovação da física clássica. Nos começos da década de 1950, os matemáticos julgavam a física clássica formalmente antiquada e defasada, ao passo que os engenheiros a consideravam insuficientemente desenvolvida mesmo para fins práticos. Desde então todos os ramos da física clássica têm estado em trabalho de reconstrução e desenvolvimento. (Para um apanhado da mecânica do contínuo e da termodinâmica ver Truesdell)[83]. Essa atitude crítica e construtiva para com um

81. L. Henkin; P. Suppes & A. Tarski (eds.), *The Axiomatic Method with Special Reference to Geometry and Physics*, Amsterdã, 1959.

82. W. Noll, "The Foundations of Classical Mechanics in the Light of Recent Advances in Continuum Mechanics", *in* L. Henkin; P. Suppes & A. Tarski (eds.), *The Axiomatic Method with Special Reference to Geometry and Physics*, Amsterdã, 1959.

83. C. Truesdell, *Six Lectures on Modern Natural Philosophy*, Nova York, 1966.

ramo da ciência tido antigamente como acabado ou morto ou ainda ambas as coisas, coloca-se em agudo contraste com o dogmatismo que ainda prevalece na microfísica. O físico neoclássico está disposto a reconsiderar, mesmo dentro do contexto clássico, qualquer problema básico e qualquer teoria básica. Ele tomou consciência de que até leis centrais como o princípio do aumento de entropia apresentam-se usualmente mal formuladas e que nenhuma prova geral e rigorosa existe – ou, no caso de serem axiomas, que não há sistema satisfatório de axiomas em que elas ocorram. (No entanto, a alegada redução da termodinâmica à mecânica estatística é o exemplo favorito de redução de teoria entre os filósofos da ciência.)

2.8.4. *Variedades de análises dos fundamentos*

A pesquisa de fundamentos na física não ficou confinada à física clássica, ainda que seus maiores êxitos tenham sido até agora alcançados nesse campo. A profusão de problemas e abordagens da análise e reconstrução da física, tais como são vistos pelos físicos, encontra-se bem representada no Seminário de Delaware sobre os Fundamentos da Física (Bunge[84]). Eis um exemplo ao acaso: W. Noll propõe a primeira teoria relacional de tempo-espaço utilizável na física clássica; H. Grad mostra que não existe ainda uma teoria geral e satisfatória da mecânica estatística mas que resultados promissores começam a surgir; E. J. Post argumenta que a covariança geral é necessária até mesmo no eletromagnetismo clássico; R. Schiller prova que a quantização pode ser imitada na física clássica; e H. Margenau demonstra que a teoria da medida na mecânica quântica ortodoxa é insustentável.

2.8.5. *Síntese dos fundamentos I: axiomáticas formais*

Mas a análise deve sempre constituir apenas um meio: a meta é obter clareza, generalidade, comprobabilidade e ver-

84. Ver nota 6.

dade. E a melhor maneira de alcançar a clareza, a compreensão e a sensibilidade em provas empíricas – e portanto indiretamente a verdade também – é a sistematicidade, pois se um conjunto de enunciados é coerente, eles hão de ilustrar e controlar uns aos outros. Pois bem, a sistematização ideal é a axiomatização.

Uma vez axiomatizada uma teoria, é possível submetêla a uma análise mais penetrante do que a anterior, pois podese, então, precisar os conceitos básicos e os enunciados básicos, bem como as inter-relações entre conceitos e enunciados. Além do mais a axiomatização é, embora insuficiente, necessária para aplicar testes de consistência, independência, categoricidade, decidibilidade etc... (No entanto, existem filósofos intrépidos que falam da teoria do isomofismo sem ter feito o prévio trabalho de axiomatização.)

Até há pouco era difícil achar exemplos de axiomatização satisfatória de teorias físicas, de modo que a maioria das análises era necessariamente vaga. Foi somente nos anos de 50 que se fizeram as primeiras tentativas bem-sucedidas para axiomatizar teorias inteiras e não fragmentos destas (ver 2.8.2). (As tentativas anteriores de Arquimedes, Newton, Carathéodory e até Hilbert podem ser vistas como pertencentes à préhistória do assunto, pois nenhum deles indicava claramente quais eram seus pressupostos e suas idéias não definidas e nenhum deles dava uma lista exaustiva de postulados.) Mas, até mesmo, a maior parte dos fundamentos axiomáticos contemporâneos das teorias físicas acha-se exposta à crítica de que negligenciam o conteúdo físico, deixando a cargo do leitor a tarefa de fornecer o que se denomina a interpretação pretendida do formalismo.

2.8.6. *Síntese dos fundamentos II: axiomáticas físicas*

Em trabalhos já citados[85], Bunge tentou corrigir essa situação. Os traços característicos dessa abordagem da física dos fundamentos são: 1) as pressuposições de toda teoria são desenterradas e arroladas; 2) as pressuposições fatuais mas genéricas (chamadas protofísicas em 2.7., 2.7.7.) são explici-

85. Ver notas 8 e 28.

tadas e elaboradas ou pelo menos delineadas: os modelos físicos de probabilidade, a teoria geral dos sistemas, uma teoria relacional de tempo local etc.; 3) a base primitiva da teoria é indicada; 4) são dados postulados de três espécies: a) assunções matemáticas (*e. g.*, "A_{op} é um membro de um anel de operadores no espaço de Hilbert"); b) assunções semânticas, também denominadas incorretamente de regras de correspondência e definições operacionais (*e. g.*, "A_{op} representa (ou modela ou espelha) a propriedade *A* do sistema físico associado com o espaço de Hilbert dado"); e c) assunções físicas, em particular enunciados de lei (*e. g.*, " Os valores próprios de A_{op} são os valores possíveis que a grandeza física *A* pode assumir"); 5) a interpretação não fica a cargo da imaginação do leitor e não é metafórica: é escorçada por axiomas semânticos e, além disso, é estritamente física, no sentido de que não invoca o observador, suas operações ou sua mente poderosa; 6) a análise do *status* e do papel dos conceitos primitivos e dos axiomas só é encetada depois que os postulados foram registrados, com o fito de evitar o palavreado ocioso e as interpretações *ad hoc*. Uma dúzia de teorias, tanto clássicas como quânticas, são organizadas e analisadas desta maneira.

Em conclusão, os fundamentos da física parecem estar em andamento, mas a disciplina apresenta-se com pelo menos meio século de atraso em relação à matemática. Seu crescimento sadio dependerá da colaboração de físicos e filósofos.

2.8.7. *Problemas sugeridos*

1) Uma axiomatização da termodinâmica (não apenas da termostática); 2) uma axiomatização de teoria do campo quântico; 3) um exame metamatemático das várias axiomatizações propostas.

2.9. *História Filosófica da Física*

2.9.1. *História conceitual* vs. *crônica*

A história da física, como a história da ciência em geral, tem sido usualmente escrita sob a influência do estreito credo baconiano de que a ciência é observação. Conseqüentemente, as descobertas e as técnicas foram apresentadas de modo a desempenharem um papel mais importante do que as invenções e provas. No entanto, nenhum dos grandes físicos foi, na realidade, apenas observador ou fazedor de instrumentos: eram homens de idéias para quem as observações não constituíam o alfa e o ômega da ciência, mas matéria bruta a ser compreendida. Isso não é acidente: a nua observação, sem a interpretação, se existisse, seria irrelevante para a ciência. E os experimentos não consistem em ficar por aí mexendo com peças de aparelhos (isto é bricolagem), mas em efetuar operações planejadas com o objetivo de pôr à prova idéias ou de alimentar as teorias de modo a tornar possível a dedução.

Por conseguinte, uma genuína história da física será uma história dos problemas intelectuais concernentes ao mundo físico: uma história de suas origens, das soluções propostas, das maneiras como essas soluções foram submetidas à prova da experiência e das maneiras como as idéias tiveram de ser corrigidas em face do malogro experimental. Uma lista cronológica de resultados da pesquisa física – de "descobertas" – sem qualquer referência aos problemas que instigaram tal pesquisa e das novas idéias que suscitou, bem como dos conflitantes princípios filosóficos aí envolvidos, não é uma história mas um catálogo. O que se faz necessário a fim de entender-se o passado, para desfrutar o conhecimento a seu respeito e para extrair algumas lições dos acertos e erros passados, é o que se costumava chamar um exame histórico-crítico dos vários ramos da física, um exame preocupado com a verdade histórica e científica e também com a percepção filosófica.

2.9.2. A nova safra e o que vem depois

Nossa época assistiu a um vigoroso renascimento dos estudos histórico-críticos desenvolvidos na maioria das vezes por homens relativamente jovens que combinam um considerável conhecimento técnico do assunto com firme erudição histórica e inusitada perceptividade filosófica. Entre os mais estimulantes e recentes estudos dessa espécie, lembramos os de Jammer[86], Hanson[87], Kuhn[88], Brush[89] e North[90]. Mas há muito mais e muitos outros hão de aparecer em breve, pois o campo está em expansão, particularmente nos Estados Unidos.

Entretanto, também neste caso algumas coisas poderiam ser melhores. Assim, o papel da matemática nas construções de teoria é neglicenciado em demasia e a análise das principais idéias físicas é em geral conduzida sem o benefício de estudos dos fundamentos. Como conseqüência certo número de mitos mantêm-se vivos – por exemplo, o mito de que Newton sem ajuda de ninguém erigiu o edifício da mecânica clássica (para uma correção ver Truesdell[91]), e de que Mach lhe deu a interpretação apropriada (para uma correção ver Bunge[92]). Uma vez que qualquer estudo histórico-crítico, se cuidadoso e profundo, exige um historiador, um físico e um filósofo, e uma vez que é improvável encontrar-se semelhante trindade encarnada, seria desejável que se tentasse algum trabalho de equipe. O recém-surgido e altamente bem-sucedido Centro para História e Filosofia da Física, do American Institute of Physics, poderia ser um estimulante apropriado para uma tal aventura. Mas, ao seu lado, são necessários alguns institutos para o estudo interdisciplinar.

2.9.3. Problemas sugeridos

1) Por que é que tantos físicos religiosos, como Cauchy, Maxwell, Duhem e Planck, tiveram melhor entendimento da natureza da teoria física do que a maioria dos seus colegas

86. M. Jammer, *The Conceptual Development of Quantum Mechanics*, Nova York, 1966.

87. Ver nota 14.

88. T. Kuhn, *The Structure of Scientific Revolution*, Chicago, 1962. Trad. brasileira: *A Estrutura da Revolução Científica*, Perspectiva, 1976.

89. S. G. Brush, "The Development of the Kinetic Theory of Gases", *in American Journal of Physics 29*, 593, (1961), *30*, 269, (1962) e *Annals of Science 13*, 188, 273, (1957), *14*, 185, 244, (1958).

90. Ver nota 19.

91. C. Truesdell, *Introduction to L. Euleri Opera omnia 112*, Zurique, 1960.

92. M. Bunge, "Match's Critique of Newtonian Mechanics" *in American Journal of Physics 34*, 585, (1966).

agnósticos e empiristas? 2) adaptem histórias dos conceitos de tempo, movimento, campo e partícula elementar; 3) uma história da influência da filosofia sobre a física.

2.10. Reparos Finais

Embora a filosofia da física não haja ainda atingido o nível quer da lógica quer da física, ela efetuou alguns avanços definidos durante a última década. Livrou-se do operacionalismo – bem, quase – e tornou-se mais crítica em relação tanto às opiniões de físicos famosos quanto às de filósofos famosos; ela não se envergonha mais em atacar problemas metafísicos, começa a acostumar-se ao realismo e está tentando timidamente mesclar tecnicismos físicos com os da filosofia. Pode-se alimentar a esperança de que continuará neste caminho, visando a um rigor ainda maior, pois poderá então prender a atenção do físico, esse incorrigível filósofo amador.

Bibliografia

BIRKHOFF, G. & NEUMANN, J. von. "The Logic of Quantum Mechanics". *Annals of Mathematics 37*, 823, (1967).

BOHM, D. *Causality and Chance in Modern Physics*. Londres, 1957.

BOPP, F. "Statische Mechanik bei Störung des Zustandes etc.".

_______ (ed.). *Werner Heisenberg und die Physik unserer Zeit*. Braunschweig, 1961.

BRAITHWAITE, R. B. "Axiomatizing a Scientific System by Axioms in the Form of Identification". HENKIN, L.; SUPPES, P. & TARSKI, A. (eds.). *The Axiomatic Method with Special Reference to Geometry and Physics*. Amsterdã, 1959.

_______. *Scientific Explanation*. Cambridge, 1953.

BRIDGMAN, P. W. *P. W. Bridgman's "The Logic of Modern Physics" After Thirty Years*. Daedalus, *88*, 518 (1959).

BRUSH, S. G. "The Development of the Kinetic Theory of Gases". *In American Journal of Physics 29*. 593, (1961), *30*, 269, (1962) e *Annals of Science 13*. 188, 273, (1957), *14*, 185, 244, (1958).

BUNGE, M. (ed.). *Quantum Theory and Reality*. Nova York, 1967.

_______. "Match's Critique of Newtonian Mechanics". *In American Journal of Physics 34*. 585, (1966).

_______ . "Phenomenological Theories".
_______ . *The Critical Approach. Nova York*, 1964.
_______ . "Physical Axiomatics". *In Reviews of Modern Physics 39*, 463, (1967).
_______ . "Physical Time: The Objective and Relational Theory". *Philosophy of Science 35*. 355, (1968).
_______ . "Physics and Reality". *In Dialectica 19*, 185 (1965).
_______ . "Quanta e Philosophy". *In Actes du 7éme Congrès Interméricain de Philosophie*. Quebec, 1967.
_______ . "The Structure and Content of a Physical Theory".
_______ . *Delaware Seminar in the Foundations of Physics*. Nova York, 1967.
_______ . "The Structure and Content of a Physical Theory".
_______ (ed.). *Delaware Seminar in the Foundations of Physics*. Nova York, 1967.
_______ . *Foundations of Physics*. Nova York, 1967.
_______ . *Metascientific Queries*. Springfield (111.), 1959.
_______ . *Scientific Research*. Nova York, 1967, 2 vols.
_______ . *The Myth of Simplicity*. Englewood Cliffs (N. J.), 1963.
CARNAP, R. "On the Use of Hilbert's e-operator in Scientific Theories". I. Bar-Hillel (ed.). *Essays on the Foundations of Mathematics*. Jerusalém, 1961.
_______. "The Methodological Character of Theoretical Concepts". FEIGL, H.; SCRIVEN, M. & MAXWELL, G. (eds.). *Minnesota Studies in the Philosophy of Science*. Minneapolis, 1956, vol. I.
_______ . *Philosophical Foundation of Physics*. Nova York, 1966.
COSTA DE BEAUREGARD, O. *La notion de temps. Equivalence avec l'espace*. Paris, 1963.
CRAIG, W. "Replacement of Auxiality Expressions". *In Philosophical Review 65*. 38, (1956).
DESTOUCHES, J.-L. "Physique moderne et Philosophie". Klibansky, R. *Philosophy in the Mid-Century*. Florença, 1958, vol. 1.
FEYERABEND, P. K. "Problems of Microphysics". Colodny, R. G. (ed.). *Fronties of Science and Philosophy*. Pittsburgh, 1962.
_______ . "The Quantum Theory of Measurement". KÖRNER, S. (ed.). *Observation and Interpretation*. Londres, 1959.
FÉVRIER, P. *L'interprétation physique de la mácanique ondulatoire et des théries quantiques*. Paris, 1956.
_______ . *La structure des théories physiques*. Paris, 1951.
FRESSER, J. T. (ed.). *Voices of Time*. Nova York, 1966.
GONSETH, F. *Le problème du temps*. Neuchâtel, 1964.
GÜNBAUM, A. *Philosophical Problems of Space and Time*. Nova York, 1963.

HANSON, N. R. *The Concept of the Positron*. Cambridge, 1963.

HEISENBERG, W. "Die boebachtbaren Grössen in der Theorie der Elementarteilchen". *In Zeitschrift für Physik 120*, 513, 673 (1943).

_______. Comunicação Pessoal, 1966.

_______. *Physics and Philosophy*. Nova York, 1958.

HEMPEL, C. G. "The Theoretician's Dilema". FEIGL, H.; SCRIVEN, M. & MAXWELL, G. (eds.). *Minnesota Studies in the Philosophy of Science*. Minneapolis, 1958, vol. II.

_______. *Aspects of Scientific Explanation*. Nova York, 1965.

_______. *Foundations of Concept Formation in Empirical Science*. Chigaco, 1952.

HENKIN, L.; SUPPES, P. & TARSKI, A. (eds.). *The Axiomatic Method with Special Reference to Geometry and Physics*. Amsterdã, 1959.

HESSE, M. *Models and Analogies in Science*. Londres, 1963.

HUTTEN, E. *The Language of Modern Physics*. Londres, 1956.

JAMMER, M. *The Conceptual Development of Quantum Mechanics*. Nova York, 1966.

KUHN, T. *The Structure of Scientific Revolution*. Chicago, 1962. Trad. brasileira: *A Estrutura da Revolução Científica*. Perspectiva, 1976.

LANDÉ, A. *New Foundations of Quantum Mechanics*. Cambridge, 1965.

MCKINSEY, J. C. C.; SUGAR, A. C. & SUPPES, P. "Axiomatics Foundations of Classical Particle Mechanics". *In Journal of Rational Mechanics and Analysis 2*. 253, (1953).

MEHLBERG, H. "Physical Laws and Time's Arrow". FEIGL, H. & MAXWELL, F. (eds.). *Current Issues in the Philosophy of Science*. Nova York, 1961.

_______. "The Problem of Physical Reality in Contemporary Science". BUNGE, M. (ed.). *Quantum Theory and Reality*. Nova York, 1967.

NOLL, W. "The Foundations of Classical Mechanics in the Light of Recent Advances in Continuum Mechanics". HENKIN, L.; SUPPES, P. & TARSKI, A. (eds.). *The Axiomatic Method with Special Reference to Geometry and Physics*. Amsterdã, 1959.

NORTH, J. D. *The Measure of the Universe*. Oxford, 1966.

POPPER, K. R. "Quantum Mechanicas without 'The Observer'". BUNGE, M. (ed.). *Quantum Theory and Reality*. Nova York, 1967.

_______. "The Propensity Interpretation of Probability". *In British Journal for the Philosophy of Science 10*. 25, (1959).

———. *The Logical of Scientific Discovery*. Trad. de *Logik der Forschung*. Viena, 1934, Londres e Nova York, 1959.

PUTMAM, H. "A Philosopher looks at Quantum Mechanics". Colodny, R. J. (ed.). *Beyond the Edge of Certainty*. England Cliffs (N. J.), 1956.

RAMSAY, F. P. *The Foundations of Mathematics*. Londres, 1931.

REICHENBACH, H. *Philosophic Foundations of Quantum Mechanics*. Berkeley & Los Angeles, 1944.

SCHEIBE, E. *Die kontingenten Aussagen in der Physik*. Frankfurt a. M., 1964.

SMART, J. J. C. (ed.). *Problems of Space and Time*. Nova York, 1964.

SUPPES, P. "Probability Concepts in Quantum Mechanics". *In Philosophy of Science 28*, 378, (1961).

TÖRNEBOHM, H. *A Logical Analysis of the Theory of Reality*. Estocolmo, 1952.

TRUESDELL, C. *Introduction to L. Euleri Opera omnia 112*. Zurique, 1960.

———. *Six Lectures on Modern Natural Philosophy*. Nova York, 1966.

3. SOBRE O QUE VERSAM AS TEORIAS FÍSICAS?

Após quarenta anos de complacência, os físicos quânticos começam questionar-se. Num crescente número de artigos e preleções, indicam o motivo de sua insatisfação, isto é, a inexistência quase de teorias aceitáveis de maior envergadura que dêem conta das muitas e singulares "partículas elementares" e núcleos atômicos. Confessam que, embora possam calcular um certo número de quantidades, sentem-se perdidos quando se trata de compreender o que está sendo computado, pois só uma teoria profunda e abrangente pode trazer uma compreensão satisfatória – e um tal sistema conceitual é precisamente o que falta. Em suma, a sensação é que a mecânica quântica e eletrodinâmica quântica são insuficientes apesar do surpreendente alcance delas: que novas teorias devem ser erigidas a fim de solucionar a pilha montante de problemas abertos. E, como é normal em crises assim, o problema da estratégia aparece: Que caminho deve seguir a física, *i. e.*, que espécie de teorias é preciso tentar construir?

Como físico, não posso me incomodar muito com o caminho por onde a física fundamental anda desde que ela continue andando. Em particular, não me incomoda se a física permanece basicamente probabilística ou então se torna ainda mais radicalmente estocástica (substituindo todos os parâmetros existentes e as variáveis isentas de dispersão por variáveis aleatórias) ou, o que parece improvável, dê meia-volta e se faz determinística no sentido clássico. Mas, como filósofo, preocupo-me com o seguinte: a) que a física permaneça *física* – isto é, preocupada com objetos físicos mais do que com observadores e seus estados mentais (*e. g.*, expectativas e incertezas); b) que a física vá cada vez *mais fundo*, das teorias fenomenológicas (caixa preta) às semifenomenológicas até as teorias mecanicistas; e c) que a física se torne cada vez mais *convincente* – que suas teorias sejam formuladas de maneira mais consistente e melhor organizadas. Entretanto, a perspectiva de um avanço em tal direção não é de modo algum assegurado, pois uma coisa de moda em física fundamental é brincar com idéias não-físicas (em especial, psicológicas), é preferir a caixa preta à translúcida e tolerar inconsistências contanto que se consiga fazer algumas computações. De fato, não há sequer garantia de que a física fundamental possa ir além de seu presente estágio – entre outras razões, por causa da crença bastante difundida de que já percorremos o caminho todo que seria dado humanamente percorrer. Obviamente, se alguém acredita que qualquer teoria atual é a derradeira, não fará esforço nenhum para ultrapassá-la.

Como em muitas crises religiosas, alguns físicos acreditam no além enquanto outros não acreditam. Mas, creiam eles ou não, sua atitude é, em grande parte, uma questão de fé suportada ou minada pela experiência passada bem como por uma ou outra filosofia. O crente tem fé no progresso científico enquanto o incrédulo ou tem fé no caráter último da teoria corrente ou duvida da possibilidade de superar as limitações desta. Minha crença é condicional. Penso que o além – isto é, uma teoria quântica cabalmente física inclusive mais rica e convincente do que a atual – é muito necessário. Mas ao mesmo tempo não creio que semelhante teoria, ou melhor, conjunto de teorias, serão inventados a menos que a gente queira fazê-lo. E, mesmo que as pessoas desejem ir adiante, encontrarão obrigatoriamente obstáculos formidáveis: físicos, matemáticos e filosóficos. A principal dificuldade técnica aparentemente a de livrar-se das analogias clássicas (que ainda infestam as apresentações-padrão das teorias quânticas) e conceber em seu lugar idéias inauditas pareando as propriedades e as leis daquelas coisas ímpares denominadas "partículas elementares". Isto pode muito bem exigir a assistência de novos instrumentos matemáticos, assim como a mecânica clássica e as teorias clássicas do campo o fizeram a seu tempo. E o principal obstáculo filosófico é a atual confusão e a incerteza relativa aos referentes das teorias da física fundamental, isto é, da espécie de coisas sobre as quais eles versam.

O propósito deste trabalho é examinar a segunda questão, isto é, tentar identificar o tipo de coisas com que a teoria física está preocupada. Isto, pelo menos, não é questão de fé, mas de argumentação e análise lógica. E, a menos que as esclareçamos não poderemos saber se um além é concebível e, se o for, em que caminho ele se encontra. Pois, se a resposta for que as atuais teorias quânticas dizem respeito a blocos observador-aparelho-objeto que não admitem análise ulterior (a "inteireza essencial de um fenômeno quântico apropriado" de Bohr[1]), então obviamente não há além. Mas, se de outro lado, a física tem que introduzir a mente do observador no quadro do mundo (como Wigner[2] propôs), então há esperança de progresso desde que a física se una à psicologia. E, se por fim, a física versa acerca de coisas que se presumem estão fora, então sua tarefa continua sendo a tradicional, a de procurar saber mais e mais a respeito delas, antes de proclamar-se a vitória final ou de voltar-se para dentro, ao estudo do eu.

3.1. O Problema da Interpretação

3.1.1. O referente

Aquilo sobre o qual um construto (conceito, proposição ou teoria) versa ou ao qual representa, ou se refere, ou antes

1. Niels Bohr, *Atomic Physics and Human Knowledge*, Nova York, Wilet, 1958, pp. 72 e *passim*.

2. E. P. Wigner, "Remarks on the Mind-Body Question" *in* I. J. Good (ed.), *The Scientist Speculates*, Londres, Heinemann, 1962.

pretende referir-se, é chamada o *referente* (intencionado) do construto. O referente de um construto pode ser um objeto singular ou qualquer número de objetos; pode ser perceptível ou imperceptível; pode ser real, presumivelmente real, ou imaginário, e assim por diante. Em qualquer caso, o referente de um construto é uma coleção de itens e é portanto também chamado de a *classe de referência* (intencionada) do construto. Por exemplo, a classe de referência de "O éter e o elástico" é considerada agora como vazia, ao passo que a de "A Terra gira em torno de seu eixo" é um singular; a extensão de "O Sol gira em torno da Terra" é um par, e a de "Todos *quarks* têm uma carga elétrica fracionário" é um conjunto com uma cardinalidade desconhecida.

Algumas classes de referência são homogêneas, isto é, composta de elementos de uma espécie única – *e. g.*, átomos de deutério. Outras classes de referências são *não-homogêneas*, isto é, compostas de elementos de espécies distintas, tais como os prótons e os síncrotons, ou os átomos e campos externos. Uma classe de referência composta de pares de entidades das espécies A e B pode ser construída como o produto cartesiano $A \times B$ dos conjuntos correspondentes. Em geral, uma classe de referência é um conjunto de n-plas, isto é, um produto cartesiano de n (não necessariamente diferentes) conjuntos. Dir-se-á que um construto *se refere parcialmente* a uma classe A apenas no caso que o conjunto A ocorra na classe de referência do construto, quer como um subconjunto ou como um fator cartesiano da classe de referência. (Incidentalmente, uma n-pla não precisa ser construída da maneira padrão, isto é, como um conjunto: é possível construí-la alternativamente como um particular e, por conseqüência, introduzi-la como um conceito primitivo mais do que como um conceito definido. (É assim de fato que os Bourbaki introduzem o conceito de par ordenado.) Com essa construção, as classes de referência são conjuntos de indivíduos mais do que conjuntos de conjuntos, como deveriam ser, pois o referente de um construto científico é uma coisa, não um conceito.)

O nosso problema é descobrir a natureza da classe de referência de uma teoria física. Em particular, queremos averiguar se a classe de referência de uma teoria física é formada, ainda que só em parte, de sujeitos cognitivos – *e. g.*, observadores – ou de seus estados mentais. Pois há pouca dúvida de que algumas das expressões ocorrentes nos escritos físicos referem-se legitimamente, ou pelo menos em parte, a sujeitos cognitivos. Quaisquer expressões assim serão chamadas *expressões pragmáticas*, em contraste com as *expressões de objeto físico*, as quais estão isentas de qualquer referência a sujeitos cognitivos. Por exemplo, "O valor da propriedade P para o objeto físico x é igual a y" é uma sentença de objeto físico (ou antes, esboço de sentença), enquanto o "O observador z encontrou o valor y para a propriedade P do objeto físico x" é um esboço de sentença pragmática. Evidentemente, enquanto no primeiro caso a referência é feita somente com respeito a um sistema físico, no segundo, há dois referentes: um sistema e um observador. Ora, se se prefere, enquanto no primeiro caso a questão é a do *valor* de uma quantidade física, no outro a questão é de um *valor observado* ou estimativa empírica da mesma quantidade, isto é, de seu valor para um dado observador. A diferença pode parecer tênue mas é significativa tanto do ponto de vista científico como filosófico, como mostraremos em breve. Basta, por ora, notar que, enquanto a sentença de objeto físico precedente tem a forma: $P(x) = y$, a sentença pragmática correspondente pode ser analisada como $P'(x, z) = y$ ou, melhor ainda, como: $P'(x, z, t, o) = y$, onde t representa a mensuração técnica e o, a seqüência de operações empregadas pelo observador z ao levar a cabo essa técnica quando mediu P sobre x. Escolhemos o novo símbolo P' para designar a propriedade medida porque representa algo manifestamente diferente de P: de fato, enquanto a função P é definida sobre um conjunto X de objetos físicos, a função P' é definida sobre o conjunto $X \times Z \times T \times O$ de quádruplas físicas objeto-observador-técnica de medida-seqüência de atos. Voltaremos a esse ponto na seção 3.2.

Dificilmente se pode contestar, pois, que a linguagem da física contém sentenças pragmáticas. (E também meta-sentenças pragmáticas como "Ninguém sabe se a hipótese do *quark* é verdadeira".) O que está sendo contradito é a tese de que *todas* as sentenças não-matemáticas que ocorrem em cada *teoria* física são sentenças pragmáticas no sentido de que pelo menos uma das componentes da classe de referência de uma teoria física é um conjunto de sujeitos humanos, tais como observadores qualificados. Em outras palavras, o que ainda é uma questão de opinião entre os físicos é o problema semântico de identificar o referente de uma teoria ou como um sistema físico, ou como um sujeito, ou como uma síntese sujeito-objeto ou, enfim, como um par sujeito-objeto. Em suma, o que continua sendo controverso é a interpretação dos símbolos físicos e, em particular, a interpretação das fórmulas da física teórica: serão elas sentenças de objeto físico ou então sentenças de objeto mental, ou, talvez, sentenças físico-mentais ou, finalmente, em parte, sentenças de objeto mental e em parte de objeto físico? Antes de nos precipitarmos para agarrar a resposta correta, cumpre-nos saber quais são as possibilidades de interpretação.

3.1.2. Interpretação: estrita e adventícia

Por arbitrária que possa ser a hermenêutica teológica, a interpretação de fórmulas científicas não deveria ser uma questão de escolha. Para começar, a interpretação consignada aos símbolos não definidos ou básicos de uma teoria científica não deveria apresentá-la de um modo inconsistente e deveria torná-la verdadeira – ou, de modo mais realista, maximamente verdadeira. (Por exemplo, seria errôneo interpretar o quadrado de uma função de onda como uma densidade de massa, pois isto seria inconsistente com a condição de normalização.) Segundo, se um símbolo é definido ou derivado em termos de signos previamente introduzidos, então seu significado deveria "fluir" destes últimos mais do que serem excogitados *ad hoc*. (Por exemplo, é errado interpretar a derivada em relação ao tempo da média de uma coordenada de posição como uma velocidade média a não ser que a variável possa ser interpretada como representando uma posição física, o que está longe de ser óbvio na mecânica quântica relativística.) Terceiro, uma interpretação estrita de uma expressão complexa deveria ser compatível com a estrutura desta última; em particular, se se pretende que um certo símbolo complexo diga respeito a uma coisa de uma dada espécie, então pelo menos um dos constituintes do símbolo deveria ser capaz de denotar essa coisa particular. (Por exemplo, a fim de que a função de onda diga respeito tanto a um microssistema quanto a um aparelho, ela precisa depender de variáveis de ambos, o que é antes a exceção do que a regra.)

As condições anteriores parecem óbvias mas são muitas vezes ignoradas. A primeira condição não tem simplesmente efeito em relação à maioria das formulações da teoria, pois se aplica somente a sistemas de axiomas: de fato, é unicamente num contexto axiomático que a dicotomia definido/básico faz sentido. A segunda condição é violada sempre que uma quantidade definida (ou fórmula derivada) é interpretada em termos alheios aos termos definidores (ou às premissas, como pode ser o caso). Esta condição é violada, por exemplo, quando a entropia de um sistema físico, computada com base em dados e pressuposições concernentes ao próprio sistema, é interpretada como uma soma de informações do sujeito relativas ao sistema, ainda que não sejam fornecidas premissas concernentes ao sujeito e ao seu fundo de conhecimento. Quanto à terceira condição, sua transgressão é exemplificada pelo seguinte caso típico. Se alguém pretende que uma fórmula tal como "$y = f(x)$" diga respeito à f-dade (seja o que for esta propriedade) de um objeto x de uma certa espécie X, tal como observado por um observador z de uma certa espécie Z, então estará introduzindo um variável fantasmal, isto é, z. Esta variável (e todo o conjunto Z) é duvidosa porque infundada: a fim de que algo valha como um referente genuíno deve manter a relação de referência com algum signo e, no caso acima, nenhum símbolo dessa natureza que corresponda ao alegado observador z ocorre na expressão dada. (Como se verá na seção 3.3., 3.3.2.; a teoria quântica padrão da medida contém tais variáveis duvidosas.)

Uma interpretação de uma variável (não-formal ou descritiva) deverá chamar-se *estrita* se consigna à variável apenas um objeto. Se a todo símbolo não-formal em uma expressão é consignado uma interpretação estrita, dir-se-á que a expressão é interpretada de maneira tanto estrita quanto *completa*. Se pelo menos um dos símbolos, mas não todos, for interpretado de modo estrito, então a interpretação será chamada estrita e *parcial*. Qualquer interpretação, parcial ou completa, que não for estrita será chamada *adventícia*. Por exemplo, a interpretação do símbolo " $v(x, y)$" como a velocidade de um sistema x é estrita e parcial; sua interpretação como a velocidade de um sistema x relativo a um sistema de referência y é ao mesmo tempo estrita e completa; e sua interpretação como a velocidade de um sistema x relativa a um referencial y tal como mensurada por um observador z com a técnica t, é adventícia, na medida em que as variáveis z e t estão envolvidas.

Sem dúvida, uma interpretação completa e estrita é preferível tanto a uma incompleta quanto a uma redundante: não deveríamos nem deixar de ler algumas das componentes do significado de um símbolo nem ler nele sentidos em demasia. Entretanto, nem todas as interpretações estritas produzem fórmulas verdadeiras e nem todas as interpretações adventícias produzem fórmulas falsas. Que uma interpretação estrita pode conduzir à falsidade fica evidente pela interpretação, digamos, das fórmulas da termodinâmica em termos de probabilidade subjetiva. Que uma interpretação adventícia pode ser verdadeira, mesmo que o seja trivialmente, é do mesmo modo claro: assim, no exemplo de uma função f relacionando duas variáveis, se f é a certa e o experimentador faz o seu trabalho de maneira apropriada, ele obterá valores de f próximos dos calculados. Mas o experimentador pode trabalhar mal, nesse caso a interpretação adventícia se torna falsa. Também, sublinhando assim o papel do experimentador, pode surgir a impressão de que o objeto deve sua f-dade a este, caso em que a interpretação adventícia se faz desencaminhadora. Nenhum desses riscos é corrido pelas interpretações estritas. Por isso devemos lançar um olhar frio para as interpretações adventícias.

3.1.3. Interpretações pragmáticas

Desde o nascimento do operacionalismo há forte tendência de construir todas as expressões lingüísticas em termos pragmáticos. Isto acontece não só em relação a fórmulas suscetíveis a provas empíricas mas também em relação às fórmulas matemáticas. Trata-se de uma prática comum na sala de aula, onde apresenta algumas virtudes didáticas, e é a marca do intuicionismo matemático – o parceiro matemático do operacionalismo físico. No entanto, todas essas interpretações pragmáticas de símbolos matemáticos são adventícias, pois uma peculiaridade da matemática é se abstrair dos usuários e das circunstâncias a fim de conseguir tanto a universalidade quanto a liberdade do cometimento com o fato. Tomem, por exemplo, o símbolo asterístico usado para a conjugação complexa. Uma interpretação estrita da expressão "z^*", onde z designa um número complexo, é a seguinte: "z^*" significa a parte real de z menos i vezes a parte imaginária de z. (Esta regra de designação poderia ser substituída por uma definição.) Por contraposição, uma interpretação pragmática do mesmo símbolo é a seguinte: "Quem quer que se defronte como o símbolo "z^*" deverá, supõe-se, inverter o sinal da parte imaginária de z." Uma segunda interpretação pragmática de "z^*" apresenta-se na forma de uma regra ou prescrição: "Para computar z^* a partir de z, inverta o sinal da parte imaginária de z". Uma terceira leitura pragmática do mesmo símbolo seria uma instrução capaz de ser alimentada de tal modo dentro de um computador que fosse capaz de lidar com o símbolo. Toda interpretação pragmática de um símbolo matemático ou lógico pode ser construída na forma de uma instrução para manipular (*e. g.*, computar) o símbolo de maneira efetiva.

Dado um símbolo matemático, pode-se consignar-lhe qualquer número de interpretações pragmáticas, de acordo com o usuário, as circunstâncias e as metas (*e. g.*, em conexão com diferentes espécies de computadores). Essa pluralidade de interpretações pragmáticas é possível porque elas são adventícias sempre que dizem respeito a símbolos matemáticos: isto é, não estão sujeitas às leis internas da matemática que os próprios símbolos satisfazem. (De fato, a matemática pura nada nos diz acerca de usuários, circunstâncias ou metas.) É portanto de se esperar que somente um subconjunto das interpretações pragmáticas concebíveis de um símbolo matemático seja válido. De qualquer modo, necessitamos de um critério de validade. Proporemos dentro em pouco um que se aplique tanto aos símbolos fatuais quanto aos matemáticos.

Estipulamos que uma interpretação pragmática de um signo seja *válida* apenas no caso em que exista uma teoria que contenha aquele signo e de tal ordem que proporcione base ou razão para o procedimento indicado pela interpretação pragmática. Assim a aritmética fornece base para (ela justifica) as instruções ministradas a crianças para operar um ábaco, bem como as instruções dadas a um computador com o fito de achar, digamos, uma dada potência de um número inteiro. Uma interpretação pragmática será chamada de não *válida* apenas no caso de não ter validade. Assim, interpretar uma fórmula química em termos pragmáticos a envolver encantamentos mais do que, digamos, misturar, agitar e aquecer, seria algo exposto à acusação de não validade, pois não há teoria que sancione uma relação entre estrutura química e encantamentos. Similarmente, a interpretação da entropia como uma medida de nossa ignorância é não válida, pois implica a identificação errônea da mecânica estatística com a epistemologia[3].

Se é possível dar interpretações pragmáticas válidas às fórmulas da física teórica, é uma coisa que resta verificar (ver seção 3.2.). O que é dificilmente contestável é que as interpretações pragmáticas encontram-se em casa na física *experimental*, onde a referência a observadores e circunstâncias de observação é legítima e amiúde explícita. Aqui temos duas espécies de interpretação pragmática: estrita e adventícia. Comecemos pela primeira. Uma expressão tal como "$f(x, y) = z$" pode, em princípio, ser interpretada da seguinte maneira: "A f-dade de x, tal como observada (ou medida) por y, é igual a z". Uma vez que a fórmula dá lugar para o referente pragmático y, a interpretação precedente é tanto estrita como parcialmente pragmática. Mas não há dúvida que qualquer interpretação dessa natureza tem de ser apenas *parcialmente* pragmática se é que deve valer como uma sentença na linguagem da física, pois acontece que esta ciência está preocupada com

3. Observe que "válido" não é igual a "certo". Assim, uma interpretação pragmática não válida ou não justificada pode eventualmente se provar certa, pois pode se construir uma teoria que a justifique. Inversamente, uma interpretação pragmática válida pode resultar errada, pois, talvez, a teoria que a suporta deva ser abandonada.

sistemas físicos. Em segundo lugar, a variável *y* precisa designar um possível observador, não um mítico como um observador ao infinito (ou pior ainda, um fluxo contínuo de observadores) imaginado por alguns teóricos de teorias do campo. Em terceiro lugar, *y* deve ser uma variável no sentido intuitivo: isto é, uma mudança no valor de *y* deve fazer alguma diferença para o valor de *f*. Em suma, sujeitas a certas restrições, *algumas* fórmulas físicas admitem uma interpretação *estrita* que é *parcialmente pragmática*.

Mas as interpretações pragmáticas mais comuns que se encontram na literatura da física de nosso século são antes adventícias e não estritas: isto é, não atribuem um significado a toda variável em um símbolo complexo, mas tomam o último em bloco e pareiam-no com um item pragmático de fora. Assim, dada uma sentença *s* pertencente a uma linguagem física, as seguintes interpretações pragmáticas de *s* são freqüentemente encontradas na literatura: a) "*s* sumaria as mensurações executadas por um observador qualificado"; b) "Realiza as operações necessárias para testar *s*"; e c) "Atua (analisa, mede, constrói, destrói...) de conformidade com *s*". A referência ao objeto físico foi obliterada: tudo aponta agora para um sujeito ativo. Conseqüentemente, o ideal da objetividade científica parece ter sido descartado.

Enquanto uma interpretação pragmática estrita pode contribuir para determinar o significado de um símbolo, uma interpretação adventícia, pragmática ou não, deixa de realizar essa função: apenas prescreve ou sugere, de uma maneira mais ou menos precisa, uma via de ação. Não nos diz o que os símbolos representam mas o que se pode fazer com eles – é tudo o que interessa aos filósofos tecnicistas e wittegensteinianos. Em segundo lugar, para que um signo *s* seja tratado de modo efetivo e de conformidade com uma de suas interpretações pragmáticas, *s* não precisa fazer pleno sentido ao seu utilizador prospectivo, ainda que tenha de fazer algum sentido à pessoa fundamentalmente responsável por semelhante uso. Assim computações e até mensurações podem ser executadas por meio de computadores que recebem apenas interpretações pragmáticas. Mas o programador tem que estar ciente da interpretação semântica dos símbolos que manipula pois, do contrário, será incapaz de escrever qualquer programa e decodificar o que sai da máquina (*out put*). Assim, se uma sentença *s* expressa alguma propriedade *P* de um sistema físico, qualquer interpretação pragmática de *s* para o uso, digamos, de um arranjo automatizado de mensuração, exige não apenas uma interpretação semântica adequada de *s* (*i. e.*, uma que aponte para sistemas físicos), mas também sua ligação com um certo número de sentenças ulteriores capazes de expressar uma maneira pela qual *P* pode ser efetivamente medido em um sistema físico concreto. (Essas sentenças adicionais geralmente pertencem a teorias outras que a teoria em que *s* é inerente.) Em outras palavras, o projeto e execução de operações empíricas, automatizadas ou não, implica a atribuição de *interpretações pragmáticas baseadas em interpretações semânticas*. Em suma, as interpretações adventícias, mesmo quando legítimas, não podem substituir as interpretações semânticas.

3.1.4. Quatro teses relativas ao referente da teoria física

Antes de perguntarmos o que pode ser o referente de uma teoria, cumpre indagar se ela tem um referente em geral. Há duas possíveis respostas à seguinte questão prévia: "As teorias físicas possuem um referente?" Uma é afirmativa e a outra, negativa. A última é, na verdade, a concepção convencionalista ou intrumentalista segundo a qual as teorias físicas não versam acerca de coisa alguma mas são apenas sumários de dados e instrumentos de processamento, isto é, ferramentas que nos capacitam a enlatar informações e esmerilhar previsões. Esta resposta é insatisfatória por duas razões pelo menos. Primeira, deixa de nos dizer que espécie de dados, supõem-se, as teorias físicas manipulam e que tipo de previsões elas supostamente transmitem em contraposição, digamos, às teorias sociológicas. Em segundo lugar e conseqüentemente, um convencionalista coerente não saberia como testar uma teoria física, pois todo teste dessa natureza pressupõe o conhecimento daquilo com que pretende a teoria preocupar-se; de fato, se uma teoria pretende referir-se, digamos, aos fluidos, então se deverá procurar nela fluidos mais do que, digamos, núcleos atômicos ou guerras. Descartaremos, portanto, a tese convencionalista.

Um não-convencionalista deveria então ter uma resposta para a pergunta: "Sobre o que versam as teorias físicas?" Como o referente de uma teoria fatual pode ser ou um objeto físico, ou um sujeito, ou alguma combinação dos dois, há quatro respostas possíveis e mutuamente exclusivas para a questão da identidade do referente. São elas:

1. A tese *realista*: uma teoria física versa sobre sistemas físicos, isto é, está interessada em entidades e acontecimentos que têm indubitavelmente uma existência autônoma (*realismo ingênuo*) ou então são tidas (talvez erroneamente em alguns casos) como possuidoras de uma existência autônoma (*realismo crítico*). Em resumo, a interpretação física de toda fórmula não-formal em física teórica tem de ser tanto *estrita* (enquanto oposta à adventícia) quanto *objetiva* (enquanto oposta à subjetiva): todo enunciado teórico em física é assim um *enunciado de objeto físico*.

2. A tese *subjetivista*: a física teórica trata das sensações (*sensismo*) ou então das idéias (*idealismo subjetivo*) de algum sujeito empenhado em atos cognitivos – em todo caso versa sobre estados mentais. Em suma, a interpretação física de cada fórmula na física teórica tem de ser ao mesmo tempo *estrita* e *subjetiva*: todo enunciado teórico em física é assim um *enunciado de objeto mental.*

3. A *tese estrita de Copenhague*: uma teoria física ou, em todo caso, uma teoria quântica trata de blocos sujeitos-objetos não analisáveis. Nenhuma distinção absoluta (independente de sujeito, objetiva) pode ser traçada entre os dois componentes de qualquer bloco assim: a fronteira entre eles pode ser deslocada à vontade. Em resumo, a interpretação física de toda fórmula não-formal na física teórica ou, ao menos, na teoria quântica, precisa ser tanto *adventícia* (enquanto oposta à estrita) quanto *físico-mental* (enquanto distinta quer do físico quer do mental), pois os observadores e suas condições de observação devem ser lidos em toda fórmula deste tipo, ainda que possam estar faltando as variáveis correspondentes: todo enunciado em física é desta maneira um enunciado físico-mental.

4. A tese *dualista*: uma teoria física versa tanto sobre objetos físicos quanto sobre atores humanos: concerne às transações do seres humanos com seu ambiente (*pragmatismo*) ou às maneiras como os seres humanos manipulam sistemas quando pretendem conhecê-los (*operacionalismo*). Em suma, a interpretação física de cada fórmula na física teórica, quer *estrita* quer *adventícia*, tem que ser *em parte objetiva* e *em parte pragmática*: todo enunciado em física teórica é assim *em parte um enunciado de objeto mental e em parte, físico*.

A tese realista foi a que prevaleceu durante o período clássico da física sendo defendida por Boltzmann, Planck, Einstein em sua fase ulterior, e por de Broglie. A tese subjetivista foi com freqüência defendida por Mach (cujos "elementos" ou átomos eram sensações) e de vez em quando também por Eddington e Schrödinger. A tese de Copenhague foi apresentada por N. Bohr e sustentada por seus fiéis seguidores – sendo o qualificador apropriado, pois a maioria dos que professam sua lealdade para com a Escola de Copenhague, na realidade, oscila entre as teses 3) e 4) acima. E a tese dualista foi exposta de várias maneiras por Peirce, Mach, Dingler, Dewey, Eddington, Bridgman, Dingle e Bohr, bem como por centenas de outros que escreveram sobre relatividade (que identificam sistemas de referência com observadores) e sobre os *quanta* (que tomam aparelhos como observadores). A quarta tese é, de fato, o núcleo da filosofia oficial da física, ainda que jamais tenha sido justificada por uma análise cuidadosa das expressões teóricas.

As primeiras três teses são monísticas no sentido de que cada uma afirma que a classe de referência de uma teoria física é metafisicamente homogênea (física, mental ou físico-mental respectivamente) e, além disso, irredutível a entidades de uma espécie diferente. A quarta tese é *dualista* no sentido de que postula duas substâncias mutuamente irredutíveis. Falando do ponto de vista matemático, a classe de referência de uma teoria interpretada em um espírito monístico é homogênea no sentido de que todos os indivíduos ou membros daquele conjunto são tidos, pressupostamente, como pertencentes a mesma espécie ampla: ou física, ou psíquica ou psicofísica (ver seção 3.3., 3.3.1.). De outro lado, a classe de referência de uma teoria moldada em um espírito dualístico há de ser um produto cartesiano de ao menos dois conjuntos, dos quais no mínimo um representa uma espécie de objeto físico enquanto um outro desses conjuntos, no mínimo, representa observadores[4]. Assim, por exemplo, o domínio de uma função de probabilidade absoluta que ocorre numa teoria física será interpretado das seguintes maneiras pelas várias escolas semânticas existentes na filosofia da física: o conjunto de eventos físicos de uma espécie (realismo), o conjunto de eventos mentais de uma espécie (subjetivismo), o conjunto de fenômenos irracionais (não analisáveis, portanto incompreensíveis) de uma espécie (Copenhague), e o conjunto dos pares evento-observador físicos (dualismo).

Toda tese monística exprime um compromisso com a hipótese de que há entidades de uma certa espécie: objetos físicos, mentes, ou complexos psicofísicos, conforme seja o caso. O dualista, de outra parte, embora pretendendo que a física verse sobre coisas e fautores ao mesmo tempo, recusar-se-á a reconhecer a existência independente de objetos físicos e chegará portanto perto da doutrina de Copenhague. Ele apresentará a tese metodológica de que um enunciado relativo a uma coisa é em si não testável. E, baseando-se na doutrina de verificação do significado, que estava em moda há quatro décadas, concluirá que semelhante enunciado é despido de significado. O pragmatista, então, não é nem realista nem subjetivista: é um agnóstico como Kant. E, como o filósofo de Copenhague, o pragmatista mantém que uma enunciação teórica não faz sentido a menos que seja acompanhada por uma descrição das condições de sua prova empírica. Mas, ao contrário do filósofo de Copenhague, o dualista distingue o sujeito do objeto e não zomba da tentativa de analisar a interação sujeito-objeto, ainda que possa não preocupar-se em realizá-la ele próprio. Mais ainda, o dualista não está disposto a reconhecer a existência de uma terceira espécie de coisa composta, em proporções que variam arbitrariamente, de objeto e sujeito.

4. Ver, em todo caso, Seção 3.3., 3.3.3., com respeito à impossibilidade de levar a cabo o programa dualístico.

Para descobrir quais das quatro teses filosóficas precedentes acerca do conteúdo de uma teoria física é correta, não adiante recorrer à ajuda de citações dos Velhos Mestres, não só porque argumentos de autoridade não têm qualquer valor mas porque, como vimos antes, cada uma das quatro teses acima citadas desfruta do apoio de pelo menos um grande nome. Pior ainda: o mesmo autor pode endossar duas teses mutuamente incompatíveis no mesmo escrito, sem que aparentemente se dê conta de suas diferenças. Assim Mach e Dewey hesitaram entre subjetivismo e dualismo; e Bohr, que começou como realista, tornou-se um subjetivista, oscilando mais tarde entre o dualismo (tal como muitas vezes é representado por Heisenberg) e a tese estrita de Copenhague, tendo ao fim revertido ao realismo, pelo que se diz. As discussões filosóficas gerais tampouco serão de grande auxílio, pois o objeto de nossa investigação é um tipo especial de conhecimento humano. Antes, temos que pegar o touro pelos chifres e analisar as teorias físicas e seus componentes (conceitos e enunciados). Vamos esboçar uma tal análise com referência particular à teoria quântica, pois, embora o problema anteceda esta teoria, ele se aguçou com o seu surgimento[5].

3.2. Identificando o Referente

3.2.1. A dicotomia teórico-experimental

Embora as quatro teses expostas na seção anterior digam respeito à referência de uma teoria física, todas exceto a primeira, ou a tese realista, são destinadas a cobrir a física inteira, quer teórica quer experimental. De fato, para o subjetivista consistente toda fórmula física completa em si própria é uma sentença mental de objeto; para o filósofo de Copenhague toda expressão assim envolve um compósito indissolúvel mente-corpo; e para o dualista todo signo desta ordem versa

5. Para uma análise mais pormenorizada de algumas das mais importantes teorias físicas, veja M. Bunge, *Foundations of Physics*, Nova York, Springer-Verlag, 1967.

quer sobre os objetos, quer sobre os sujeitos. De outro lado, o realista pretende que, enquanto um enunciado empírico (*e. g.*, um dado experimental) concerne tanto a um objeto físico quanto a um observador (ou a uma equipe de observadores), um enunciado teórico não indica qualquer tipo de sujeito, pois a preocupação da física teórica é explicar o mundo tal como é, independentemente do fato de ser percebido ou manipulado. Em suma, de todas as quatro, só a tese realista faz uma diferença semântica entre física teórica e experimental.

Além do mais, o realista salientará provavelmente que essa distinção lhe permite separar o significado de uma fórmula de sua comprovação – dois conceitos que são dificilmente distinguíveis, quer para o filósofo de Copenhague quer para o filósofo dualista. E ele pode acrescentar que tal distinção entre a física teórica e experimental torna possível compreender por que os teóricos só trabalham com a cabeça enquanto os experimentalistas precisam, além disso, ficar mexendo com peças de equipamento. Finalmente, o realista pode também dizer que exatamente a mesma distinção é necessária para entender por que as teorias não se testam a si próprias (como deveriam ser se o subjetivismo fosse verdadeiro) e por que qualquer prova empírica consiste em contrastar e em avaliar previsões teóricas, de um lado, e resultados experimentais, de outro. De qualquer modo, terminemos ou não por adotar o realismo, devemos dar-lhe uma oportunidade de defender-se, concordando em efetuar a distinção teórico-experimental, mesmo que pretendamos chegar a negar de que exista algo assim.

Ora, as teorias são certos conjuntos de enunciados (conjuntos infinitos fechados sob dedução) e todo enunciado físico contém pelo menos um conceito físico, pois do contrário não se qualificaria como um enunciado físico. Nossa análise semântica das teorias físicas tem, portanto, que começar por conceitos físicos. Também pode acabar neles, pois este nível de análise é necessário e suficiente para desvendar o referente de uma teoria física: uma teoria versa de fato sobre todos e somente aqueles itens aos quais se referem os conceitos com que a teoria é construída. Uma investigação sistemática desta espécie é inviável no presente contexto de modo que limitaremos nossa atenção a alguns poucos exemplos típicos.

3.2.2. *O referente de uma quantidade física*

Diz-se que as assim chamadas quantidades (ou antes grandezas) físicas, "fazem parte" de um sistema físico de alguma espécie ou estão "associadas" com um tal objeto. Essa associação de símbolo com coisa torna-se óbvia quando é necessário nomear os componentes de um sistema complexo, *e. g.*, atribuindo-lhes numerais. Assim P-dade da n-ésima componente de um sistema pode ser designada por P_n.

Estas frases vagas podem ser elucidadas introduzindo-se dois conceitos semânticos básicos: o de referente e o de representação. Na verdade, o que se pretende dizer quando se afiram que P "faz parte de" ou "está associado com" um sistema físico de uma certa espécie, é o seguinte: o conceito (função) P representa uma propriedade física (designemô-la $\wp$) de um sistema arbitrário σ de uma certa espécie, designemô-lo Σ. Daí Σ ser a (pretendida) *classe de referência* de P. (Logo mais generalizaremos isto para o caso de múltiplos referentes.) A menção explícita do referente é um lembrete de que, diferentemente das funções na matemática pura, as da física teórica podem dizer respeito a sistemas físicos reais. E a menção explícita da representação de uma propriedade $\wp$ por um conceito P chama a nossa atenção para a possibilidade de que uma e mesma propriedade (*e. g.*, a carga elétrica) possa ser representada por conceitos alternativos em diferentes teorias. Em resumo: P *representa* $\wp$, que por sua vez *se refere a* Σ. Tudo isso será agora esclarecido e exemplificado.

Seja P uma função que representa a propriedade $\wp$, ou abreviadamente $P \triangleq \wp$. Ora, uma função só será bem definida se forem dados tanto seu domínio como o seu intervalo de variação. No caso mais simples, de uma propriedade quantitativa invariante, a função em questão será "definida" sobre um conjunto de elementos interpretados como outros tantos sistemas físicos, e em algum conjunto de números. O domínio desta função será tanto um conjunto de sistemas individuais (como no caso da carga) ou um conjunto de pares (como no caso de uma interação) ou, em geral, de n-plas de sistemas físicos. Tais conjuntos são, por certo, as classes de referência do conceito P.

Exemplo 1. Na eletrodinâmica clássica, a carga elétrica é representada por uma função Q do conjunto Σ de sistemas materiais em um conjunto R^+ de números reais não negativos, *i. e.*, $Q: \Sigma \rightarrow R^+$. Na realidade, aparece em Q uma outra "variável independente", precisamente o sistema s, escala-com-unidade, que é amiúde especificada pelo contexto da fórmula onde ocorre Q. Portanto, uma análise correta da função carga elétrica clássica é:

$$Q: \Sigma \times S \rightarrow R^+ \qquad [1]$$

onde S é o conjunto de todos os concebíveis sistemas de escala-com-unidade. Por exemplo, para Σ = elétrons e s = unidades eletrostáticas sobre uma escala métrica uniforme[6], tem-se a (usualmente não expressa) lei:

$$\text{Para cada } \sigma \text{ em } \Sigma\text{: } Q(\sigma, \text{u.e.s.}) = e = 4{,}802 \cdot 10^{-10} \qquad [2]$$

Em qualquer caso, a classe de referência de Q é o conjunto Σ de corpos.

Exemplo 2. Em todas as teorias físicas, a posição (ou então a densidade de posição) de um ponto de um sistema físico, quer seja um corpo ou um campo, um sistema mecânico clássico ou quântico, é representado por uma função X com valores vetoriais do sistema elementar, do referencial, e do tempo. De modo abreviado, pressupondo de novo uma escala métrica uniforme,

$$X: \Sigma \times F \times T \rightarrow R^3 \qquad [3]$$

onde F é o conjunto dos referenciais físicos e T, o conjunto dos instantes, *i. e.*, R acrescido dos elementos $+\infty$ e $-\infty$. Como T não é uma coisa, a classe de referência de X é exatamente $\Sigma \times F$. É o que se entende pela descrição definida de "posição de σ relativamente ao referencial f."

6. O conceito de escala empregado nas ciências físicas difere daquele que aparece na filosofia da psicologia segundo S. S. Stevens: este denomina "escala" ao que o físico chama de "magnitude" ou "quantidade". Para uma explicação de escala física, veja M. Bunge, *Scientific Research*, Nova York, Springer Verlag, 1967, vol. II, Sec. 13.4.

Exemplo 3. A seção de choque efetiva de uma partícula do tipo A para o espalhamento elástico por uma partícula do tipo B, com momento de onda k relativo ao referencial f (*e. g.*, sistema centro de massa), é uma função σ (atente para a mudança na notação) do conjunto de quádruplas $<a, b, f, k>$, onde $a \in A$, $b \in B$, $f \in F$, e $k \in K$, na reta real positiva. Abreviadamente:

$$\sigma: A \times B \times F \times K \to R^{+} \qquad [3]$$

onde K é o intervalo de variação do momento da onda. Por exemplo, para A = prótons, B = neutrons, e f = referencial centro de massa, temos, em uma primeira aproximação, a bem conhecida fórmula quanto-mecânica:

$$\sigma \frac{cm}{PN} (k) = 4 \pi / k^2 \qquad [4]$$

Pressupusemos, de fato, o sistema CGS. De qualquer modo, a classe de referência de σ é $A \times B \times F$.

Até agora a nossa análise semântica favorece uma interpretação monística: de fato, a classe de referência de uma grandeza física parece ser ou um conjunto de sistemas ou um produto cartesiano de conjuntos de sistemas. O observador não está visível em parte alguma. Ademais a nossa análise refuta a doutrina de Copenhague, na medida em que nenhum traço da unidade selada sujeito-objeto tem sido detectado. Apenas duas concepções são preservadas por nossa análise: realismo e subjetivismo (ver seção 3.2., 3.2.2.). A escolha entre os dois nunca pode ser feita à base de nossa análise apenas, pois o subjetivista não encontrará qualquer dificuldade em identificar todo sistema que chamamos "físico" como um objeto mental.

Apenas uma análise da soma-total das atividades científicas inclina a balança a favor do realismo[7]. Que bastem aqui as seguintes razões. a) Cada investigador começa por admitir a sua ignorância a respeito de algo que presume, ainda que apenas provisoriamente, existir por si e a espera, por assim dizer, que seja descoberto. b) Toda teoria apropriadamente formulada começa por assumir que a classe de referência à

7. *Idem*, vol. I, Sec. 5.9, e vol. II, Sec. 15.7.

qual diz respeito é não vazia, pois de outro modo a teoria seria vaziamente verdadeira. Mais isso não é nada menos do que um compromisso (crítico) para a hipótese segundo a qual a teoria possui referentes reais. c) Não importa com que fantasias subjetivistas o teórico possa condescender quando escreve artigos populares, o experimentalista é obrigado a tomar uma atitude realista diante de seus arranjos experimentais, dos objetos de suas indagações, e mesmo dos seus colegas.

Mas, como já mencionamos antes, o conceito de observador, conquanto ausente da física teórica, adentra na física experimental. Por isso, em vez da fórmula [2], livre-de-observador, encontramos na física experimental proposições como esta: "O valor (em u. e. s.) de carga do elétron *e*, tal como foi medido pelo grupo experimental *g* com a técnica *t* e o complexo instrumental *i*, é igual a $(4{,}802 \pm 0{,}001)\ 10^{-10}$". Abreviando em vez de [2] temos agora

$$\text{Para cada } \sigma \text{ em } \Sigma \text{ examinado por } g\text{: } Q'(\sigma, \text{u. e. s.}, g, t, i) = (4{,}802 \pm 0{,}001) \times 10^{-10}, \qquad [2']$$

onde Q' designa a função cujos valores são valores medidos da carga do elétron. Observe que Q' difere de Q (o conceito teórico) não apenas em termos numéricos, mas também estruturais: é um *conceito* inteiramente *diferente*. De fato, enquanto Q é uma função sobre o conjunto $\Sigma \times S$, Q' está "definido" sobre o conjunto $\Sigma \times S \times G \times T \times I$, onde G é o conjunto dos grupos experimentais, T é o conjunto das técnicas de medida de carga, e I é o conjunto de equipamentos de medida de carga. Na realidade, uma sexta "variável independente" está envolvida no conceito experimental de carga elétrica, a saber, a seqüência *o* de operações pelas quais qualquer técnica dada *t* é executada por um grupo *g* com a ajuda do complexo instrumental *i*. Que *o* não é uma variável duvidosa ou vazia (no sentido da seção 3.1., 3.1.2), é provado pelo fato de que mudando-se o seu valor, não aparece usualmente diferença no resultado numérico. Chamando de O o conjunto de todas estas seqüências de operações, temos finalmente, em contraste como [1],

$$Q': \Sigma \times S \times G \times T \times I \times O \rightarrow R^{+} \qquad [1']$$

Podemos agora justificadamente esboçar uma conclusão geral a partir da análise precedente: *Enquanto as fórmulas teóricas independem do observador, as fórmulas experimentais são dependentes do observador*. Mais precisamente: considerando que qualquer interpretação estrita de uma fórmula teórica é *objetiva* (*i. e.*, é vazada apenas em termos de conceitos físicos), a física experimental exige uma *reinterpretação pragmática* da mesma fórmula. Uma interpretação pragmática deste tipo, embora adventícia (ainda que possivelmente válida), se estiver referida a uma fórmula teórica, é uma interpretação estrita em um contexto experimental, *i. e.*, é válida pela substituição da fórmula experimental (tal como [1']), pela sua correspondente teórica (*e. g.*, [1]).

Tanto as interpretações de Copenhague como a dualista das teorias físicas provêm de uma confusão entre os conceitos teóricos e experimentais, embora os últimos estejam baseados nos primeiros, e sejam mais complexos que suas bases teóricas. (Em particular, uma função teórica pode ser concebida como a restrição do correspondente valor da função medido para um certo conjunto. Assim, o Q em [1] é a restrição do Q' em [1'] para Σ x S.) Esta confusão pode não ter sido deplorada pelo filósofo de Copenhague, para quem tudo é, no fundo, incuravelmente irracional, mas anula o verdadeiro objetivo do dualista, que é o de evitar a platonização. Sem dúvida, se a toda fórmula teórica está atribuída uma interpretação pragmática, então é impossível contrastar a teoria e o experimento a fim de testar a primeira e planejar o segundo. Ademais, como as interpretações pragmáticas são em geral adventícias, a arbitrariedade tende a instalar-se: todo mundo sentir-se-á autorizado a ler qualquer fórmula como lhe aprouver, independentemente da estrutura da fórmula – a semântica não terá suporte sintático. As interpretações realistas e subjetivistas estão livres de tais falhas. Se abandonamos o subjetivismo pelas razões há pouco indicadas, o realismo permanecerá como o único sobrevivente. Deveríamos então adotar uma interpretação *estrita e objetiva* de cada fórmula teórica. Vejamos como esta abordagem funciona na teoria quântica, amiúde considerada como a sepultura do realismo[8].

8. Para abordagens realistas alternativas na mecânica quântica, veja

3.2.3. *Vetor de estado*

Concorda-se em geral que o vetor de estado ou a função da onda Ψ é uma amplitude de probabilidade (*i. e.*, que o quadrado de seu módulo é uma densidade de probabilidade). Além do mais, esta interpretação, que é a interpretação "estatística" (na realidade, probabilística ou estocástica) que Max Born dá a Ψ, pode ser provada a partir de um certo conjunto de postulados, razão pela qual está longe de ser *ad hoc*[9] e portanto de ser evitável se o formalismo padrão da mecânica quântica for conservado. De outro lado, embora Ψ seja uma amplitude de probabilidade de algo, não há consenso acerca deste algo. Algumas vezes julga-se que Ψ se refere a um sistema individual, outras vezes a um *ensemble* estatístico potencial ou real de sistemas similares, outras, ainda, como medindo a nossa informação ou o nosso grau de certeza no tocante ao estado de um microssistema individual, ou, então, de um complexo aparelho-microssistema, ou finalmente como resumindo uma série de medidas sobre um conjunto de microssistemas identicamente preparados[10]. De todo modo, é costumeiro atribuir a Ψ uma dessas interpretações sem que haja qualquer preocupação de saber se ela se adapta à estrutura de Ψ e sem ter certeza de que a interpretação contribui para a consistência e a verdade da teoria.

No entanto, é possível evitar a arbitrariedade inerente às interpretações adventícias de Ψ e detectar seus genuínos referentes. A chave reside por certo no operador hamiltoniano H, uma vez que, de acordo com a lei central da mecânica quântica (a equação de Schrödinger ou o seu operador equivalente), H é que "impele" Ψ no curso do tempo. Pois bem, H não caiu do céu mas é aquilo que nós queremos que ele represente: um elétron livre, um átomo de carbono, uma molécula de DNA, ou

M. Bunge (ed.), *Quantum Theory and Reality*, Nova York, Springer-Verlag, 1967.

9. M. Bunge, *Foundations of Physics*, Nova York, Springer-Verlag, 1967, pp. 252-262.

10. Para um apanhado crítico de um certo número de interpretações do vetor de estado, veja M. Bunge, "Survey of the Interpretation of Quantum Mechanics", *in American Journal of Physics*, 1956, vol. 24, p. 272, reeditado no *Metascientific Queries*, Springfield, Illinois, Charles C. Thomas, 1959.

tudo o mais – e isto em qualquer teoria hamiltoniana, clássica ou quântica. Cumpre-nos então começar enunciando nossas pretensões ou hipóteses sobre o que *H*, e portanto Ψ, irá versar. Algumas dessas pretensões hão de mostrar-se (aproximadamente) verdadeiras e outras falsas: assim é a vida das teorias.

Consideremos o mais simples dos casos, do ponto de vista matemático (mas semanticamente, o mais problemático): uma – "partícula" (ou antes, um-*quantum*) quanto-mecânica. Se o formalismo mostrar-se verdadeiro para uma certa interpretação de símbolos básicos (primitivos), então a coisa toda, formalismo-cum-semântica, será considerada verdadeira em relação a tais sistemas individuais ainda que sua prova empírica demande a intervenção de seres sencientes que manipulam (diretamente ou por procuração) grandes coleções de microssistemas. Nesta teoria *H*, portanto, também Ψ, depende do tempo e de dois conjuntos de variáveis dinâmicas: às concernentes ao microssistema de interesse (*e. g.* um átomo de prata) e às concernentes às vizinhanças do sistema (*e. g.*, um campo magnético). Se não se assume que um tal macrossistema atua sobre o dado microssistema, *i. e.*, se este é considerado livre, então não aparecem macrovariáveis na hamiltoniana (nem conseqüentemente, no vetor de estado), não importa o quanto se possa condescender com o palavreado *ad hoc* de observadores e aparelhos de medida. Sem dúvida, é algo inteiramente arbitrário e, portanto, uma questão de fé cega, pretender que, muito embora uma dada hamiltoniana deixe de conter macrovariáveis, ela diga respeito, na realidade, a uma mente observadora, ou a um compósito mente-corpo, ou mesmo a um complexo aparelho-microssistema. Qualquer destas interpretações não conseguindo parear a sintaxe de *H* e de Ψ, é adventícia: envolve variáveis vazias ou inúteis; tem uma qualidade fantasmagórica. Quer o formalismo da mecânica quântica (não relativística e elementar), quer o conjunto de suas aplicações (*e. g.*, para moléculas) autorizem apenas esta análise de cada vetor de estado:

$$\Psi: \Sigma \times \Sigma' \times E^3 \times T \rightarrow C \qquad [5]$$

onde Σ é o conjunto de microssistemas, Σ', o conjunto de macrossistemas, E^3, o espaço (euclideano) de configuração,

T, o intervalo da função do tempo e *C*, o plano complexo. Conseqüentemente o referente desta teoria é Σ x Σ' *i. e.*, o conjunto de todos os pares microssistema-macrossistema, com a condição de que a segunda coordenada deste par possa ser vazia, mas não a primeira, pois isto tornaria toda a teoria despida de sentido. Qualquer outra interpretação é infundada: não tem apoio a não ser no *dicta* de algum famoso cientista e seus apologistas filosóficos[11].

3.2.4. Probabilidade

De todas as interpretações adventícias do vetor de estado, a subjetivista ou a quase-subjetivista é a mais elástica, de modo que vale a pena considerá-la com algum pormenor. Um argumento popular para a tese de que Ψ deve ser subjetivo ou ao menos parcialmente assim, é o seguinte:

> O vetor de estado tem apenas um significado de probabilidade (*verdadeiro*). Ora, as probabilidades se referem apenas a estados mentais: um valor de probabilidade pode apenas medir a força de nossa crença ou a precisão de nossa informação (*falso*). Portanto o vetor de estado se refere às nossas mentes mais do que aos sistemas físicos autônomos (*falso*)

Este argumento é válido mas sua conclusão é falsa porque a sua segunda premissa está errada: de fato, uma das tarefas das teorias estocásticas na física é a de computar probabilidades *físicas* (*e. g.*, probabilidades de transição e seções de choque de espalhamento) e propriedades estatísticas (médias, espalhamentos médios etc.) de sistemas físicos, não de eventos mentais. De qualquer modo, surpreende que os mesmos cientistas que amiúde ou mesmo consistentemente adotaram uma interpretação subjetivista de probabilidade como Bohr, Born, Heisenberg, e von Neumann tenham, ao mesmo tempo, acreditado que haviam superado o determinismo clássico, ingrediente essencial da tese segundo a qual a probabilidade não é senão um nome para a ignorância. Poderia pa-

11. Para uma rica coleção de citações de autoridade em defesa da interpretação de Copenhague e um retorno às idéias de Born veja P. K. Feyerebend, "On a Recent Critique of Complementary", *in Philosophy of Science*, 1968, vol. 35, p. 309.

recer que sempre, desde que a física estatística e a biologia estatística nasceram, temos reconhecido a aleatoriedade como um modo objetivo de vir-a-ser, antigamente apenas em termos de agregados, e agora de entidades individuais, também. De qualquer modo a interpretação subjetiva de probabilidade não tem lugar na física e pressupõe o determinismo clássico[12].

Se as probabilidades devem ou não ser interpretadas como propriedades físicas ao mesmo nível que comprimentos e densidades, não é questão de opinião, mas de análise matemática e semântica. Apenas um exame da variável (ou variáveis) independente (s) de uma função de probabilidade nos dirá se pode ser atribuída à função uma interpretação (estrita) como propriedade física, ou como estado mental, ou como "pertencente" (referente) a algum complexo mente-coisa. Porém, embora uma tal análise vá indicar as possibilidades de interpretação, ela não bastará para determinar se qualquer delas é uma interpretação admissível. Esta última só ocorrerá se o cálculo de probabilidade, ou antes o formalismo todo incluíndo esse cálculo, tornar-se factualmente verdadeiro sob a dada interpretação. E, de novo, isto não é uma questão de gosto, ou de escola filosófica, ou de decisão arbitrária, mas antes um assunto para ser decidido por análise e experimento.

Tomemos, por exemplo, a expressão "Pr (x) = r", onde "Pr" representa a função de probabilidade e r, um elemento do intervalo dos números reais (0,1). Se x indicar um objeto físico, como um estado ou uma mudança de estado, então "Pr (x)" será uma propriedade deste objeto, e qualquer referência a observadores, suas operações, ou seus estados mentais, será supérflua. Apenas se x simbolizar um evento psíquico, "Pr (x)" indicará algo mental. Não há lugar para dois referentes, *e. g.*, um objeto físico e um psíquico, onde haja apenas uma única variável independente. Probabilidades absolutas (não condicionais) não podem pois ser submetidas a uma estrita

12. Outros remanescentes clássicos responsáveis por tanta confusão e inconsistência nas formulações usuais da mecânica quântica são os de partícula e onda. Veja M. Bunge "Analogy in Quantum Theory: From Insight to Nonsense", *in British Journal for the Philosophy of Science*, 1967, vol. 18, p. 265.

interpretação pragmática tanto em termos dos objetos físicos quanto dos atores: a fim de introduzir um sujeito necessitamos de uma variável adicional. Esta possibilidade é conferida por probabilidades condicionais.

A expressão "$Pr\,(x\,/\,y) = r$", lida como a "probabilidade de x, uma vez dado y ser igual a r", poderia ser interpretada ou de um modo objetivista, ou subjetivista, ou finalmente dualista (isto é, como referido a um par coisa-objeto). Por exemplo, se o contexto, ou ainda melhor, as hipóteses e as regras de interpretação explícitas indicarem que x está no lugar de um objeto físico (*e. g.*, um estado ou evento) e y, no lugar de um observador, então "$Pr\,(x\,/\,y)$" poderia ser lido como a probabilidade de um evento físico x ocorrer desde que o observador y esteja presente, ou que o evento mental y tenha ocorrido, ou ainda de alguma outra forma dualista. Mas como foi assinalado antes, uma tal interpretação será legitimada apenas no caso em que: a) a teoria contenha variáveis independentes e as especifique, e b) os teoremas de probabilidade condicional sejam satisfeitos sob tal interpretação, *i. e.*, sejam satisfatoriamente confirmados pela observação. Há, realmente, uma terceira condição a ser também atendida, a da relevância: sempre se pode adicionar uma variável observador, mas, a menos que essa variável faça uma diferença e suas propriedades sejam especificadas pela teoria, ela será uma variável vazia ou duvidosa. E tanto mais no que diz respeito à interpretação estrita da probabilidade.

Uma interpretação pragmática é sempre possível, mesmo para probabilidades incondicionais (ou absolutas), e é amiúde necessária, mas nunca é estrita, *i. e.*, não deflui das fórmulas mas deve ser a elas superposta de um modo que "extravase" a teoria física. O que eu quero dizer é o seguinte. Certamente alguns valores de probabilidade devem ser verificados por alguém, quer teórica ou empiricamente, ou de ambos os modos, tal que resultem proposições do seguinte tipo: "O valor de probabilidade r, para o evento x foi verificado pelo observador y com os meios z". Mas esta afirmação não pertence à teoria: ela não se qualifica como uma interpretação estrita da fórmula "$Pr\,(x) = r$". Algo similar vale para toda a propriedade física, não apenas para a probabilidade. Assim a proposição física: "A distância entre os pontos terminais x e y do corpo z, tal como medida pelo observador u com os meios γ, é igual a $r \pm \varepsilon$". Em resumo, dado um enunciado teórico com uma interpretação física estrita, ele pode ser ligado a qualquer número de interpretações pragmáticas adventícias. Mas nenhum dos enunciados pragmáticos resultantes pertence à teoria, assim como nenhum dos parasitas de uma árvore faz parte da árvore. A popular asserção operacionalista, segundo a qual apenas têm significância os enunciados pragmáticos, de modo que a atribuição de significados exige uma referência a operações empíricas, baseia-se numa confusão entre significado e verificação, uma confusão que de há muito foi esclarecida pelos filósofos.

3.2.5. Interpretação e estimativa de probabilidades

É amplamente sustentada a idéia de que a interpretação da probabilidade como freqüência, *i. e.*, a interpretação de valores de probabilidade como freqüências relativas, é o que desejamos em ciência. Mas isso não é bem assim. Sem dúvida, quando lemos probabilidades em termos de freqüências relativas, nós não realizamos uma interpretação rigorosa mas uma avaliação ou *estimativa* (estatística). Isto é, não declaramos que probabilidades *significam* freqüências mas que elas podem (às vezes) ser *medidas* por freqüências. Sob este ponto de vista uma probabilidade não difere de nenhuma outra quantidade física: trata-se de um construto cujo valor numérico deve ser contrastado com um valor medido. Além disso, como não há uma técnica de medida única para qualquer grandeza física dada, do mesmo modo não há forma única de estimar probabilidades a partir de dados estatísticos: algumas vezes contam-se freqüências, outras vezes, medem-se entropias, e em outras ocasiões, medem-se intensidades de linhas espectrais, ou secções de choque de espalhamento, e assim por diante. A própria teoria na qual está engastado o conceito de probabilidade pode (mas usualmente não o faz) sugerir meios de estimar probabilidades. Na maioria dos casos são necessárias teorias adicionais para estimar probabilidades a partir de dados empíricos. Mas isto não é peculiar à probabilidade: vale também para outras propriedades[13].

Há cinco razões adicionais para rejeitar não só as *teorias* de probabilidades de freqüência (como as de von Mises e Reichenbach) que são de qualquer modo matematicamente insustentáveis, mas também a *interpretação* de probabilidades de freqüência. Primeira, o que se quer dizer, ao que parece, com "$Pr(x) = r$" em física, é algo como a força (medida pelo número r) da tendência ou a propensão para x ocorrer, independentemente do número de vezes em que for visto acontecer (real ou potencialmente). A última contagem servirá ao propósito de verificar a fórmula probabilística mais do que para lhe atribuir um significado. Segunda, embora as probabilidades possam ser propriedades de particulares (*e. g.*, eventos), as freqüências são propriedades coletivas, *i. e.*, propriedades de *ensembles* estatísticos. Terceira, as fórmulas da teoria das probabilidades não são exatamente satisfeitas por freqüências, nem mesmo a longo termo, que é sempre um prazo finito. (Cabe lembrar que freqüências não aproximam probabilidades. Somente a *probabilidade* de um afastamento predeterminado de uma freqüência em relação a probabilidade correspondente, decresce com o aumento do tamanho da amostra. Mas este teorema vale apenas para um tipo especial de processo aleatório, ou seja, a seqüência das tentativas de Bernoulli. Mais ainda, a probabilidade de segunda ordem a que o teorema diz respeito não é, em si, redutível a uma freqüência.) Quarta, probabilidade e freqüência *não são as mesmas funções*, pois enquanto a primeira (se absoluta ou não condicional) é definida sobre um certo conjunto E, a freqüência é definida para cada procedimento de amostragem s, sobre um subconjunto finito E^* de E. (Em resumo, $Pr: E \rightarrow [0,1]$, enquanto $f: E^* \times S \rightarrow F$, onde S é o conjunto de procedimentos de amostragem e F é a coleção de frações no inter-

13. Para algumas das complexidades de mensuração e experimento e, em particular, sua dependência de teorias, veja M. Bunge, *Scientific Research*, Nova York, Springer Verlag, 1967, vol. II, caps. 13 e 14, e M. Munitz e H. Kiefer (ed.), "Theory Meets Experiment", *The Uses of Philosophy*, Albany, State University of New York Press.

valo unitário.) Daí não ser verdade que se obtenha um modelo ou uma verdadeira interpretação do cálculo de probabilidade interpretando valores de probabilidades como freqüências relativas observadas: no máximo, poderíamos dizer que temos assim um *quase-modelo*. Quinta, se uma teoria estocástica (como a mecânica estatística, a mecânica quântica, a genética, ou algum modelo de aprendizagem estocástico) é explicada como produzindo freqüências, então não há por que realizar quaisquer medidas para conferir fórmulas teóricas. (Como ocorre com todos os outros conceitos físicos, por exemplo, o do autovalor de um operador representativo de uma propriedade física: se autovalores fossem interpretados como valores medidos, como pretende a escola ortodoxa, então não haveria sentido em levar a cabo quaisquer medidas reais.) O que torna tanto a teoria quanto a experiência indispensável é que elas são radicalmente diferentes: uma teoria não é um resumo de experimentos e nenhuma série de experiências substitui uma teoria. Os dois se fazem necessários para gerar qualquer item novo de conhecimento.

Em suma, nem a interpretação subjetivística de probabilidade, nem a dualista, dispõem de um lugar na física teórica: só o dispõe as seguintes interpretações objetivística e estrita: a de propensão (Popper[14]) e a de aleatoriedade. Na primeira, o valor da probabilidade é uma medida da força de tendência para que algo aconteça: probabilidade é apenas potencialidade quantificada, com referência a sistemas físicos, simples ou complexos, livres ou sob a ação de outros sistemas e, em particular, sob observação ou não[15]. Na segunda interpretação, a

14. Karl Popper, "The Propensity Interpretation of Probability", *in British Journal for the Philosophy of Science*, 1959, vol. 10, p. 25 e "Quantum Mechanics Without 'The Observer'", M. Bunge (ed.), *Quantum Theory and Reality*, Nova York, Springer-Verlag, 1967.

15. De fato esta é minha própria versão da interpretação de propensão, como encontrada em M. Bunge, *Foundations of Physics*, Nova York, Springer-Verlag, 1967, p. 90. A versão de Popper (*idem*) preocupa-se com o composto arranjo experimental-objeto e poderia portanto ser tomada equivocamente como favorável à tese de Bohr sobre a inextrincável unidade dos dois – como foi de fato interpretado por Feyerabend, *op. cit.* Em uma comunicação pessoal Sir Karl mostrou-se de acordo com a minha reinterpretação.

probabilidade é a disparidade ou o peso de um evento pertencente a uma coleção aleatória (*e. g.*, uma seqüência de Markov) de eventos. Em cada uma destas interpretações, a probabilidade de um evento é uma propriedade objetiva deste evento: é inerente às coisas; do mesmo modo, uma distribuição de probabilidade é interpretada como uma propriedade objetiva (mais potencial do que real) de um sistema físico. A diferença entre as interpretações de propensão e de interpretação aleatória é que a primeira é mais ampla, pois não exige que os eventos sejam aleatórios, enquanto a interpretação aleatória vale apenas para eventos ao acaso e portanto apela para critérios que permitem determinar se um dado conjunto de eventos é um conjunto aleatório. Em outros termos, a interpretação aleatória da probabilidade pode ser encarada como uma restrição da interpretação de propensão para o subconjunto dos eventos aleatórios. Em ambas as interpretações, a probabilidade de, digamos, transição de um estado de um sistema para outro estado é exatamente tão objetiva como a velocidade de transição: não está de modo algum ligado à ignorância, ou à incerteza, ou ao contrário, à força de nossas crenças (que de qualquer modo são usualmente muito fortes). Daremos às duas interpretações o nome de *probabilidade física*.

Estejamos ou não desconfiados do conceito de propensão, é certo que devemos encarar as probabilidades que ocorrem na física como propriedades físicas em paridade com a tensão interna e com a intensidade do campo elétrico. A razão é a seguinte: todas as variáveis independentes de uma função de probabilidade em uma teoria física representam sistemas físicos ou suas propriedades. (Mesmo o tempo, a menos tangível de todas as variáveis físicas, pode ser elucidado em termos de eventos e referenciais.[16]) Não há meio de contrabandear o observador e a sua mente para dentro de um enunciado teórico de probabilidade argumentando-se, por exemplo, que a mecânica quântica não se preocupa com sistemas autôno-

16. M. Bunge, *Foundations of Physics*, *op. cit.*, cap. 2, Sec. 3 e, com muito mais pormenor e precisão, em "Physical Time: The Objective and Relational Theory", *in Phylosophy of Science*, vol. 35, 1968, p. 355.

mos mas antes com um complexo constituído por um microssistema, um arranjo experimental (qual, por favor?) e o operador deste último. Primeiro, porque isto está simplesmente errado: a maior parte das fórmulas quanto-mecânicas são acerca de microssistemas incrustados em um meio puramente físico (que está amiúde ausente). Isto não é uma questão de pronunciamentos *ex cathedra* mas uma questão de análise das fórmulas envolvidas, e esta análise não será exaustiva, a menos que as fórmulas estejam explicitamente escritas, *i. e.*, no modo axiomático que tanto repugna os inimigos da clareza[17]. Uma segunda razão é que mesmo aquelas fórmulas que se referem a um complexo objeto-ambiente (*e. g.*, uma molécula imersa em um campo elétrico), falham no que se refere a um observador propriamente dito, *i. e.*, a um ser psicofísico. Pois, se versassem, a teoria quântica deveria capacitar-nos a prever não só o comportamento do microssistema mas também a conduta do observador, o que infelizmente ela não consegue. Em conclusão, não há base para asseverar que o sujeito cognitivo entra na física teórica, em particular na física quântica, via probabilidade e vetor de estado. E, se não usa estas portas, é difícil de ver como poderia entrar de outro modo.

3.3. Distinguindo o Aparelho do Observador

3.3.1. Abordagens para uma teoria da medida

Muitos autores descrevem uma medida como uma interação entre um objeto e um observador, ou mesmo, como uma síntese dos dois. Mas enquanto alguns autores entendem por "observador" um sujeito cognitivo com seu pleno

17. Com respeito a axiomatização de várias teorias físicas, veja n. 5. Para as peculiaridades e virtudes das axiomáticas físicas (enquanto diferentes das matemáticas), veja M. Bunge, "Physical Axiomatics", *in Reviews of Modern Physics*, vol. 39, 1967, p. 463 e "The Structure and Content of a Physical Theory", *in Delaware Seminar in the Foundations of Physics*, M. Bunge (ed.), Nova York, Springer-Verlag, 1967.

equipamento psíquico, outros o entendem como um aparelho classicamente descritível, e ainda outros preferem manter silêncio, portanto a ambigüidade. Se não se estabelecer uma diferença entre um observador e o seu equipamento, e se se confere a um observador uma mente suprafísica (*e. g.*, uma alma imortal), então a mensuração torna-se uma porta pela qual a alma e o espírito fluem não só para a feitura da física, mas também das próprias coisas, as quais, destarte, cessam de ser coisas em si próprias. De fato, um argumento-padrão, contra o realismo provem da natureza da medida microfísica. Devemos pois dar uma espiada na teoria desta última, ou melhor nos vários programas para construir uma teoria da medida, uma vez que há diversas, e nenhuma satisfatória. Devemos fazê-lo não somente no interesse da epistemologia mas também no dos físicos experimentais, pois se eles fossem indistinguíveis de seus equipamentos, então não deveriam receber salários ou verbas para a compra e manutenção de dispositivos experimentais.

Essencialmente podemos encontrar na literatura as seguintes abordagens para um teoria da medida em relação à teoria quântica.

1. *Realismo ingênuo*: (a) mensurações básicas são diretas, *i. e.*, não necessitam de teorias; (b) pode-se assegurar medidas indiretas ou derivadas por meio das teorias físicas disponíveis complementadas com estatísticas matemáticas; (c) resultado final: não são necessárias quaisquer teorias especiais de medida. *Crítica*: ver o ponto seguinte.

2. *Realismo crítico*: (a) não existem medidas de precisão diretas, particularmente na microfísica; (b) qualquer teoria pormenorizada da mensuração de uma grandeza física (*e. g.*, cômputo do tempo) ou a preparação de um sistema físico (*e. g.*, um feixe de prótons com uma dada distribuição de velocidade) exige certo número de teorias gerais, bem como um modelo definido do equipamento experimental (*e. g.*, uma teoria do ciclotron é uma aplicação da eletrodinâmica clássica, ou se se prefere, é uma peça de tecnologia relativistíca); (c) uma vez que as mensurações são específicas e envolvem sistemas macrofísicos, teorias genuínas da medida (ao contrário das duvidosas que se encontram em alguns livros de

mecânica quântica) de nada ajudam quando são específicas e envolvem fragmentos de teorias clássicas (*e. g.*, mecânica clássica e óptica); (d) não há uma teoria *geral* adequada da medida disponível, quer na física clássica quer na quântica e sobretudo é duvidoso que uma qualquer possa ser desenvolvida, exatamente porque não há medidas gerais e todo evento macrofísico cruza várias fronteiras entre os diferentes capítulos da física. Esta é, sem dúvida, a tese do presente artigo[18].

3. *Operacionalismo ingênuo* (compêndio de filosofia): (a) toda teoria física, em particular a mecânica quântica, preocupa-se com operações de medida reais ou possíveis e seus resultados; assim um operador hamiltoniano representa uma medida de energia e seus autovalores são valores da energia mensuráveis; (b) conseqüentemente não há necessidade de uma teoria especial da medida. *Crítica*: (i) há tanto uma diferença estrutural como semântica entre uma grandeza teórica e a sua parceira experimental, se houver uma (lembrar 3.2., 3.2.2.); (i i) se as teorias gerais se preocupassem com observações empíricas, então uma das duas – teorias ou observações – seria redundante e a escolha do equipamento não deveria fazer diferença.

4. *Operacionalismo radical*[19]: (a) medidas básicas são diretas; (b) uma teoria básica, como a mecânica quântica, deveria se preocupar com medidas básicas e ser derivada da análise da física das medidas. *Crítica*: (i) não há medidas diretas, ao menos não em microssistemas (veja a crítica acima acerca do realismo ingênuo); (i i) análises científicas, quer de conceitos ou de operações, longe de serem extra-sistemáticas, são realizadas com a ajuda de teorias; (i i i) em particular, uma análise de uma medida pressupõe um certo número de teorias, tanto substantivas (*e. g.*, a teoria eletromagnética) como metodológicas (a matemática estatística, particularmente.)

18. Veja nota 13.

19. Günter Ludwig, "An Axiomatic Foundation of Quantum Mechanic on a Non-Subjective Basis", *in* M. Bunge (ed.), *Quantum Theory and Reality*, Nova York, Springer-Verlag, 1967.

5. *Concepção de Copenhague estrita*[20]: (a) um processo de medida é aquele em que o objeto, o aparelho, e o observador fundem-se em um bloco sólido de modo tal que eles perdem as suas identidades; (b) esta unidade é peculiar ao fenômeno quântico, que é por isso não analisável; (c) "o formalismo quanto-mecânico permite aplicações bem definidas referentes apenas a tais fenômenos fechados"[21]; (d) uma teoria da medida procuraria analisar uma tal unidade, distinguindo entre sujeito e objeto e determinando a forma precisa de sua interação, destruíndo assim a irredutibilidade e a irracionalidade que caracterizam fenômenos quânticos; (e) conseqüentemente, não se deveria fazer qualquer tentativa para construir uma teoria quântica da medida[22]. *Crítica*: (i) embora um ato de medida não envolva um observador (bem como um certo número de outras coisas), a física não se refere a seres sencientes, mas a sistemas físicos, algumas vezes sob o controle mas na maioria das vezes livres e em qualquer caso vazios de componentes mentais; (i i) seria desejável possuir um certo número de teorias quânticas genuinamente pormenorizadas de processos de medidas reais (portanto específicas), teorias capazes de explanar e prever toda a cadeia a partir de um evento elementar (*e. g.*, uma reação fotoquímica) e terminando em um macroevento observável (*e. g.*, o escurecimento de uma placa fotográfica): desejar o contrário é puro obscurantismo.

6. *A concepção de von Neumann*[23]: (a) um processo de medida é uma interação sujeito-objeto caracterizada pela arbitrariedade da fronteira entre os dois (*i. e.*, um corte pode ser feito para fins de análise mas sua posição é convencional), (b)

20. N. Bohr, *Atomic Physics and Human Knowledge*, Nova York, Wilet, 1958.

21. *Idem*, p. 73 e ss.

22. Veja as notas de L. Rosenfeld – sucessor de Bohr em Copenhague –, *in* L. Infeld (ed.), *Proceedings on Theory of Gravitation*, Paris, Gauthier-Villars, 1964.

23. John von Neumann, *Mathematische Grundlagen der Quantenmechanik*, Berlim, Springer-Verlag, 1932. Trad. inglesa: *Mathematical Foundations of Quantum Mechanics*, Princeton, Princeton University Press, 1955.

mais do que constituir uma aplicação da mecânica quântica e outras teorias físicas, uma teoria quântica da medida exige a suspensão de seu postulado fundamental (a equação de Schrödinger ou sua equivalente), adotando em seu lugar o postulado da projeção, segundo o qual a medida de um observável lança o vetor de estado para qualquer dos autovetores do referido observável; (c) a teoria da medida resultante é inteiramente geral e, além disso, dá à mecânica quântica seu sentido operacional. Como esse modo de ver é tido como padrão, vamos concentrar sobre ele a nossa atenção.

3.3.2. A avaliação padrão da medida

O processo de medida é, em geral, justificado nos termos apresentados por von Neumann em um livro que é considerado de maneira quase universal, embora errônea, como a formulação axiomática e consistente da mecânica quântica[24]. Esta parece ter sido a primeira vez em que foi concedido ao observador de modo sistemático um papel proeminente na avaliação dos arranjos experimentais. Von.Neumann deixou claro que por um observador ele entende não exatamente um aparelho de medida mas um sujeito humano capaz "de apercepção subjetiva"[25]. Ele a julgou mesmo necessária para atrela-la à doutrina do paralelismo psicofísico. Von Neumann também insistiu[26] que a fronteira ou o corte entre o observador e o sistema observado pode ser deslocado à vontade. Mais precisamente, ele propôs dividir o mundo em três partes: a coisa observada I, o aparelho de medida II, e o observador III. A fronteira, pretendeu ele, pode ser traçada quer entre I e o sistema composto II + III, ou entre o complexo físico I + II e a entidade psicofísica III. Em qualquer dos casos (a) considera-se que uma medida é algo muito diferente de, digamos, a ação de um campo magnético externo sobre um microssistema em rotação – precisamente devido a intervenção imprevisível, não caprichosa, da mente consciente e (b) o pro-

24. *Ibidem.*
25. *Idem*, p. 223, (percepção subjetiva consciente). (N. da T.)
26. *Idem*, pp. 224 e ss.

cesso de medida tampouco é controlável nem completamente redutível ao físico, pois envolve a apercepção subjetiva e escolha arbitrária[27].

De modo bastante inconsistente, esta divisão tripartite do mundo não está incorporada em uma teoria: é vazia. De fato, *em parte alguma* no livro de von Neumann as propriedades do observador (sistema III) são especificadas, ou sequer esboçadas: (a) sua discussão de sistemas compostos[28] estabelece que o cenário para o seu tratamento do processo de medida[29] se refere ao objeto "observado" acoplado ao aparelho mensurador, *i. e.*, I + II, um composto de sistemas físicos sem mistura de componentes mentais; (b) von Neumann afirma explicitamente que o sujeito "permanece fora do cálculo[30]". Pois bem, algo que não ocorre na teoria e no entanto é considerado como sua marca distintiva (enquanto se opõe a uma teoria clássica da medida), é um item postiço, um fantasma, uma variável oculta no mau sentido da expressão. Mas o sujeito cognitivo não é o único fantasma na teoria de von Neumann, ou antes pseudoteoria da medida. Um ingrediente real da mesma também apresenta uma qualidade fantasmagórica: trata-se do estado do sistema observado antes que uma medida seja efetivamente realizada. Pois, se tal estado é empiricamente desconhecido e além do mais incognoscível, então não deveria ocorrer numa teoria que deve supostamente ater-se a uma filosofia empirista. (De outro lado, isto pode acontecer em qualquer outra filosofia, pois é possível encará-lo como uma hipótese a ser comprovada pela observação.) Mais ainda, sustentar, como von Neumann o fez, que uma mensuração leva a cabo uma transição a partir daquele estado desconhecido para um autovetor imprevisível do "observável" medido, é explicar o obscuro pelo mais obscuro. De qualquer modo, um esboço de uma teoria de medidas altamente idealizadas de grandezas arbitrárias, cercada de conversa fiada sobre observadores ociosos, não pode passar por uma teoria real

27. *Idem*, pp. 223 e ss.
28. *Idem*, cap. V, Sec. 2.
29. *Idem*, cap. VI, Sec. 3.
30. *Idem*, pp. 224 e 334.

da medida mesmo se aprovada (mas nunca usada) pelo grosso dos físicos profissionais. Moral para os filósofos: Nunca se guie pelo que o cientista diz que se guia.

Uma razão para o malogro de von Neumann no sentido de proporcionar uma genuína teoria da medida é, por certo, o fato de não existir algo que seja uma medida arbitrária. A segunda razão é que ele aceitou de maneira não crítica a interpretação ortodoxa da mecânica quântica que aprendeu dos físicos, sem perceber que tal interpretação torna redundante as teorias da mensuração[31]. De fato, segundo esta interpretação, um autovalor não é um valor realmente possuído pelo sistema mas antes um valor medido[32]. Não deve pois ser necessária qualquer teoria à parte da medida se a interpretação ortodoxa for adotada. Ora, se autovalores são valores mensurados, então autofunções têm que representar estados de sistemas sob observação. De outro lado, um vetor de estado geral (uma combinação linear de autofunções ou autovetores) deve representar um estado de um sistema antes ou depois de ser observado, particularmente se a interpretação subjetiva da probabilidade for adotada, como é o caso da posição que von Neumann adotou em boa parte do tempo. Ele não percebeu que não havia propósito em construir toda uma teoria (mecânica quântica menos teoria da medida) centrada em torno da equação de evolução de tais estados inobserváveis. Tampouco compreendeu que a dualidade de seus dois tipos de processos, um de colapso do vetor de estado sobre a mensuração (processo 1) e outro da suave ("causal" na bárbara terminologia-padrão) evolução de acordo com a equação de Schrödinger (processo 2), contradiz a própria filosofia por ele esposada, pois não se pode escrever uma teoria inteira a respeito de um processo que é em princípio inobservável. Finalmente, von Neumann não viu que – como Margenau[33] salientou há muito

31. O leitor deverá rever a visão estrita de Copenhague discutida na Seção 3.3., 3.3.1.

32. Argumentamos na Seção 3.2, 3.2.2. que esta interpretação é adventícia e não válida.

33. Henry Margenau, "Quantum-Mechanical Description", *in Physical Review*, 1936, vol. 49, p. 240. Na realidade o que Margenau mostra neste trabalho é que certos paradoxos desaparecem se o postulado de projeção de

tempo – todos os cálculos reais na mecânica quântica, particularmente aqueles que foram aferidos por experimentos, referem-se a processos de segunda espécie, ou seja, aqueles que satisfazem mais a equação de Schrödinger, do que a processos da primeira espécie. Portanto, se uma teoria quântica geral da medida fosse possível, o que é duvidoso, a coisa natural seria abandonar o postulado de projeção de von Neumann e aplicar a equação de Schrödinger (ou uma equivalente) ao complexo aparelho-objeto considerado como uma entidade[34] puramente física com dois sistemas – ou, melhor ainda, tratá-la como um problema de muitos corpos a ser abordado pela mecânica estatística quântica. Em todo caso uma teoria da mensuração seria uma aplicação de uma teoria básica mais do que um capítulo desta. Entretanto, a própria possibilidade de uma teoria geral da medida, clássica ou quântica, é problemática, porque um metro universal não mediria nada em particular.

Assim temos essa situação anômala. Primeiro, pretende-se que somente uma discussão de operações empíricas, tais como as mensurações, pode prover o conteúdo ou o significado físico do formalismo matemático da teoria quântica. Isto quadra-se com a obsoleta doutrina da verificação do significado mas é inconsistente com a prática da projetar, analisar e avaliar operações empíricas à luz de teorias. Segundo, a teoria-padrão quanto-mecânica da medida, (a de von Neumann) não conta com a bênção dos proponentes da interpretação igualmente padrão da mecânica quântica. Terceiro, a teoria da medida de von Neumann é praticamente inexistente e supõe-se que contenha um conceito, o de observador, que é extrafísico e, além disso, não foi incorporado à (pseudo) teo-

von Neumann for posto de lado. Que o referido postulado nunca é usado, isto Margenau disse ao autor, há dez anos, numa conversa.

34. É assim que o problema é abordado no n.5 e nos seguintes artigos: A. Daneri, A. Loinger e G. Me. Prosperi, "Quantum Theory of Measurement and Ergodicity Conditions", *in Nuclear Physics*, 1962, vol. 33, p. 297; D. Bohm e J. Bub "A Proposed Solution of the Measurement Problem in Quantum Mechanics by a Hidden Variable Theory", *in Review of Modern Physics*, 1966, vol. 38, p. 453; e H. J. Groenewold, *in Foundations of Quantum Theory*, pré-publicação do Institute for Theoritical Physics, Groningen Univeristy.

ria: permanecem de fora as fórmulas desta última, sobrepairando-as sem misturar-se realmente com os efetivos componentes da teoria. Quarto, nenhum caso realístico foi manipulado com a ajuda da teoria da medida de von Neumann. Ele próprio deu um único exemplo que, por estar preocupado com duas massas pontuais, não é exemplo de medida real; ele deixou a discussão de exemplos realísticos, portanto enormemente mais complicados, ao leitor[35]. Como conseqüência, esta teoria permanece *incomprovada*: de fato, não conseguiu fornecer uma única previsão verificada.

Em suma, a teoria quântica padrão da medida que, segundo se alega, entrona o observador na física teórica, é inteiramente espectral. Em conseqüência, as tentativas usuais para discutir os fundamentos da mecânica quântica e, em particular, o seu significado, em termos da teoria da medida, são tão impensadas quanto as tentativas de desvendar a natureza do homem através da teologia. Pior ainda, o objetivo da mensuração é descer até os particulares, o que só se pode fazer com a ajuda de peças específicas do equipamento. E qualquer desses dispositivos de medida particulares exige uma teoria específica. E qualquer teoria específica é uma aplicação de um certo número de teorias gerais: na realidade é um conjunto de teorias gerais em cooperação com um modelo definido da situação experimental. Por isso não se pode esperar que nenhuma teoria isolada responda por todo e qualquer dispositivo possível de medida, exceto de uma maneira tão superficial que não será do menor auxílio para explicar e prever o comportamento de um só arranjo experimental particular. Portanto, a concepção estrita de Copenhague, segundo a qual não se deve perder tempo na tentativa de construir uma teoria quântica da medida, está correta embora por uma razão errada. Mas não importa que posição a gente possa tomar nesta questão controvertida, o ponto filosoficamente relevante é que nenhuma teoria quântica da medida[36] existente está preocu-

35. Von Neumann, *op. cit.*, p. 237.

36. Isto vale também para a teoria formulada por F. London e E. Bauer, *in La théorie de l'observation en mécanique quantique*, Paris, Hermann, 1939, ainda que os autores sigam o hábito de von Neumann de brincar com

pada com o Observador, com *o perdão* das repetidas tentativas verbais de contrabandeá-lo para dentro do quadro.

3.3.3. *O experimento pressupõe realismo e o confirma*

Por estranho que pareça, os adversários do realismo tentam argumentar a partir dos aspectos mais tangíveis da física, isto é, da física de laboratório. Os argumentos favoritos são estes:

> Uma quantidade física não tem valor a menos que seja mensurada; ora, a mensuração é uma ação humana; portanto, as quantidades físicas somente adquirem um valor preciso como resultado de certas ações humanas. Do mesmo modo, uma coisa não está em um estado definido a menos que seja preparada para estar em um dado estado; ora, uma preparação de estado é uma ação humana; logo os sistemas físicos adotam estados definidos somente como resultados de certas ações humanas.

Tais argumentos, embora populares, giram à própria volta, pois suas conclusões afirmam a mesma coisa que suas premissas maiores. De fato, "medir" e "preparar" são termos pragmáticos que as premissas menores soletram. As premissas maiores proferem todos os desejos não-realistas de afirmar, isto é, que tudo o que é, é assim porque alguém decidiu fazê-lo daquela maneira ou, equivalentemente, que as propriedades e os estados não têm existência autônoma mas dependem do observador. Além do mais, estas premissas são falsas, pois repousam sobre uma confusão entre ser e conhecer. Sem dúvida, uma grandeza não tem valor *conhecido* a menos que seja medida. Mas isto não implica que não *tenha* valor definido enquanto não for mensurada. A tese contrária importa na pretensão de que o pesquisador não investiga o mundo mas o cria ao agir, o que é do ponto de vista filosófico algo ridículo, pois leva ao idealismo subjetivo e por fim ao solipsismo.

A tese não-realista é também matematicamente insustentável. De fato, ao formular uma teoria física declarar-se-á, por

o conceito de observador e embora adicionem o idealismo de Husserl para uma boa medida.

exemplo, que uma certa propriedade é representada por uma função de valores reais, e supor-se-á ou esperar-se-á que as mensurações serão capazes de formar uma amostra de tais valores pelo menos dentro de um intervalo do raio de ação total da função. Pressupõe-se, em outras palavras, que a função *tem* sempre certos valores, pois se não os tivesse, não seria uma função – por definição de "função". O mesmo acontece com os operadores que por hipótese representam variáveis dinâmicas: supõe-se que possuam autovalores definidos mesmo quando não se realizar nenhuma medida de tais propriedades, pois, do contrário, não seriam objetos matemáticos bem definidos. Isto não implica que um sistema físico tenha sempre uma posição precisa e uma velocidade precisa (ou, em geral, que se encontra a cada instante em um autoestado simultâneo com todos os seus "observáveis"), só que nós não conhecemos estes valores precisos. Uma vez que na mecânica quântica as variáveis dinâmicas são variáveis aleatórias, elas têm distribuições definidas (mesmo para um único sistema físico) mais do que valores numéricos definidos. Mas estas distribuições e, em geral, as formas bilineares construídas com operadores e os vetores de estado, têm valores definidos em cada ponto no espaço e no tempo, pois são funções pontuais comuns.

Em suma, a tese de que os valores das funções e os autovalores dos operadores são valores mensurados é do ponto de vista matemático insustentável. Sem dúvida, a decisão de mensurar ou de preparar um sistema, bem como as subseqüentes operações de laboratório, são atos de criaturas humanas e os resultados de tais ações dependerão delas tanto quanto o resultado de qualquer outro feito humano. Mas as criaturas humanas são parte da natureza, sua ação sobre o seu meio ambiente é eficaz apenas na medida em que se baseia em algum conhecimento da natureza e somente o aspecto físico de tais ações é relevante para a física: as mentes não têm ação direta sobre as coisas e, mesmo que tivessem, a física não seria competente para responder por elas. Certamente o ato de preparação modifica o estado inicial da coisa seja ela ou não um microssistema; mas para que uma tal mudança ocorra a coisa deve estar disponível ou tem que ser produzida a partir de coisas destinadas a encetá-la; além disso, a mudança deve ser cabalmente real mesmo quando guiada por um sujeito.

À exceção de subjetivistas extremos, que esperam escapar de todas e quaisquer operações empíricas, todo mundo concorda que mensuração e experimento são fundamentais para a pesquisa física. Pois bem, para que qualquer operação desta ordem forneça evidência empírica genuína, ela precisa ser real: os sonhos e os experimentos mentalizados podem ser heuristicamente valiosos mas nada provam ou refutam. Em outras palavras, o mínimo que ser pode fazer quando se avalia um experimento é verificar se o dispositivo experimental é de fato real, pois, do contrário, estar-se-á falando de um plano para uma experiência ou mesmo de uma fraude. Por certo, todo arranjo experimental é artificial no sentido de que é planejado, feito e controlado por seres humanos, quer direta ou indiretamente. Mas o mesmo acontece com um automóvel e com um satélite artificial; no entanto, ninguém se enganaria com tais artefatos tomando-os por observadores. Ora, não podemos nos satisfazer com a certeza de que um certo dispositivo experimental é real a menos que seu contexto imediato seja real também, pois do contrário não haveria sentido em construir isolantes e em efetuar correções de temperatura e pressão, em inspecionar o sistema para encontrar perturbações e vazamentos etc. Além do mais, cada componente do sistema tem de ser real para que o todo seja real. Se os componentes de um sistema complexo fossem antes mentais do que físicos, dariam origem a um todo psíquico. Isto contradiz a pretensão dos filósofos de Copenhague segundo os quais, enquanto os macrossistemas (*e. g.*, aparelhos) podem ser reais, seus constituintes atômicos carecem de existência autônoma. Por certo a gente comete com freqüência o engano de acreditar de que algo está fora quando na realidade está faltando. Mas erros desta espécie podem ser eventualmente reconhecidos como tais, e semelhantes correções mostram o valor que atribuímos à pressuposição de que no laboratório lidamos com coisas reais.

Em resumo, a física experimental assume a realidade dos objetos que manipula e põe à prova algumas das hipóteses teóricas aventadas acerca da existência de sistemas físicos. A física experimental não tem como empregar uma teoria física que faz suposições de existência e a física teórica não pode esperar ajuda de experimentalistas que não se sentem dispostos a sujar as suas mãos com coisas reais.

3.4. Quatro Possíveis Estilos de Teorização

3.4.1. As versões subjetivista e realista

Com o fito de melhor fixar os méritos e deméritos das várias filosofias até agora discutidas, tentaremos formular de uma maneira coerente (*i. e.*, axiomaticamente) uma teoria muito simples em quatro aspectos diferentes, cada qual correspondentes a uma destas filosofias. (Isto terá o efeito lateral de escorar a tese de que a pesquisa científica está longe de ser neutra sob o ângulo filosófico.) Começaremos pelas teorias subjetivista e realista, que podem ser abordadas em conjunto por causa de seu inambíguo caráter monista.

Suponhamos que a teoria diga respeito a um sistema físico (alternativamente, um objeto) que se encontra em um dos dois estados denominados de *A* e *B*, ou salta de um deles para o outro de tal maneira que cada um dos quatro eventos possíveis, <*A*, *A*>, <*A*, *B*>, <*B*, *A*> e <*B*, *B*>, tenha uma probabilidade definida. (O primeiro e o quarto são, decerto, eventos nulos.) Cinco conceitos primitivos (não definidos) específicos farão a tarefa: o conjunto Σ de sistemas (alternativamente, de objetos), uma função de estado *S*, duas constantes *A* e *B*, e a função de probabilidade *Pr*. A diferença entre as duas teorias, a realista e a subjetivista, jaz no referente: no primeiro caso a classe de referência Σ é interpretada como o conjunto de sistemas físicos, ao passo que no caso subjetivista ela é interpretada como o conjunto de objetos. Conseqüentemente as funções *S* e *Pr* tornam-se ou propriedades de um sistema físico ou propriedades de um objeto. Para poupar espaço, a interpretação subjetivista será indicada entre parênteses e em *itálico*. Apresentaremos somente os fundamentos axiomáticos.

Axioma 1. Há sistemas físicos (*objetos*) da espécie Σ. [De uma maneira ligeiramente mais detalhada: (a) $\Sigma \neq \varnothing$. (b) Todo $\sigma \in \Sigma$ é um sistema físico (*objeto*).]

Axioma 2. Qualquer sistema físico (*objeto*) da espécie Σ encontra-se em um dos dois *estados* (*estados mentais*): A e B. [Mais explicitamente: (a) S é uma função muitos-para-um de Σ em $\{A, B\}$. (b) A e B representam estados (*estados mentais*) de um sistema físico (*objeto*) da espécie Σ.]

Axioma 3. (a) Pr é uma medida de probabilidade sobre $\{A, B\}^2$. (b) A probabilidade de qualquer par em $\{A, B\}^2$ nunca se anula [todas as transições são possíveis]. (c) $Pr\,(<A, A>) + Pr\,(<B, B>) = 1$. (d) $Pr\,(<A, B>)$ representa a força da tendência ou propensão (*freqüência relativa observada*) com que um sistema físico (*objeto*) no estado (*estado mental*) A salta para o estado (*estado mental*) B, e similarmente para os outros valores de probabilidade.

As diferenças ostensivas entre as duas teorias são as seguintes: a) Enquanto a teoria realista diz respeito a um sistema físico idealizado (um modelo de uma multidão de situações reais), a teoria subjetivista diz respeito a um sujeito idealizado (dificilmente um modelo conveniente de quem quer que seja, salvo um débil mental total). b) Enquanto a teoria realista informa acerca de eventos físicos, a subjetivista informa sobre eventos psíquicos. c) Enquanto a teoria realista envolve probabilidades de transição que podem ser conferidas pela observação de freqüências de eventos externos, a teoria subjetivista envolve introspectivamente freqüências de transição observáveis. d) Enquanto a teoria realista é passível de prova num laboratório de física, a subjetivista não é passível de semelhante prova.

Ambas as teorias são fenomenológicas ou teorias de caixa negra no sentido de que nenhuma das duas responde pelo mecanismo de transição. Mas podem ser aprofundadas de tal modo que expliquem as transições. Em ambos os casos tal aprofundamento exige a introdução de novos conceitos básicos e correspondentemente, de novos postulados. (Lembrem a regra não expressa: Para cada novo postulado primitivo, pelo menos um novo postulado formal e um novo postulado semântico.) Assim a teoria realista pode ser expandida em uma teoria mais forte que explique as probabilidades de transição em termos do, digamos, número de ocupação de estado. Por exemplo, a probabilidade do evento <*A*, *B*> poderia ser estabelecida como proporcional ao número de ocupação do estado *A* e inversamente proporcional ao número de ocupação de *B*. Ou então uma teoria de variáveis ocultas poderia ser armada: uma teoria contendo variáveis ulteriores e sua equações de evolução que explicariam tanto a existência dos estados quanto as transições entre eles. Qualquer teoria assim, mais forte, ainda seria uma teoria física. De outro lado, a teoria subjetivista poderia ser expandida em uma ou outra das seguintes direções opostas: as novas variáveis poderiam ser outros conceitos psicológicos, ou algumas poderiam ser conceitos neurológicos (fisiológicos). No primeiro caso obter-se-ia uma extensão homogênea: a nova teoria permaneceria dentro da psicologia. Mas no segundo caso a teoria mais forte e mais profunda teria um caráter misto: conteria variáveis tanto físicas (ou antes neurofisiológicas) quanto psicológicas, de modo que descreveria um sistema de dois níveis. Uma outra extensão ainda poderia ser capaz de analisar qualquer variável psicológica remanescente na extensão anterior, em termos neurofisiológicos. Arrisquemo-nos em adiantar as seguintes conclusões: qualquer aprofundamento de uma teoria realista retém seu caráter físico, ao passo que certas tentativas de aprofundar uma teoria subjetivista mudam seu caráter, derrotando assim a filosofia do subjetivismo. Em outras palavras, poderia parecer que o subjetivismo pudesse ser mantido ao preço de se evitar um aprofundamento ulterior, o que não é o caso do realismo. Mas não estamos por ora preocupados com a profundidade[37]. Nosso objetivo foi apenas o de mostrar que uma teoria pode ser moldada quer em termos realistas ou em termos subjetivistas. Veremos agora que nenhuma das outras duas filosofias discutidas anteriormente possibilitam tal fato.

37. Para uma explicação preliminar do conceito de profundidade, ver I. Lakatos e A. Musgrave (eds.), M. Bunge, "The Maturation of Science", *in Problems in the Philosophy of Science*, Amsterdã, Holanda do Norte, 1968.

3.4. O predicamento de Copenhague

Numa teoria construída em puro estilo Copenhague deveria haver uma única classe de referência: o conjunto de unidades seladas constituído pelo objeto, pelo dispositivo de observação e pelo observador. À primeira vista não deveria existir dificuldade em se obter a versão Copenhague de qualquer teoria física dada, tal como a que foi exposta na última seção: aparentemente uma reinterpretação de Σ, como conjunto de trindades deveria bastar. Na realidade existem dois obstáculos técnicos no caminho, um de natureza formal e outro, semântica.

O obstáculo matemático para a Copenhaguização de teorias é o seguinte: a pretensão de que o referente de uma teoria é único (equivalentemente, de sua classe de referência ser homogênea no sentido da seção 3.1, 3.1.1.) e, além do mais, não analisável, contradiz a pretensão de que toda "quantidade" (grandeza) é relacional no sentido de que diz respeito não apenas ao sistema físico de interesse (*e. g.*, um átomo) mas também ao seu ambiente (artificial) e ao observador encarregado deste último. Estas duas pretensões da escola de Copenhague estão obviamente em contradição mútua, pois a primeira leva à asserção de que o domínio das funções (*e. g.*, distribuições de probabilidades) em causa envolve um conjunto homogêneo de blocos indivisíveis, enquanto a segunda pretensão leva à asserção de que o referido domínio envolve o produto cartesiano do conjunto de sistemas físicos pelo conjunto de aparelhos e pelo conjunto de observadores. Isto no que tange à dificuldade matemática.

A recusa em analisar o referente *unum et trinum* torna a tarefa de interpretação sem esperança, pois as propriedades a serem atribuídas àquele referente não estão nem aqui nem lá: não são nem estritamente físicas nem estritamente psicológicas. Daí por que a doutrina de Copenhague é tão obscura quanto a doutrina da trindade, segundo a qual o Pai (Aparelho), o Filho (Microssistema) e o Espírito Santo (Observador) estão unidos na Divindade (Fenômeno Quântico). Tomem, por exemplo, a noção de estado que aparece na microteoria exposta na subseção anterior. Enquanto na interpretação realista (alternativamente a subjetivista) A e B representam estados físicos (alternativamente estados mentais), de um sistema de tipo definido (físico ou psíquico), na interpretação de Copenhague deveriam representar os estados totais do bloco ou os psicofísicos: sistema-aparelho-observador. Mas nenhuma ciência existente responde por entidades tão complexas (no entanto unitárias).

Em conclusão, é impossível construir uma teoria *consistente* no estilo Copenhague. Em outras palavras, a interpretação de Copenhague da teoria quântica é inconsistente[38], e mais ainda incuravelmente inconsistente. Felizmente, a criança – mecânica quântica – não precisa ser jogada fora com a água do banho[39].

3.4.3. A versão dualista

Retornemos à abordagem da microteoria discutida na seção 3.4., 3.4.1. Sua reformulação axiomática segundo um espírito dualista (*e. g.*, operacionalista) requereria dois outros conjuntos distintos: o conjunto I de instrumentos e o conjunto O de observadores ou operadores. Dever-se-ia considerar estes vários itens como interatuantes mas também como distintos. (Se fossem indistinguíveis, se constituíssem um bloco sólido, dificilmente poderiam atuar um sobre o outro.) Daí ser preciso tomar os conceitos correspondentes como conceitos primitivos mutuamente independentes. A versão dualista de nossa microteoria estaria então baseada em sete e não em cinco conceitos não definidos.

Pois bem, para um sistema de axiomas ser satisfatório, ele tem de conter axiomas especificadores tanto da estrutura matemática quanto do significado fatual de cada um de seus

38. Para algumas das inconsistências da interpretação de Copenhague da mecânica quântica, ver n. 5, 10, e 12, bem como "Quanta and Philosophy", *in Proceedings of the 7th Iner-American Congress of Philosophy*, Quebec, Presses de l'Université Laval, 1967, vol. I.

39. Ver a axiomatização realista, feita pelo autor, da mecânica quântica em M. Bunge, *Foundations of Physics*, *op. cit.*, cap. 5 e em *Quantum Theory and Reality*, *op. cit.* O Prof. Erhard Scheibe de Göttingem empreendeu o trabalho de aperfeiçoar este sistema de axiomas.

termos técnicos básicos. (Isto pode ser chamada de condição de completitude primitiva[40].) Isto é quase impraticável no caso dos primitivos adicionais *I* e *O*, e mesmo que fosse factível dificilmente seria desejável. É impraticável porque, enquanto Σ é manipulado por uma teoria estritamente física e, além do mais, bem definida, *I* e *O* exigem que se vá muito além da referida teoria. De fato, a caracterização de qualquer aparelho em termos teóricos demanda toda uma reunião de fragmentos de diferentes teorias. Do mesmo modo, a especificação de qualquer observador exigiria todas as ciências do homem: antropologia, psicologia, sociologia etc. A teoria iria então adquirir um tamanho gigantesco caso pudesse ser desenvolvida em geral. O programa dualista é portanto inexeqüível. Não é tampouco desejável pelas seguintes razões: primeiro, tornaria impossível as teorias gerais, pois uma teoria geral é aquela que não está amarrada a qualquer espécie de dispositivos experimentais. Segundo, o programa dualista tornaria o progresso da física dependente do estado das ciências do homem – donde, se fosse adotada ao fim da Renascença, a física jamais levantaria vôo. Afinal de contas, a ciência moderna da física nasceu em oposição ao antropocentrismo.

Concluindo, dos quatro tipos concebíveis de teorização dois são impraticáveis: o de Copenhague e o dualista. As abordagens subjetivista e realista são factíveis mas só a segunda produz teorias objetivas, comprováveis e, em princípio, aperfeiçoáveis.

3.5. Conclusão: Preservado o Realismo

Começamos por distinguir duas espécies de interpretação de símbolos físicos: a interpretação estrita que se casa com a estrutura matemática da idéia correspondente e a interpretação adventícia que a transborda. Mostramos que, enquanto na física teórica somente as interpretações estritas são autorizadas, as interpretações adventícias (*e. g.*, em termos de operações) são exigidas na física experimental, mas são váli-

40. M. Bunge, "Physical Axiomatics", *op. cit.*

das apenas na medida em que têm o apoio de teorias (*e. g.*, teorias que explicam as operações).

Aplicamos então a distinção anterior a alguns conceitos físicos fundamentais. O resultado final foi que as únicas interpretações estritas na física teórica são ou realistas ou subjetivistas, sendo todas as outras adventícias. Mas nós mostramos que não há base para a interpretação subjetivista de duas funções que são consideradas os dois portões por onde a mente entra no quadro da física, isto é, o vetor de estado e a probabilidade. Fizemo-lo examinando as variáveis independentes, ou seja, os domínios dessas funções, bem como recordando algumas das pressuposições e metas da pesquisa científica. Descartando-nos do subjetivismo, ficamos com o realismo como a única filosofia viável da física.

Em seguida, exploramos a possibilidade de plasmar uma e mesma teoria nos quatro moldes filosóficos concorrentes: realismo, subjetivismo, a concepção de Copenhague e o dualismo (em particular, o operacionalismo). Verificou-se que, enquanto os dois primeiros projetos são viáveis, o projeto subjetivista não se presta tão facilmente à generalização e ao aprofundamento e, de qualquer maneira, é irremediavelmente não comprovável, portanto não-científico. Quanto à versão de Copenhague, ela mostrou ser impossível sem contradição e quanto à formulação dualista (em particular, a operacionalista) ela mostrou ser impraticável. Mais uma vez, o realismo foi justificado como a única filosofia realística da física.

Por fim voltamos nossa atenção para a teoria da medida, que freqüentemente é apontada como a outra porta através da qual o espírito entra em nosso novo quadro do mundo. Constatamos que a teoria padrão (de von Neumann) é espectral em mais de um aspecto: mal existe como teoria realística de medidas reais e fala de um observador que é supérfluo, pois não ocorre em parte alguma nas fórmulas. Aqui, de novo, nossa análise preservou o realismo e, em particular, a banal e no entanto importante tese de que a física versa acerca de sistemas físicos – não obstante a fraseologia não realista que tão amiúde cerca as fórmulas físicas e as operações físicas.

Ora, há um certo número de concepções (dificilmente teorias) realistas do conhecimento. Qual é aquela que nossa análise semântica e metodológica ampara? A resposta é, por certo, o *realismo crítico*. Esta concepção se caracteriza pelas seguintes teses:

1. Há coisas em si mesmas, isto é, objetos cuja existência não depende de nossa mente. (Notem que o quantificador é existencial e não universal: artefatos é óbvio dependem de mentes.)

2. As coisas em si mesmas são cognoscíveis, embora de maneira parcial e por sucessivas aproximações mais do que de maneira exaustiva e de um só golpe.

3. O conhecimento de uma coisa em si é alcançado em conjunto pela teoria e pelo experimento, nenhum dos quais pode proferir veredictos finais sobre coisa alguma.

4. O conhecimento (conhecimento fatual) é hipotético mais do que apodíctico, portanto é corrigível e não final: embora a hipótese filosófica de existirem coisas lá fora, e passíveis de serem conhecidas, constitua pressuposições da pesquisa científica, qualquer hipótese científica acerca da existência de uma espécie especial de objeto, suas propriedades ou leis, é corrigível.

5. O conhecimento de uma coisa em si, longe de ser direto e pictórico, é circundante e simbólico.

Estas são todas as teses com que o realismo crítico *latu sensu* se compromete e todas que nossa análise apoia. Fora disto há muito lugar para elaborar genuínas teorias (sistemas hipotético-dedutivos) do conhecimento preservando e proferindo as teses precedentes. O realismo crítico conserva assim a distinção do século XVII, explorada por Kant, entre a coisa em si (tal como ela existe) e a coisa para nós (tal como é-nos conhecida), mas abandona as teses kantianas de que a primeira é incognoscível e que a coisa para nós é idêntica ao objeto fenomenal, isto é, com a aparência. Na verdade, o realismo crítico sustenta: a) que a coisa em si pode ser conhecida de maneira gradual e b) que a coisa para nós não é a que se apresenta aos sentidos mas a que é caracterizada pelo conhecimento científico. Além do mais, o realismo crítico não supõe que a coisa em si é cognoscível como tal, isto é, sem introduzirmos qualquer deformação (traços de remoção e/ou adição). O que distingue o realismo crítico de outras variedades de realismo é precisamente o reconhecimento de que uma tal distorção é inevitável, pois idéias não são algo que se encontra pré-fabricado: nós a excogitamos laboriosamente e as corrigimos incessantemente ou até renunciamos a elas inteiramente. Não haveria objetivo passar por este processo se fôssemos capazes de apreender objetos físicos (*e. g.*, elétrons e galáxias) exatamente como são – e menos ainda se estivéssemos aptos a criá-los no ato de pensá-los. E haveria pouca esperança no tocante ao futuro da ciência se, como a filosofia de Copenhague afirma, já tivéssemos alcançado a fronteira final – fenômeno quântico, não analisável, irracional. O realismo crítico encoraja-nos a olhar para além de qualquer teoria, por mais bem-sucedida e, portanto, perfeita que possa parecer em dada época. Em particular, encoraja a exploração de novas trilhas na física fundamental – que, todo mundo parece concordar com isso, pode utilizar algumas idéias radicalmente novas[41].

41. Escrito para a conferência sobre "Quantum Theory and Beyond" realizada na Universidade de Cambridge, Inglaterra, em julho de 1968, e lida como preleção sob o título "Foundations of Quantum Mechanics" no New Mexico Institute of Mining and Technology, Socorro, Novo México, agosto de 1968.

4. RELAÇÕES ENTRE AS TEORIAS FÍSICAS

4.1. Estado Atual do Problema

4.1.1. Três estudos paralelos

Assim como sucede com outros problemas metacientíficos, cientistas bem como filósofos têm contribuído para a literatura sobre as relações entre teorias. E, como de costume, os dois grupos envidaram o melhor de seus esforços para se ignorarem mutuamente. Neste caso específico também empenharam-se em ignorar um terceiro grupo, que é o mais articulado de todos: isto é, o dos lógicos e matemáticos que criaram o cálculo de sistemas dedutivos, a teoria do modelo e a teoria da categoria, e estudaram as relações formais entre sistemas hipotético-dedutivos. O resultado infeliz desta falta de comunicação entre os três grupos é que temos três conjuntos disjuntos de estudos. Constitui tarefa urgente dos metacientistas entrelaçar estes três fios separados com o fito de produzir um quadro unificado das relações interteorias.

Os cientistas preocupados com o problema têm tratado quase exclusivamente de um só tipo de relação interteorias, isto é, aquele que predomina quando duas teorias com aproximadamente o mesmo referente intencional apresentam extensões ou alcances diferentes, e quando certos parâmetros característicos de uma delas aproximam-se de um limite (*e. g.*, quando a velocidade da luz no vácuo vai para o infinito, ou quando a constante de Planck é colocada igual a zero). Embora este seja um caso interessante e importante, não exaure as relações entre teorias. Além do mais, ele não foi ainda tratado de uma maneira geral e rigorosa.

Os filósofos, de quem se espera que examinem todos os lados de um problema, concentraram-se na redução da teoria. Esta, embora do máximo interesse para a metafísica, é mais uma vez apenas um aspecto da questão. E, mesmo se restringindo a este aspecto, os filósofos com freqüência são culpados de super-simplificação: eles têm se descurado das dificuldades técnicas que surgem na maioria das tentativas de redução.

Por enquanto, foram os lógicos e metamatemáticos que fizeram as contribuições mais sólidas ao assunto. Mas não se poderia esperar que cobrissem o campo inteiro, que apresenta muitas regiões não formais. Compete ao filósofo juntar os vários pontos de vista.

4.1.2. A contribuição do filósofo

Os escritos filosóficos sobre a redução podem classificar-se em dois conjuntos disjuntos: aqueles que mencionam supostos casos de redução e os comentam sem ter certeza de que são genuínos e sem analisar o processo de redução[1], e aqueles que se dão ao trabalho de analisar alguns desses casos e portanto estão capacitados a oferecer observações das mais penetrantes. Em ambos os casos os filósofos interessados na redução parecem presumir que a ciência está inçada de reduções bem-sucedidas; que a termodinâmica foi inteiramente

1. L. Sklar, "Types of inter-theoretic reduction", *in Brit. J. Phil. Sci. 18*, 109, 1967. A maioria dos exemplos são espúrios, nenhum é analisado. A coisa toda é como uma taxonomia de animais míticos.

reduzida à mecânica estatística; que a mecânica do corpo rígido foi reduzido à mecânica da partícula; que a mecânica clássica foi reduzida à mecânica quântica; que toda a teoria relativística tem ao menos um e no máximo um limite não-relativístico, e assim por diante. Infelizmente, esta é também a impressão dada pela maioria das obras de divulgação, especialmente os compêndios elementares – a única fonte de informação acessível à maior parte dos filósofos. É pena que não seja esta a conclusão a ser tirada de uma vista d'olhos sobre a literatura original. De fato, nenhuma derivação rigorosa do segundo princípio da termodinâmica é até agora conhecida: só a termodinâmica do gás ideal – um caso especialíssimo – foi por ora reduzido à dinâmica molecular. Quanto aos corpos rígidos, a mecânica da partícula não pode responder por sua existência, uma vez que as "partículas" envolvidas são sistemas mecânico-quânticos e são colados por campos, que por sua vez são estranhos à mecânica da partícula. Tampouco a mecânica quântica produz a mecânica clássica em algum limite: ela recupera somente algumas fórmulas da mecânica da partícula, mas nada que diga respeito à mecânica do contínuo, que constitui o grosso da mecânica clássica. Finalmente, algumas teorias relativísticas não possuem limites não-relativísticos, enquanto outros possuem mais de um. Voltaremos a estes problemas mais tarde. Por ora basta dizer que na literatura filosófica não há qualquer exame pormenorizado dos supostos casos de redução de teoria à disposição de quem estude o assunto e que nada será produzido neste campo enquanto for ignorada a literatura técnica sobre a matéria.

Entretanto, alguns estudos filosóficos sobre a redução têm se mostrado fecundos. O mais importante e o de maior influência é o de Nagel[2]. De acordo com ele há dois tipos de redução: *homogêneo* e *inomogêneo*. No primeiro tipo, os domínios dos fatos das duas teorias envolvidas são do ponto de vista qualitativo homogêneos (*e. g.*, ambos lidam com redes neurais), ao passo que no segundo caso, não o são (*e. g.*, um lida com

2. E. Nagel, *The Structure of Science,* Nova York, Harcourt, Brace & World, 1961, cap. 11, e H. Feigl, *The "Mental" and the "Physical"*, Minnesota, University of Minnesota Press, 1967.

eventos mentais e o outro, com redes neurais). Correspondentemente, na redução homogênea todos os conceitos da teoria secundária ou reduzida T_2 comparecem na teoria primária ou redutora T_1. Por conseguinte, neste caso, a redução importa numa derivação lógica de T_2 a partir de T_1. Um exemplo disto é a redução de mecânica das partículas à mecânica de corpos deformáveis. De outro lado, a redução inomogênea diz respeito a dois campos de fatos qualitativamente diferentes, de modo que mesmo se uma redução é efetuada a teoria secundária T_2 não fica simplesmente subsumida à teoria primária T_1. Longe disto, aqui, ao menos, um conceito que aparece na teoria reduzida T_2 não aparece no conjunto de conceitos básicos da teoria redutora T_1. Por exemplo, os conceitos termodinâmicos de temperatura e entropia não se apresentam entre os conceitos básicos da teoria cinética dos gases. Portanto, não é possível efetuar, a partir desta última teoria, qualquer dedução de enunciados termodinâmicos. Com o fito de realizar a redução, cumpre introduzir postulados adicionais. Estas suposições adicionais, que não estão contidas nem em T_1 nem em T_2, ligam todos os termos peculiares de T_2 a alguns termos em T_1, razão pela qual podem ser chamados de elo-de-teoria ou hipóteses de ligação. Assim, na teoria cinética dos gases a relação entre a energia cinética média das moléculas e a temperatura tem de ser postulada, e esta assunção adicional não é uma definição mas uma nova hipótese sintética (fatual).

Até aí tudo bem. Mas tão logo a teoria secundária é assim enriquecida e devidamente organizada (isto é, axiomaticamente formulada), sua relação com a teoria primária torna-se puramente lógica. Em outras palavras, *a distinção homogêneo-heterogêneo é de natureza histórica ou heurística*: embora ocorra na fase da construção da teoria, desaparece na consideração metateórica dos produtos acabados. Por conseqüência, a obra pioneira de Nagel sobre a redução de teoria deveria ser reconstruída e expandida a partir da perspectiva axiomática. Pois, ainda que uma formulação axiomática não vá enriquecê-la talvez de um modo essencial, sempre há de clarificá-la e, em particular, irá facilitar a nítida formulação de problemas acerca da teoria.

4.1.3. Metas do presente trabalho

Este trabalho visa a dois objetivos. Um é mostrar que muitos problemas sobre relações interteorias, usualmente considerados como coisas resolvidas quer por cientistas quer por filósofos, mal foram colocados de maneira correta. Outro objetivo é expor a riqueza das relações interteorias, na expectativa de que isto possa servir de lembrete sobre a complexidade e sobre a situação de atraso do problema, portanto como estímulo para uma abordagem profunda e unificada da questão. Assim não estamos apresentando uma *teoria* geral das relações interteorias – uma vez que nenhuma teoria assim é disponível – mas oferecendo, em seu lugar, uma revisão crítica do que foi feito e um apanhado das tarefas à nossa frente.

4.2. Relações Assintóticas Interteorias

4.2.1. A noção intuitiva: sua inadequação

A situação habitual em ciência é pré-axiomática. Mesmo quando se comparam duas ou mais teorias concorrentes, elas são raramente, se alguma vez o são, formuladas de um modo ordenado. Portanto, em vez de executar uma comparação *sistemática* de teorias inteiras, confrontam-se dois ou mais punhados de conceitos e enunciados típicos. Esta análise fragmentária é então empregada como uma plataforma de lançamento de conclusões gerais sobre as relações lógicas entre as teorias.

Além disso, a comparação de teorias fica muitas vezes restrita aos valores *assintóticos* de certas funções ou às formas assintóticas de certos enunciados, como, por exemplo, quando se diz que a geometria Riemanniana se aproxima da geometria Euclidiana, assim como um tensor métrico tende para um tensor diagonal constante, ou quando uma teoria relativística especial *RE* chega perto da teoria não-relativística correspondente *NR*, quando as velocidades v envolvidas são desprezíveis se comparadas à velocidade c da luz no vácuo. O metateórico amador tratará então a teoria como um todo e, mais ainda, *como se* ela fosse uma função, escrevendo

$$\lim_{v \ll c} RE = NR \qquad [1]$$

e, em geral,

$$\lim_{p \to a} T_1 = T_2 \qquad [2]$$

onde p é algum parâmetro característico. Mas isto é certamente apenas uma *metáfora*, pois uma teoria não é uma função mas um conjunto de enunciados. Ademais, a redução (de T_2 para T_1) *nem* sempre é realizada como se fosse um parâmetro que se aproximasse de algum valor limite.

4.2.2. Limites não-relativísticos: às vezes inexistentes, às vezes múltiplos

Acredita-se, em geral, que toda teoria relativística tem precisamente um limite não-relativístico, de modo que se este é retirado, todos os "efeitos" de segunda ordem e de ordem superior ficam perdidos, mas, de outro lado, a massa dos fatos, os "efeitos" de primeira ordem, são mantidos. Mostraremos agora que, enquanto algumas teorias relativísticas não têm "limite" não-relativístico, outras têm mais do que um, de modo que a crença ora em exame é falsa.

A teoria eletromagnética de Maxwell para o espaço vazio é uma teoria relativística – mais ainda, ela o foi *avant la lettre* – e uma das que não possui limite não-relativístico. De fato, as equações básicas desta teoria não contêm velocidade mecânica v, não havendo portanto sentido em considerar o limite das funções envolvidas para $v \ll c$. E, considerar o seu limite para c tendendo ao infinito, não faz sentido, tampouco, pois nos deixa com a subteoria de campos estáticos, eliminando a peculiaridade do eletromagnetismo, ou seja, a indução eletromagnética. Em suma, não há aproximação não relativística da teoria eletromagnética de Maxwell: há apenas subteorias não-relativísticas da eletrostática e magnetostática, e aproximações não-relativísticas da eletrodinâmica (o que é uma outra história). Este simples resultado metateórico é importante porque estoura os mitos (a) de que a relatividade é apenas uma questão de "efeitos" de ordem superior (um refinamento necessário somente para fenômenos de alta energia) e (*b*), de que toda teoria relativística tem um "limite" não-relativístico que cobre essencialmente o mesmo terreno.

No que diz respeito à existência de múltiplos limites não-relativísticos, o caso mais simples é o da relatividade geral, ou *RG* para abreviar. *RG* passa para *RE* na gravitação desvanecente (de maneira equivalente: no espaço todo), mas passa para a teoria clássica da gravitação *GC* (de Newton e Poisson) para campos estáticos fracos e movimentos lentos. (Na realidade há um terceiro limite, isto é, para um tensor de matéria desvanecente. Neste caso o espaço-tempo pode ser ainda Riemanniano, e não se obtém qualquer teoria física prévia, pois não restam nem matéria nem campos eletromagnéticos. Mas este caso parece não ter um interesse físico, quer porque não corresponde a nenhuma situação real quer porque não concorda com nenhuma teoria física anterior: é fatualmente um limite vazio.)

Vale notar que o limite *GC* de *RG* não é obtido deixando-se *c* ir para o infinito em todas as fórmulas. De fato, uma forma especial de se conseguir este limite clássico (ou antes semiclássico) é tomar todos os coeficientes do tensor matéria iguais a zero exceto a componente 00, que é tomada igual a m_0c^2. A existência de dois limites diferentes e não-vazios da *RG* é também de interesse pelo fato de vindicar a pretensão de Einstein (contestada por Fock) de que *RG* é uma generalização de *RE*; mas por aí também é dado, em parte, razão a Fock ao pretender que *RG* é uma generalização de *GC*. Enquanto o princípio de um só limite for mantido, tanto Einstein quanto Fock serão considerados como donos de toda a verdade sobre a natureza de *RG*. Por fim, se uma teoria quântica da gravitação fosse bem-sucedida, teria presumivelmente pelo menos dois limites diferentes: *RG* quer para $h \to$ o quer para $T \mu \nu = T \frac{\mathrm{MQ}}{\mu\nu}$ e MQ relativístico para a gravitação desvanecente.

Quanto à teoria quântica do elétron de Dirac, há duas maneiras de se obter para ela um "limite" não-relativístico. Uma, é o procedimento padrão de negligenciar todos os operadores cujos autovalores (ou cujos valores médios) são de segunda ordem em *v*/*c* ou de ordem mais alta; a outra, é conservar esses operadores, abandonando-se as "pequenas" componentes do espinor de estado, isto é, aquelas que são da ordem de v/c vezes as componentes "grandes" do espinor. Não é de surpreender que sejam obtidos dois "limites" inteiramente diferentes: o primeiro procedimento fornece essencialmente a teoria não-relativística de Pauli sobre a "partícula" gerante, (*spinning*), ao passo que o segundo leva a uma equação que contém um termo *spin*-órbita ausente do primeiro. Este segundo limite parece ser fatualmente vazio. O que refuta um princípio mais popular, isto é, de que todo "limite" de uma dada teoria cobre um subconjunto de fatos da primeira. Quanto ao segundo "limite" (a teoria de Pauli), ela a reduz à teoria de Schrödinger quando se abandona o operador de *spin*.

Por ora a situação pode ser resumida como se segue

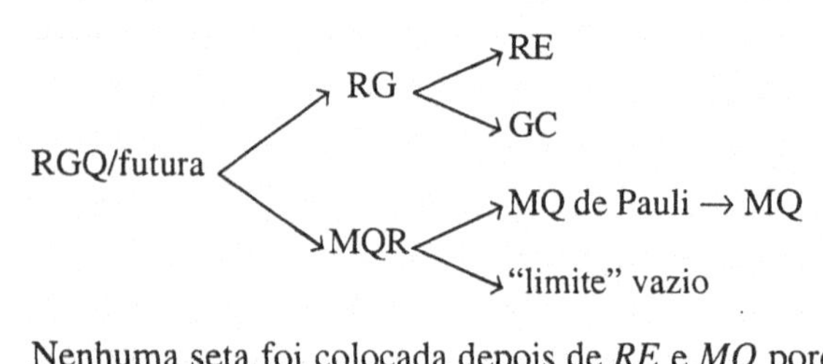

Nenhuma seta foi colocada depois de *RE* e *MQ* porque as relações destas teorias gerais com as teorias mais especiais a elas subordinadas, segundo se supõe, não são por enquanto muito bem entendidas. Em particular, não se sabe como obter o conjunto da mecânica clássica (isto é, a mecânica do contínuo) a partir da *RE* ainda que todo compêndio, portanto, quase todo filósofo da ciência, considere esta redução como um *fait accompli*.

4.2.3. A teoria assintótica pode não coincidir com a teoria mais antiga

Acabamos de estourar, por meio de contra-exemplos, o mito dos compêndios segundo o qual toda teoria relativística desemboca numa única teoria clássica não-vazia quando $c \to \infty$ (ou, melhor, para $v << c$). Mais ainda, a aproximação não-relativística resultante pode reter alguns termos tipicamente relativísticos, de modo que não seria possível concordar em pormenor com a correspondente teoria clássica. Vimos isto no tocante à transição $RG \rightarrow GC$. A relatividade especial apresenta um caso similar: no movimento lento de aproximação a energia total de uma partícula reduz-se à energia em repouso m_0c^2 em vez de desaparecer, como deveria ser, de fato, se a dinâmica relativística especial concordasse com a dinâmica clássica para pequenas velocidades. Além disso, a teoria mais fraca pode conter traços totalmente alheios à teoria mais forte. Assim, as leis de simetria (e as correspondentes equações de conservação) características de *RE* não têm contrapartida na *RG*, pois os espaços de Riemann são desprovidos de simetrias em geral. Em outras palavras, a teoria mais fraca pode não estar incluída na mais forte ainda que as duas tenham uma intersecção não-vazia – pois do contrário o próprio conceito de teoria mais forte seria inaplicável.

Pareceria, então, que em vez de nos havermos com pares de teorias, uma teoria clássica *C* e uma teoria revolucionária *R*, na realidade nos defrontamos com estas e mais um conjunto *NR* de "limites" não-revolucionários de *R* – onde "revolucionário" representa "relativístico", "mecânico-quântico", ou talvez alguma futura espécie de teoria. As relações entre essas três teorias, consideradas como conjuntos de fórmulas, seriam aparentemente as que seguem:

$$NR \subset R, \text{ e } C \cap NR \neq \varnothing \qquad [3]$$

Tais metateoremas extraordinariamente modestos, por mais plausíveis que sejam, não foram provados, nem mesmo em um só uso. No entanto, fórmulas assim, mais do que as mal formadas fórmulas [1] e [2], fazem sentido e poderiam concebivelmente ser provadas – não antes porém da axiomatização das teorias envolvidas.

4.2.4. Os limites clássicos da teoria quântica: não bem conhecidos

A situação é ainda mais complicada na teoria quântica. Neste caso, pode-se fazer as seguintes comparações: (*a*) autovalores quânticos teóricos vs. valores clássicos possíveis;

(*b*) médias quânticos-teóricas vs. valores clássicos possíveis; (*c*) operadores quânticos-teóricos vs. variáveis dinâmicas clássicas. As duas primeiras comparações não são tão fáceis de efetuar como se crê em geral. Para começar, que teoria clássica deve ser escolhida: mecânica clássica das partículas, mecânica clássica do contínuo, eletrodinâmica clássica, ou o que? Depois, que limites cumpre adotar? Tomar a constante de Planck igual a zero – e então perder o *spin*, que tem um parceiro clássico? Ou tomar massas muito grandes – coisa que não tem sentido para um sistema de um só corpo? Ou, enfim, dever-se-ia tomar a aproximação para número quântico grande – que só tem sentido para estados ligados (espectros discretos)? Quanto às próprias variáveis dinâmicas, tudo o que se consegue são algumas analogias, heuristicamente férteis mas não mais do que isto. A comparação quântico-clássica, em suma, está longe de ser um assunto muito simples.

Uma das dificuldades da comparação é que o espaço de Hilbert infinitamente dimensional, representando os estados do sistema, não tem limite clássico. Neste sentido, a *MQ* é muito mais radicalmente nova do que qualquer outra teoria não-clássica. (Apenas a fase do vetor de estado de um sistema parece clássica, pelo fato de sua equação de evolução ser similar a uma equação clássica de Hamilton – Jacobi. Mas então a segunda não precisa se referir a um sistema mecânico.) Se alguém enfoca o vetor de estado esquecendo os operadores, ele tenderá a interpretar a *MQ* como uma teoria de campo ou ondulatória, ao passo que se enfocar as variáveis dinâmicas, ele tenderá a interpretar a *MQ* como uma teoria singular de partículas esquisitas. Mas, é claro, estes são apenas análogos clássicos parciais: a teoria como um todo não consegue ter um análogo clássico.

Além do mais, a *MQ* e a *MC* não foram feitas para enfrentar os mesmos problemas: a primeira não foi estruturada para propor e responder questões de dinâmica, como a trajetória de um elétron em um sistema com fenda. Os construtores da *MQ* depararam-se essencialmente com a tarefa de explicar a própria existência, a estrutura e os espectros de átomos. O resto – uma dinâmica peculiar, uma teoria molecular e uma teoria nuclear – veio como um bônus. Conseqüentemente os fundadores da *MQ* não ampliaram a mecânica, a ciência do movimento. A nova teoria foi denominada *mecânica* provavelmente por causa da crença errônea (a) de que qualquer teoria Hamiltoniana é mecânica e (b) de que a teoria fundamental deve ser uma espécie de mecânica mais do que, digamos, uma teoria do campo. No entanto, os fundamentos da *MQ* são amiúde discutidos à luz de experimentos (imaginários) relativos ao movimento de "partículas" através de sistemas de fendas. Não é de se admirar que tais discussões sejam estéreis.

Seja como for, o diagrama de redução das teorias quânticas da matéria, mecânica quântica básica *MQ* e mecânica estatística quântica *MEQ*, são freqüentemente consideradas como tendo a seguinte forma[3]:

$$\begin{array}{ccc} MEQ & \longrightarrow & MQ \\ \downarrow & & \downarrow \\ MEC & \longrightarrow & MC \end{array}$$

onde '*MEC*' e '*MC*' representam, respectivamente, a mecânica estatística clássica e a mecânica clássica. Infelizmente, ninguém parece haver *provado* que tais relações sejam obteníveis. Para começar, não se dispõe de nenhuma prova rigorosa da redução da *MEC* à *MC* (ver, contudo, Sec. 4.2, 4.2.6, para uma tentativa neste sentido). Tampouco há qualquer prova de que a *MQ* passe para a *MC*. As únicas provas disponíveis concernem a alguns enunciados isolados, como os teoremas de Ehrenfest e algumas fórmulas a envolver números quânticos totais. Mas isto não chega a ser uma prova sistemática para a teoria toda. Ademais, embora a *MQ* seja costumeiramente comparada à mecânica clássica de *partículas* (pois hoje em dia somente os engenheiros estão familiarizados com o conjunto da mecânica), parece óbvio que ela deveria antes ser comparada à mecânica do *contínuo*, tanto por causa da ocorrência de condições de contorno quanto pelo fato de que nas teorias quânticas relativísticas é possível definir tensores de tensões. Também, ao contrário das teorias quânticas do cam-

3. Para certo número de enunciados como estes, ver L. Tisza, "The conceptual structure of Physics", *in Rev. Mod. Phys. 35*, 151, 1962, e M. Strauss, "Intertheory relations", no mesmo volume.

po e ao contrário da *MC*, a *MQ* pressupõe e emprega a teoria eletromagnética clássica de Maxwell. Portanto ela não poderia possivelmente passar para a *MC* em qualquer dos "limites clássicos" discutidos acima, a não ser que se efetuasse a restrição ulterior de anular campos – caso em que não se poderia explicar a própria existência de corpos. Finalmente, é possível argumentar que a *MQ* é um limite da *MC* enriquecida com certas assunções estocásticas concernentes, por exemplo, a uma força aleatória exercida sobre o sistema pelo meio[4]. Em suma, sabemos pouquíssimo sobre as relações *MQ-MC*. E constitui erro pretender que as entendemos, pois isto impede qualquer investigação séria da matéria.

4.2.5. A relação determinístico-estocástica

Sendo tudo o mais igual, uma teoria estocástica (E) é logicamente mais forte do que a correspondente teoria ou teorias não-estocásticas (NE): $NE \subset E$. "O(s) limite(s)" não-estocástico(s) de uma teoria estocástica pode(m) ser obtido(s), em princípio, por um ou outro dos seguintes caminhos não equivalentes. Um, é o de tomar o conjunto de todas as probabilidades ocorrentes na teoria estocástica igual a 0 ou a 1 – ou, de maneira mais geral, considerar as várias distribuições de probabilidades como estando concentradas em suas médias. O outro procedimento é o de substituir todas as variáveis aleatórias por outras não-aleatórias; por exemplo, substituir

$$\frac{dX}{dt} = k X \quad \text{ou} \quad X_{t+1} - X_t = k X_t \qquad [4]$$

por

$$\frac{dp}{dt} = k p \quad \text{ou} \quad P_{t+1} - P_t = k p_t \qquad [5]$$

Não há, é claro, nenhuma garantia de que um dos dois métodos irá produzir um resultado razoável, isto é, uma teoria mais fraca que funcionará ao menos para uma primeira aproximação. Em particular, para que o primeiro método funcione, as médias precisam ser realmente ou aproximadamen-

4. Peña-Auerback, L. de la. "A new formulation of stochastic theory and quantum mechanics".

te estáveis. No entanto, somente o primeiro método há de fornecer uma teoria contida na teoria estocástica dada. De fato, neste caso, a teoria mais fraca é obtida sem alteração dos conceitos básicos, enquanto o segundo método envolve mudança na natureza de alguns dos conceitos básicos: não é apenas uma especialização da teoria estocástica dada mas uma teoria radicalmente nova. Daí ser mais provável que seja mais útil do que o primeiro método.

O caso da alegada redução da termodinâmica à mecânica estatística merece uma seção especial.

4.2.6. A redução da termodinâmica: um programa, mas não um fato

Em livro de texto o paradigma da redução de teoria é, por certo, a pretensa redução da termodinâmica à mecânica estatística. Isto é em geral realizado, ou antes tentado, mediante o enriquecimento das equações básicas da mecânica clássica do ponto material (que erradamente se supõe dar conta do comportamento de átomos e moléculas) com hipóteses estocásticas concernentes a condições iniciais caóticas ou antes, relativas à irrelevância do estado inicial preciso. Seria de surpreender se esta artimanha funcionasse em geral, pois sabe-se que os átomos e as moléculas não são massas puntiformes sem estrutura, mas sistemas mecânico-quânticos enormemente complexos aglutinados por campos, que são entidades não-mecânicas.

Na realidade, o truque, em geral, não funciona: de fato, somente a teoria cinética elementar – que ignora a segunda lei da termodinâmica – e algumas fórmulas termodinâmicas foram obtidas desta maneira. A termodinâmica como um todo, e particularmente a segunda lei, que é seu traço mais característico, não foi reduzida à mecânica de partículas – nem, por esta razão, à dinâmica de fluidos, à mecânica de corpos deformáveis e a outros ramos da física do contínuo. A redução da termodinâmica não é um fato mas um programa. Um bom programa porém irrealizado.

Além disso, não há acordo entre os especialistas quanto ao modo de efetuar em geral uma redução bem-sucedida da termodinâmica – não apenas para gases em intervalos muito especiais de pressão e temperatura. Uma linha possível de ataque é tentar conseguir termodinâmicas e outras teorias da matéria maciça a partir da *MC* sem a ajuda de quaisquer das costumeiras hipóteses estocásticas auxiliares, mostrando que estas últimas são redundantes, sendo acarretadas pelas leis mecânicas básicas do movimento. É a tese de Grad[5]. Em particular, Grad pretende que é desnecessário introduzir perturbações aleatórias provenientes do mundo externo para explicar a irreversibilidade – da maneira como Blatt, Kac e outros propuseram. O acréscimo de hipóteses acessórias (usualmente estocásticas), tais como as do caos molecular, e de que a probabilidade prévia é proporcional ao volume no espaço de fase, é considerada por Grad como conveniente e possivelmente inevitáveis no presente estado do saber, mas dispensável em princípio, pois o caráter aleatório nasceu da ação recíproca de numerosas entidades de um certo tipo, mas do que da necessidade de ser injetada de fora. As atuais dificuldades para provar que isto é assim, ou seja, que as leis do movimento são suficientes para reproduzir todas as feições estocásticas, seriam apenas técnicas: diriam respeito somente à manipulação de grandes sistemas de equações diferenciais, algumas de cujas propriedades se aproximam do comportamento aleatório. Se Grad está certo, então a redução (de alguns capítulos) da termodinâmica à mecânica é antes homogênea do que heterogênea (ver Sec. 4.1, 4.1.2).

Pois bem, o caráter racional do programa de Grad é aparentemente duplo. Um é puramente técnico, isto é, a maneira insatisfatória pela qual a maioria das suposições estocásticas são introduzidas e a matemática desleixada que a maioria das aproximações envolve. A segunda razão parece filosófica: até agora, a redução alcançada (que é mínima e ainda assim questionável) é do tipo heterogêneo, ao passo que se a mecânica fora encarada como a teoria básica, a redução deveria ser homogênea, isto é, deveria ser uma dedução direta.

De todo modo, Grad já conseguiu alguns resultados notáveis e seria preciso esperar por outros mais antes de firmar

5. H. Grad, "Levels of description in statistical mechanics and thermodynamics", *in* M. Bunge, (ed.), *Delaware Seminar in the Foundations of Physics*, Nova York, Springer-Verlag, 1967.

julgamento sobre o seu modo de tratar o problema da redução. Uma coisa, no entanto, parece difícil de contestar: como os constituintes elementares da matéria maciça não se comportam de forma clássica mas antes de modo mecânico-quântico, a matéria maciça não pode ser explicada em termos de partículas clássicas, esferas duras e outros modelos clássicos. O que é mister procurar é por uma derivação da mecânica do contínuo e da termodinâmica a partir da *MQ*. Trata-se de um problema aberto, ainda que os físicos assim como os filósofos alimentem, em sua maioria, a ilusão de que uma tal derivação já foi efetuada.

4.2.7. Uma conclusão desalentadora

A conclusão de nosso rápido exame da noção intuitiva ou assintótica de relação interteorias é desapontadora: a relação assintótica não foi rigorosamente elucidada, ela é muito mais complexa do que em geral se presume e, o que é pior, está longe de ter sido estabelecida em casos que popularmente são tidos como encerrados. Os belos diagramas de redução que aparecem na literatura científica e metacientífica são em grande parte duvidosos e, de todo modo, não foram analisados.

Voltemo-nos para outras espécies de relações interteorias, melhor entendidas.

4.3. Relações Formais Interteorias

4.3.1. As possíveis relações formais

Encaradas de um ponto de vista puramente formal (lógico-matemático), duas teorias relacionadas podem ter as seguintes relações: (*a*) de isomorfismo ou, mais geralmente, de homomorfismo; (*b*) de equivalência lógica (mas não necessariamente semântica); (*c*) de inclusão e (*d*) de superposição parcial. (Se a superposição for vazia, as teorias não se relacionam entre si.) Com o fito de descobrir qual dessas situações predominam em um dado caso, as teorias envolvidas têm de ser axiomatizadas, pois do contrário não se sabe exatamente o que está sendo comparado.

Ora, a primeira coisa a fazer quando se apresenta uma fundamentação axiomática de uma teoria é mostrar sua base primitiva ou seu conjunto de conceitos básicos (não definidos). Excetuando teorias elementares ou de primeira ordem, que são insuficientes na ciência fatual, a base primitiva de uma teoria fatual T expressa na linguagem de uma teoria de conjuntos consiste de uma n-pla formada dos seguintes conceitos: um conjunto Σ e n-1 predicados específicos básicos Pi e mutuamente independentes (não interdefiníveis). O conjunto Σ, às vezes um produto cartesiano de dois ou mais conjuntos, é a classe de referência de T, isto é, a coleção de sistemas a que T, segundo se supõe, diz respeito. E o predicado m-ário, P_i^m, representa a i-ésima propriedade dos membros de Σ. Mais precisamente, se $\sigma_1, \sigma_2, ..., \sigma_m$ estão em Σ, então $P_i^m (\sigma_1, \sigma_2, ..., \sigma_m)$ vale em T ou não vale em T, e se valer e se T for fatualmente verdadeiro, então a fórmula valerá também para as próprias coisas. (Esta caracterização da base de uma teoria fatual é ingênua, pois envolve o conceito de verdade total. Mas sua extensão para o caso de verdade parcial, que é o caso realista, não precisa nos preocupar aqui.)

Conseqüentemente, dadas duas teorias, T_1 e T_2, sua comparação sistemática começa pela comparação de suas bases primitivas

$$B(T_1) = \langle \Sigma_1, P_1 \rangle \text{ e } B(T_2) = \langle \Sigma_2, P_2 \rangle \qquad [6]$$

onde os P, agora, designam feixes inteiros (na realidade seqüências) de predicados.

4.3.2. Isomorfismo e homomorfismo

Duas teorias são isomorfas (homomorfas) se houver uma correspondência um-um (muitos-um) entre suas respectivas classes de referência e conjuntos de predicados, de tal modo que a estrutura destes conceitos básicos seja preservada, isto é, que conjuntos são feitos para corresponder a conjuntos, predicados unários a predicados unários; e assim por diante.

A natureza precisa de uma tal correspondência depende da estrutura dos predicados básicos de modo que não é possível dar qualquer definição geral de isomorfismo (ou de homomorfismo), ou seja, uma que possa ajustar-se a toda e qualquer teoria fatual. E cada definição especial requer a axiomatização prévia da teoria, pois do contrário seus conceitos primitivos não estarão individualizados. (A forma precisa dos axiomas é irrelevante quando o propósito é provar o isomorfismo ou o homomorfismo: o que é essencial é que a base primitiva seja dada e que no grosso a estrutura de seus componentes seja esboçada.)

Pois bem, há apenas um único caso na literatura física em que foi reivindicado o isomorfismo de duas teorias. É o da mecânica ondulatória (ou "representação" de Schrödinger da *MQ*) e da mecânica matricial (ou "representação" de Heisenberg de *MQ*). Entretanto, a prova disponível está longe de ser rigorosa, pois qualquer prova de isomorfismo requer tanto a prévia axiomatização das teorias envolvidas quanto a introdução de uma definição *ad hoc* do isomorfismo de teoria – nenhuma delas disponível quando a prova de isomorfismo foi apresentada há quarenta anos. A prova foi então mais heurística do que formal. Além disso, existe a suspeita, expressa por Dirac em anos recentes, de que as duas teorias não são equivalentes. O que, se for verdade, deveria constituir uma advertência a mais de que os problemas da pesquisa dos fundamentos não deveriam ser atacados de uma forma amadorística.

4.3.3. Equivalência

Duas teorias com bases primitivas diferentes e, ademais, definitivamente heteromorfas, podem ainda assim continuar compartilhando todas as suas fórmulas. As dinâmicas hamiltoniana e a lagrangiana encontram-se neste caso: embora tenham estruturas diferentes por causa de suas diferentes bases primitivas, suas fórmulas são traduzíveis umas nas outras sempre que seja fornecido o código adequado de tradução (por exemplo, $H = p\dot{q} - L$). Em outras palavras, como conjuntos de fórmulas, estas teorias são a mesma teoria. Isto é válido, por certo, para quaisquer duas outras formulações diferentes ou apresentações da mesma teoria: embora possivelmente heteromorfas, são logicamente equivalentes.

4.3.4. Inclusão ou redução formal

T_2 é uma *subteoria* de T_1 (equivalentemente: T_1 é uma *extensão* de T_2) se (*a*) T_2 for uma teoria, isto é, um conjunto de fórmulas fechado sob dedução – do qual nem todo subconjunto de T_1 será, e (*b*) se todas as fórmulas de T_2 forem também de T_1, mas não inversamente. Para expressá-lo de outra maneira, seja $T_1 \dot{+} T_2$ a união de T_1 e T_2 no sentido de Tarski[6]; isto é, seja $T_1 \dot{+} T_2$ o conjunto de conseqüências lógicas da união de T_1 com T_2. Então poderemos dizer que

$$T_2 \text{ é uma subteoria de } T_1 =_{df} T_1 \dot{+} T_2 = T_1 \qquad [7]$$

i. e., T_2 nada acrescenta a T_1. Em outras palavras, T_2 está, como um conjunto, incluído em T_1, somente no caso em que T_1 implica T_2 sem maior dificuldade ulterior, isto é, sem a adjunção de hipóteses subsidiárias. Vemos então que a redução homogênea no sentido de Nagel (ver Sec. 4.1, 4.1.2) coincide com a inclusão.

Nenhuma das definições anteriores da inclusão de teoria é eficaz como critério para estabelecer inclusão de teoria, pois envolvem conjuntos infinitos de fórmulas. Somos forçados então a recorrer às bases primitivas das teorias, que são conjuntos finitos: de fato, elas são n-plas. (ver Sec. 4.3, 4.3.1). *Grosso modo*, pode-se dizer que T_2 é uma subteoria de T_1 se a base primitiva de T_2 estiver contida na de T_1, e se todo axioma de T_2 for uma fórmula válida de T_1. Mais precisamente, T_2 é chamada uma subteoria de T_1 somente quando (*a*) $B(T_2) \subseteq B(T_1)$ (ver fórmulas [6]), e (*b*) para todo predicado básico P_i^m em T_2, se P_i^m $(\sigma_1, \sigma_2, ..., \sigma_m)$ valer em T_2, valerá também em T_1.

(Em geral os dois sistemas relacionais $B(T_1)$ e $B(T_2)$ não serão similares no sentido de Tarski[7]. Daí porque não será

6. A. Tarski, "Foundations of the calculus of systems", 1935-1936, reeditado em *Logic, Semantics, Metamathematics*, Oxford, Clarendon Press, 1956).

7. A. Tarski, "Contributions to the theory of models. I", *in Indagationes*

satisfeita uma condição necessária para que um deles seja um subsistema do outro, mesmo que a relação de subteoria em nosso sentido seja válida. Quer dizer, é suficiente mas não necessária, para T_2 ser uma subteoria de T_1, que $B(T_2)$ seja um subsistema de $B(T_1)$.)

4.3.5. *Construtos persistentes, restritos e novos*

Há três possibilidades para um construto (conceito ou enunciado) em relação às várias extensões de uma dada teoria.

a. *Persistência*: o construto presente na teoria fraca pertence também a toda extensão desta[8]. Exemplo: o conceito de velocidade em *MC* e nas suas extensões não quânticas. (Como vimos na Sec. 2.4, a *MQ* não pode ser encarada como uma extensão da *MC*.)
b. *Extensão*: o construto é expandido de uma teoria para a outra: se for uma função, ela é definida sobre um domínio mais amplo ou recebe um âmbito maior; se for um enunciado, sua pretendida extensão é alargada. Exemplo: o conceito de massa na mecânica relativística em comparação com o da mecânica clássica.
c. *Emergência*: o construto é recém-introduzido em uma das extensões da teoria fraca, de tal maneira que não tem parceiro nesta última. Exemplo: o conceito de campo é emergente com respeito à mecânica clássica.

Segue-se que, com o fito de obter uma *subteoria* de qualquer teoria dada, pode-se tentar cada um dos dois movimentos que seguem, ou todos.

a. *Restrinja* uma ou mais de uma das funções originais a um domínio mais restrito – *e. g.*, substitua o conjunto contínuo que representa um corpo por uma coleção de pontos isolados e, conseqüentemente, faça as funções de densidade tomar a forma de deltas.

Math. 57, 572, 1954. Para $B(T_2)$ ser um subsistema de $B(T_1)$, é necessário que sejam similares e serão similares desde que sejam da mesma ordem e, ademais, que os predicados correspondentes sejam do mesmo grau.

8. No que tange ao conceito de enunciado persistente, ver A. Robinson, *Complete Theories*, Amsterdã, North-Holland, 1956, p. 12.

b. *Abandone* inteiramente alguns dos conceitos primitivos e risque os axiomas em que eles ocorrem – *e. g.*, abandone o tensor de tensão (de preferência a tomá-lo como igual a zero) como um passo para reaver a mecânica de partículas, a partir da mecânica do contínuo.

Não se pode recorrer a quaisquer táticas similares para achar a extensão de uma dada teoria. O que temos de fazer é uma coleção de regras heurísticas, que podem ou não funcionar, para relativizar teorias não-quânticas e para quantizar teorias não-relativísticas. Mas elas não nos preocupam aqui. Devemos agora prosseguir, rumo às relações não-formais interteorias.

4.4. Relações Interteorias Semânticas

4.4.1. A relação de pressuposição

Toda teoria científica é "baseada" em algumas outras teorias, tanto formais (lógicas e matemáticas) quanto não-formais. Assim a óptica geométrica fundamenta-se na geometria euclidiana (bem como em outras teorias), no sentido de que a primeira faz livre uso desta – na realidade ela contém toda a geometria euclidiana. Dizer que uma teoria *A* é *baseada em* outra teoria *B*, significa que *A* pressupõe *B*, isto é, que *B* pertence ao plano de fundo de *A*. E uma teoria *A pressupõe* outra teoria *B* somente no caso em que são satisfeitas as seguintes condições:

a. *B* é uma condição necessária para o significado ou a versossimilhança de *A*, porque *A* contém conceitos que são elucidados em *B*, ou enunciados que são justificados em *B*, e
b. *B* não é questionada enquanto *A* está sendo construída, elaborada, criticada, testada ou aplicada – isto é, *B* é dada como certa, *pro tempore*, na medida em que *A* está envolvida[9].

9. M. Bunge, *Scientific Research*, Nova York, Springer-Verlag, 1967, vol. 1, p. 226.

A relação de pressuposição tem então três lados: um aspecto lógico e um semântico (dos quais ambos são atendidos pela condição *a* acima) e um lado metodológico. Este último é o mais fácil de entender: ninguém jamais questiona tudo ao mesmo tempo, mas o questionamento é feito peça por peça. Quanto aos aspectos lógico e semântico da relação de pressuposição, a melhor maneira de trazê-los à luz é pela axiomatização de uma teoria *A*, pois o passo de ordem zero deste processo de reorganização e arrumação é a exibição de todo o plano de fundo *B* de *A*. Se isto fosse realizado com maior freqüência, as teorias científicas seriam melhor entendidas. Assim tão-somente quando a cinemática relativística recebeu uma formulação axiomática, é que se percebeu que o eletromagnetismo de Maxwell a antecede, pois sem este plano de fundo a cinemática relativística especial não é nem significativa nem verdadeira[10]. Se tais fatos concernentes às relações interteorias fossem melhor conhecidas, não estaríamos inundados de livros sobre relatividade que começam ou com a mecânica clássica ou com as transformações de Lorentz, de preferência, às equações de Maxwell.

4.4.2. Pressuposição e prioridade

A noção acima de pressuposição de teoria relaciona-se com o conceito mais fraco de *prioridade de teoria* tal como esboçado por Church[11]. Assim a lógica antecede à matemática num sentido fraco, pois fornece uma estrutura lingüística para o discurso matemático e mantém as inferências matemáticas sob controle. Mas – com a permissão do logicismo – a lógica não precede a matemática no sentido *forte* de que ela é suficiente para construir as matemáticas: de fato, toda teoria matemática, até a mais pobre (*e. g.*, a teoria da ordem parcial)

10. M. Bunge, "Physical axiomatics", *in Rev. Mod. Phys. 39*, 463, 1967.

11. A. Church, "Mathematics and logic", *in* E. Nagel, P. Suppes e A. Tarski (eds.), *Logic, Methodology and Philosophy of Science*, Stanford, Stanford University Press, 1962.

tem pelo menos um predicado extralógico. De outro lado, a teoria dos conjuntos é, até agora, anterior a quase todo o resto da matemática no sentido *forte*, pois subministra os tijolos básicos específicos (*e. g.*, os conceitos de conjunto, *n*-pla e função) empregados na edificação de quase todas as teorias matemáticas. (Antes do nascimento da teoria da categoria era possível sustentar que a totalidade da matemática era redutível à teoria dos conjuntos.)

Cabe notar que o conceito semântico de pressuposição não coincide com o conceito pragmático ou psicológico de prioridade. Assim a matemática pressupõe a lógica do ponto de vista semântico mas a matemática em geral vem antes quer histórica quer metodologicamente, no sentido de que ela motivou a maior parte da lógica moderna e de que ainda proporciona o principal controle e a justificação maior para a pesquisa lógica. Com muita freqüência, a relação semântica de pressuposição corre em sentido contrário ao da direção pragmática ou histórica. Assim, embora a mecânica das partículas venha antes da mecânica do contínuo, esta não pressupõe a primeira, mas antes ao contrário.

Observe-se também que o conceito de pressuposição deve ser mantido à parte do conceito de implicação[12], quer sintático (|–) ou semântico (||–). Se *A* é dedutível de *B* então obviamente *A* pressupõe *B* em nosso sentido, pois *B* é uma suposição sob a qual *A* é válido. Mas a inversa não vale necessariamente: *A* pode não seguir só de seu plano de fundo *B* – e, na realidade, em geral, não segue. Assim a teoria dos conjuntos, que pressupõe a lógica, não é acarretada por esta. Do mesmo modo, a mecânica não segue só da matemática e a cinemática relativística requer postulados próprios em adição aos da teoria eletromagnética clássica.

12. De outro lado, B. van Fraassen, "Presupposition, implication, and self-reference", *in J. Phil. 65*, 136, 1968, introduz uma noção de pressuposição dependente da noção de implicação: ele estipula que *A* pressupõe *B* se tanto *A* quanto não-*A* implicam *B* semanticamente. Crítica: (*a*) esta definição não recaptura a noção intuitiva de pressuposição; (*b*) *A* poderia implicar somente uma parte de seu plano de fundo *B*: se não o fizesse, nada acrescentaria a *B*; (*c*) o ingrediente de significado não é levado em conta.

4.4.3. *Reconhecimento da relação de pressuposição*

A melhor maneira de se verificar se uma dada teoria pressupõe outra é a da axiomatização pelo menos da primeira. Do contrário, a dependência semântica de uma teoria em relação à outra pode escapar-nos. Assim, sustenta-se com freqüência que a teoria da matriz de espalhamento é independente da mecânica quântica e, além disso, que deve substituí-la. Todavia, mesmo que se pudesse efetuar sempre um cálculo efetivo da matriz de espalhamento $S_l(k) = \exp[i^2 \delta_l(k)]$ sem o auxílio da mecânica quântica (o que não é o caso), esta continuaria sendo necessária para *interpretar* as várias propriedades matemáticas de S como propriedades físicas do sistema ou processo em questão. Tomemos, por exemplo, a mais óbvia propriedade matemática de S: sua analiticidade (como função do momento k) no plano superior exceto ao longo do eixo imaginário. Com o fito de descobrir o significado dos pólos de S, examina-se a solução assintótica da equação de Schrödinger (o cerne da mecânica quântica) para o espalhamento devido a um campo central de alcance finito, isto é,

$$u_{r \to \infty} \longrightarrow (A/r) \text{ sen } (kr + \delta_l + \frac{l\pi}{2}) = (B/r) \left[\bar{e}^{ikr} . e^{-il\pi/2} - S_l(k) . e^{ikr} . e^{il\pi/2} \right].$$

Para k = i χ, com $\chi > 0$, u $\rightarrow \bar{e}^{\chi r}/r$, o que – de acordo com a mecânica quântica – diz respeito a um estado ligado no ponto $i\chi$. Mas como este é o estado de um sistema de duas componentes, temos também a seguinte interpretação ulterior: um pólo da amplitude de espalhamento representa um sistema composto ("partícula"), de modo que a matriz inteira S pode ser considerada como um modelo (um objeto modelo) de um sistema composto. Devemos esta descoberta à teoria preexistente da mecânica quântica, que portanto atuou como um *supridor de significado*[13]. Se a matriz S tivesse que se tornar formalmente autocontida, isto é, auto-suficiente mais do que dependente da teoria de Schrödinger, esta relação semântica de pressuposição seria encarada como um acidente

13. M. Bunge, "Phenomenological theories", *in* M. Bunge, (ed.), *The Critical Approach*, Nova York, Free Press, 1964.

histórico, pois a teoria erguer-se-ia sobre seus próprios pés. Mas como não há até agora nenhuma axiomatização satisfatória independente da teoria da matriz de espalhamento, não se pode pretender que a teoria mencionada acima seja auto-suficiente. Moral da estória: Primeiro axiomatize, depois enuncie suas pretensões no tocante à dependência semântica ou independência, de uma teoria *vis à vis* outra teoria.

4.4.4. Mudanças de significado: as teses de Kuhn e Feyerabend

Mesmo se as fórmulas de uma teoria se reduzem na maior parte ou até na totalidade às fórmulas de outra teoria, e mesmo se as duas possuem a mesma classe de referência – isto é, se versam sobre as mesmas coisas – elas podem não ter exatamente os mesmos *significados*, pois, se as duas teorias forem diferentes, dirão coisas diferentes acerca de seus referentes. Assim as dinâmicas de partícula einsteiniana e newtoniana compartem da maioria (não de todas) dos enunciados para baixas velocidades, mas os termos neles envolvidos não têm os mesmos significados em todos casos. E esta mudança de significado é irremediável, porque radica numa diferença na estrutura: assim, enquanto as distâncias dependem do referencial na relatividade, elas independem do referencial na mecânica clássica.

Daí estar Kuhn[14] inteiramente certo ao assinalar que as leis da dinâmica de Newton não são deriváveis das de Einstein: não é uma questão apenas de acordo quantitativo no limite não-relativístico, mas de um "deslocamento da rede conceitual". Somente que Kuhn apresenta a sua tese de uma forma desorientadora, ao asseverar que "os referentes físicos" dos conceitos einsteinianos, isto é, "os elementos estruturais dos quais o universo ao qual se aplicam", alteram-se no processo. Isto significaria que as duas teorias não versam sobre a mesma coisa – o que é chapadamente falso, pois as duas dizem respeito a partículas. A tese de Kuhn é correta se reformulada

14. T. S. Kuhn, *The Structure of Scientific Revolutions*, Chicago, University of Chicago Press, 1962, trad. bras., *A Estrutura das Revoluções Científicas*, Perspectiva, São Paulo, 1975.

do seguinte modo. Numa revolução científica tanto a forma quanto o conteúdo de alguns conceitos mudam. Às vezes uma alteração conceitual corresponde a uma alteração no referente (*e. g.*, a substituição de teorias do contínuo por teorias atomísticas da matéria), outras vezes o referente é mantido (embora não o modelo teórico dele) mas há uma modificação de significado. (O que, diga-se de passagem, reforça a tese de que a extensão de um construto é apenas um dos dois componentes de seu significado – sendo o outro sua intensificação (*intensio*, conotação)*.

A tese de Feyerabend sobre as mudanças de sentido[15] é mais radical e menos defensável.

> O que acontece quando é feita uma transição de uma teoria restrita T_2 para uma teoria mais ampla T_1 (que é capaz de abranger todos os fenômenos cobertos por T_2) é algo muito mais radical do que a incorporação da *inalterada* teoria T_2 no contexto mais amplo de T_1. O que sucede é antes uma *completa substituição* da ontologia de T_2 pela ontologia de T_1, e uma correspondente mudança nos significados de todos os termos descritivos de T_2 (desde que esses termos ainda sejam empregados).

Esta tese tem um grão de verdade, mas, como se apresenta, é meio descozida e até inconsistente. É meio descozida porque contém dois conceitos-chave que não são elucidados por seu autor: um é o conceito de cobertura de teoria (que pode ser explicado[16]) e o outro é o conceito de significado (e o conceito associado de ontologia de uma teoria) – que também se pode elucidar (ver a próxima subseção). É pena que uma tese tão revolucionária tenha sido enunciada com a negligência característica da filosofia tradicional.

Pior ainda: tomada literalmente, a tese de Feyerabend é *autocontraditória*, pois uma teoria não pode ser declarada mais

* Na acepção lógica, "conotação": conjunto de atributos pertencentes a qualquer coisa a qual um dado termo é corretamente aplicado. Ver abaixo, V.S do mesmo ensaio. (N. da T.)

15. P. K. Feyerabend "Explanation, reduction, and empiricism", *in* H. Feigl e G. Maxwell (eds.), *Minnesota Studies in the Philosophy of Science*, vol. III, Minnesota, University of Minnesota Press, 1962, p. 59. Tomei a liberdade de substituir T por T_2 e T' por T_1.

16. M. Bunge, *Scientific Research*, Nova York, Springer-Verlag, 1967, vol. II, pp. 49-51 e 103-104.

ampla do que outra e, ao mesmo tempo, incomensurável com ela no tocante ao significado. De fato, se a mudança na semântica ("ontologia") fosse tão completa quanto Feyerabend pretende, então seguramente as duas teorias não seriam comparáveis quanto ao alcance: elas apenas falariam acerca de coisa diferentes. Conseqüentemente estaríamos impossibilitados de verificar qual delas tem maior cobertura. Não obstante, como disse antes, há um grão de verdade na tese de Feyerabend: ou seja, que o progresso científico traz consigo mudanças de significado. No entanto, mesmo estas mudanças, embora ocasionalmente radicais, nem sempre são tão radicais quanto Feyerebend pensa. O próprio exemplo favorito de Feyerabend confirma esta controvérsia.

De fato, quando Feyerabend pretende que "É [...] impossível definir os conceitos clássicos exatos em termos relativísticos" (*op. cit.*, p. 80), é óbvio que descura do conceito elementar de restrição de uma função, que freqüentemente permite o truque. Por exemplo, o conceito relativístico M_R de massa, que se pode introduzir via certos postulados, nos capacita a definir o conceito clássico M_C de massa, literalmente assim:

$$M_C =_{df} M_R \mid B, \text{ onde } M_R : B \times K \to R^+ \qquad [8]$$

Aqui, "$M_R \mid B$" representa a restrição da função M_R ao conjunto B, enquanto o domínio do conceito revolucionário M_R é o conjunto dos pares ordenados $<b, k>$ com b no conjunto B de corpos e k no conjunto K dos sistemas de referência físicos. O mesmo acontece com outros conceitos que ficam relativizados em relação ao sistema de referência e tornam-se, assim, propriedades conjuntas dos sistemas físicos e dos sistemas de referência físicos.

Concluindo, as revoluções científicas não são tão desenfreadas como as "revoluções culturais", e a tese das mudanças de significado associada às revoluções científicas é assaz importante para merecer alguma elucidação filosófica cuidadosa[17]. Voltamo-nos agora para esta tarefa.

17. Para críticas ulteriores, ver J.A. Coffa, "Feyerabend on explanation and reduction", *in J. Phil. 64*, 500 (1967) e E. Nagel, "Issues in the logic of reductive explanation", *in* H. Kiefer e M. Munitz (eds.), *Contemporary*

4.4.5. *Elucidação do conceito de mudança de significado*

Com o fito de esclarecer o conceito de mudança de significado associado à teoria das substituições, cumpre começar pela elucidação do próprio conceito de significado. Uma possível explicação deste é oferecida pela seguinte definição, que encapsula o que eu chamo de visão sintética do significado, pois combina intensionalismo com extensionalismo.

Seja s um signo, ou sistema de signos, e seja c o construto (conceito, proposição ou teoria) nomeado por s. Em resumo, assuma que $D\,sc$. Então o significado de s é definido como a intensificação (conotação) de c juntamente com sua extensão (denotação). Em resumo,

$$D\,sc \Rightarrow \mathcal{M}(s) =_{df} < \mathfrak{I}(c), \varepsilon(c) > \qquad [9]$$

onde a intensificação $\mathfrak{I}(c)$ é igual ao conjunto de fórmulas (*e. g.*, axiomas) que caracteriza c enquanto a extensão $\varepsilon(c)$ é igual ao conjunto de objetos a que c se aplica. Esta definição do conceito de significado parece fazer justiça tanto ao intensionalismo quanto ao extensionalismo e, ao contrário das definições prévias (entre elas a minha própria[18]), cobre todos os tipos de construtos. Desnecessário dizer, ela pode e deve ser relativizada para uma linguagem, pois na realidade D é uma relação triádica.

Digamos agora que L representa a linguagem em que uma teoria T é expressa. Então o significado de L (mais do que o de T) será, segundo a fórmula geral (9)

$$\mathfrak{D}\,LT \Rightarrow \mathcal{M}(L) =_{df} < \mathfrak{I}(T), \varepsilon(T) > \qquad [10]$$

onde, por motivo de simplicidade, $\mathfrak{I}(T)$ pode ser tomada como uma base postulada para T, e $\varepsilon(T)$ a real cobertura de T – um conceito que é possível elucidar em termos dos conceitos de referência e verdade, e se relaciona com o desempenho predicativo de T[19]. Então a *mudança de significado* associada com

Philosophic Thought, vol. 2, Albany, State University of New York Press, 1970).

18. M. Bunge, *Scientifc Research*, Nova York, Springer-Verlag, 1967, vol. I, p. 71.

19. Ver nota 16.

a substituição de T por uma teoria mais forte T' pode ser definida como

$$\mathfrak{D}\,LT \wedge \mathfrak{D}\,L'T' \Rightarrow \mathcal{M}(L', L) =_{df} \mathcal{M}(L') - \mathcal{M}(L') \cap \mathcal{M}(L) \quad [11]$$

Isto é, em palavras, o significado excedente de L' relativo a L. Haverá uma nítida mudança de significado apenas nos seguintes casos: T é uma subteoria de T' no sentido da seção 4.3, 4.3.4, T e T' se sobrepõem parcialmente ou são totalmente disjuntos. Mas este último caso é tão desinteressante quanto o outro extremo, isto é, o caso em que T e T' são apenas formulações equivalentes (Sec. 4.3, 4.3.3) de uma e mesma teoria.

Uma vez que para qualquer par T, T' de teorias teremos de nos haver com conjuntos infinitos de enunciados, a mudança no significado $\mathcal{M}(L, L')$ pode parecer inteiramente incontrolável. É possível esquivar-se desta dificuldade restringindo a questão toda às bases de axiomas de T e T'. Por conseguinte, cumpre considerar as fórmulas acima como concernentes aos sistemas de signos L e L' que expressam os conjuntos de postulados de T e T' respectivamente. Mas, por certo, isto não será bem acolhido pelos amantes de coisas vagas, para quem a axiomática constitui uma real ameaça.

4.5. Relações Pragmáticas Interteorias

4.5.1. Relações heurísticas

Relações pragmáticas podem surgir de mais de uma maneira entre teorias científicas, às vezes porque são procuradas, mas na maioria das vezes de uma forma inesperada. As principais espécies de relações pragmáticas interteóricas parecem ser as seguintes: (*a*) *heurística*: uma teoria sugere ou ajuda construir outra teoria; (*b*) *metodológica de primeira espécie*: uma teoria é instrumental para a elaboração de provas empíricas de outra teoria; (*c*) *metodológica de segunda espécie*: uma teoria (já "estabelecida") é vista como condição que outra teoria (nova) tem de satisfazer, em geral em algum "limite".

Os modos pelos quais uma teoria pode sugerir a construção de outra são numerosos e são resistentes à classificação estrita, pois dependem não somente das próprias teorias como também do quadro mental do teórico. Um procurará inspiração na matemática, outro tentará generalizar de maneira puramente formal, enquanto um terceiro, se for teórico, reinterpretará uma dada teoria científica e um quarto, perseguirá certas analogias que outros deixaram de "ver". Entretanto, pode-se amarrar um par geral de pontos.

Um primeiro ponto é que uma relação heurística é amiúde, em certo sentido, o contrário de uma relação lógica. Assim, embora a mecânica da partícula seja uma subteoria da mecânica do contínuo, o processo real (ou antes a tentativa) de construir teorias de fluidos e sólidos desenvolveu-se, com freqüência, a partir de partículas para sistemas de partículas e destes para corpos contínuos. Em geral, no intento de construir uma teoria mais rica, pisamos sobre as teorias disponíveis, que podemos querer converter em subteorias da nova teoria.

Um segundo ponto é que seria preciso examinar criticamente a estruturação heurística com o emprego de idéias tomadas de teorias preexistentes e, se necessário, cumpriria abandoná-la uma vez edificada a nova teoria. Do contrário, pode tornar-se um obstáculo para o enunciado correto e, portanto, para o entendimento, da nova teoria. Basta recordar que a teoria Faraday-Maxwell não foi devidamente entendida até o início do presente século, em parte porque ela vinha arrastando consigo analogias mecânicas.

4.5.2. Provas empíricas de uma teoria com a ajuda de outra

Não importa quão próxima a experiência de uma certa teoria possa parecer, sua prova empírica há de requerer o auxílio de várias outras teorias que entram no planejamento da prova, bem como no projeto e leitura dos instrumentos científicos envolvidos na prova. Em outras palavras, qualquer que seja a situação experimental, haverá o envolvimento de dois conjuntos de teorias (ou antes fragmentos destas[20]):

20. M. Bunge, *Scientific Research*, Nova York, Springer-Verlag, 1967, vol. I, pp. 500-503, vol. II, pp. 336-343, e "Theory meets experience", *in* H.

1. a teoria a ser comprovada (a teoria *substantiva*), e
2. uma coleção de fragmentos de teorias que respondem pelo dispositivo experimental (as teorias *auxiliares*).

Os dois conjuntos de teorias podem ter classes de referência disjuntas: assim, uma teoria concernente à condensação da poeira cósmica terá que ser testada com a ajuda de telescópios e outros instrumentos projetados com a ajuda de alguns extratos de óptica e mecânica. Quando novas técnicas experimentais são introduzidas, relações pragmáticas inesperadas, desta espécie passam a existir. Newton certamente desconhecia os equipamentos eletrônicos e de cálculo correntemente empregados na comprovação de certas aplicações de sua teoria do movimento e da gravitação (*e. g.*, teorias lunares).

Parece óbvio, a partir do caráter multilateral das mensurações, que nenhuma teoria basta para projetar e interpretar as provas a seu próprio respeito. No entanto, tal fato é tacitamente negado por todos aqueles que consideram a mecânica quântica ou como relativa apenas a situações experimentais (*e. g.*, Bohr), ou como uma teoria que fornece todos os materiais necessários para edificar uma teoria quântica geral da medida que, por seu turno, responderia de maneira exaustiva por toda situação experimental possível (*e. g.*, von Neumann)[21]. Se ambas as teses fossem verdadeiras, a mecânica quântica seria a única teoria a dispensar teorias auxiliares para suas provas. Mas os experimentadores parecem pensar de outra maneira: consideram a mecânica quântica como suscetível, em princípio, de falsificações por experimentos, e os experimentos como estruturados à luz de um feixe de idéias mais ou menos claramente enunciadas, tomadas de um certo número de teorias. Em suma, as teorias quânticas não constituem exceção à regra segundo a qual a prova empírica de qualquer teoria científica exige a intervenção de várias outras teorias, de modo que nenhuma teoria científica encontra-se metodolo-

Kiefer e M. Munitz (eds.), *Contemporary Philosophic Thought*, vol. 2, Albany, State University of New York Press, 1970.

21. Para a crítica, ver M. Bunge, *Foundations of Physics*, Nova York, Springer-Verlag, 1967 e "What are physical theories about?", *Amer. Phil. Quart.* Monograph nº 3, *Studies in the Philosophy of Science*, 1969.

gicamente isolada do resto da ciência. O que é igualmente justo, pois do contrário não haveria controle mútuo.

4.5.3. Provas empíricas de uma teoria através de outra

Algumas teorias não são comprováveis em termos empíricos de maneira direta, nem sequer quando conjugadas com teorias auxiliares (no sentido da Sec. 4.5, 4.5.3), mas precisam ser testadas *via* alguma outra teoria. Por exemplo, não existe no momento meio conhecido de comprovar a termodinâmica relativística, o que a torna inexpressiva do ponto de vista operacional. Não importa, pois a teoria é alimentada para fins de completude. No entanto, deveria haver meios para se conferir algumas fórmulas da teoria. Por exemplo, deveríamos saber se a temperatura transforma-se como um comprimento (a concepção usual) ou como uma energia (a concepção correta se se considerar a relação com a mecânica estatística). Uma vez que não podemos dispor correntemente de mensurações para decidir este ponto, temos de procurar em outra parte por uma prova empírica substitutiva. A mecânica estatística relativística pode proporcioná-la na medida em que implica a termodinâmica relativística, o que acontece de maneira apenas fragmentária (ver Sec. 4.2, 4.2.6). Mas esta teoria não é, tampouco, diretamente comprovável, embora haja esperanças de se obter muito em breve dados revelantes para ela de velocidades de jato e temperaturas extremamente altas. A maneira de testar a mecânica estatística-relativística é sujeitar a mecânica relativística a provas empíricas. Trata-se de uma prova incompleta, pois as suposições estocásticas auxiliares não são provadas em separado. Além disso, envolve várias teorias auxiliares. Mas é assim que as coisas se apresentam: o ideal empirista da teoria que enfrenta sozinha os dados empíricos, porque tem um conteúdo empírico, é apenas um mito filosófico.

4.5.4. Provas teóricas

Toda nova teoria promissora está exposta não apenas a testes empíricos, mas também a provas puramente conceituais. A comprovação conceitual de uma teoria factual consiste, essencialmente, no exame do modo pelo qual a teoria consegue enfrentar a tradição válida – tanto científica quanto filosófica. Mesmo uma teoria revolucionária, se for científica, não se rebelará contra tudo, mas há de ser coerente com a lógica da matemática, em grande parte, senão no todo, e com certo número de teorias factuais tidas como verdadeiras em primeira aproximação. (O rumor desencadeado por von Neumann e propagado por uns poucos matemáticos e filósofos, segundo o qual a mecânica quântica envolve uma revolução na lógica, é despido de fundamento: a mecânica quântica, quando axiomatizada, mostra pressupor certas teorias matemáticas que contêm em sua estrutura a lógica comum[22]. Ademais, se a mecânica quântica obedecesse a uma lógica própria, não poderia ser conjugada com as teorias clássicas, *e. g.*, a de Maxwell, para derivar enunciados comprováveis.)

Se a nova teoria cobre um terreno inteiramente novo, um campo que não foi antes tratado por uma teoria anteriormente aceita, então seria preciso exigir apenas que seja *compatível* com o grosso do conhecimento que lhe serve de base. Mas se a classe de referência da nova teoria inclui a classe de referência de uma teoria menos compreensiva, e se se verificou que esta era parcialmente verdadeira, então uma condição mais forte será estabelecida para a recém-vinda. Exigir-se-á que está última *inclua* a velha teoria (no sentido da Sec. 4) ou ao menos tenha com ela em algum "limite" ou outro uma área sobreposta relativamente grande (notem a deliberada vaguidão). Idealmente, a nova teoria deveria possuir todas as virtudes mas nenhum dos vícios e limitações da mais antiga.

A condição segundo a qual a teoria nova e mais compreensiva deveria restituir as partes sadias da teoria que ela pretende suplantar, é muitas vezes chamada de *princípio de correspondência*, sendo usualmente creditado a Bohr. Ele foi talvez o primeiro a enunciá-lo de forma explícita, com rela-

22. M. Bunge, *Foundations of Physics,* Nova York, Springer-Verlag, 1967. Para críticas diferentes mas convergentes quanto à pretensão de que a mecânica quântica não pressupõe nenhuma lógica quântica, ver. K. R. Popper, "Birkhoff and von Neumann's interpretation of quantum mechanics", *Nature 219*, 682, 1968, e A. Fine, "Logic, probability and quantum theory", *Phil. Sci.* 35, 101, 1968.

ção às teorias quânticas e o primeiro a explorá-lo sistematicamente; mas o princípio já fora empregado antes, sobretudo para verificar (conceitualmente) a relatividade especial e geral. Pretende ser um princípio geral que subordina todos os princípios empregados numa prova teórica preliminar. Mas, como foi mostrado na Sec. 4.2, nem toda teoria acede a isso.

Bohr e seus seguidores[23] encaram o princípio especial de correspondência aplicado na construção e aferição da mecânica quântica como uma lei quântica teórica. Isto trai uma análise superficial das leis científicas, das quais todas, tal é a suposição, dizem respeito mais a padrões objetivos do que a pares de teorias. Em outras palavras, princípios de correspondência são princípios *metateóricos e heurísticos* e não intrateóricos[24]. Se fossem leis primárias, mais do que metaleis, permitir-nos-iam efetuar previsões. Em todo caso, a intervenção de semelhantes enunciados metanomológicos na avaliação de teorias científicas mostra uma vez mais que as teorias são aquilatadas tanto à luz de fatos quanto de idéias. Qualquer nova teoria, além da adequação factual, precisa satisfazer certo número de critérios, alguns dos quais de tipo filosófico[25].

4.6. Visões Esquisitas sobre Relações Interteorias

4.6.1. O ponto de vista popular

O ponto de vista popular sobre as relações interteorias é, como qualquer outra visão popular, bastante simples: sustenta que toda seqüência histórica de teorias científicas é *crescente*, no sentido de que toda teoria nova inclui (com respeito à extensão) suas predecessoras. Nesse modo de ver nada é

23. Entre eles, P. K. Feyerabend, "On a recente critique of complementarity", *Phil. Sci.*, *35*, 309, 1968, *36*, 82, 1969, e M. Strauss, "Intertheory relations", no mesmo volume.

24. M. Bunge, "Laws of physical laws", *Am. J. Phys.* *29*, 518, 1961, reprod. em *The Myth of Simplicity,* Englewood Cliffs, N.J.: Prentice-Hall, 1963.

25. H. Margenau, *The Nature of Physical Reality,* Nova York: McGraw-Hill, 1950, cap. 5, e M. Bunge, *Scientific Research,* Nova York: Springer-Verlag, 1967, vol. II, pp. 346-356.

jamais perdido: todo acréscimo remanesce como um ganho permanente e, além disso, o processo converge para um limite que é a união de todas as teorias sucessivas. É possível dar a esse ponto de vista um caráter plausível escolhendo-se subseqüências extremamente curtas que eventualmente se lhe conformem. Tais são, por certos, as subseqüências que ocorrem nos compêndios habituais, que registram apenas êxitos, nunca malogros, e afirmam sem prova de que as teorias mais afortunadas contêm (real ou assintoticamente) suas predecessoras menos felizes.

A tese popular é filosoficamente superficial, pois negligencia os aspectos semânticos (as mudanças de significado mencionadas nas Seções 4.4 e 4.5), e como hipótese histórica relativa ao avanço da ciência é falsa. Além do mais, mistura lógica e histórica, dois pólos que cumpre manter à parte – mas o mesmo acontece com as duas outras concepções sobre as relações interteorias, a de Copenhague e a dialética, para as quais nos voltaremos agora.

4.6.2. A concepção de Copenhague

De acordo com este ponto de vista, a mecânica quântica não é uma teoria mais abrangente do que a mecânica clássica (que implica somente a mecânica da partícula). O fundamento oferecido a essa asserção é de que não haveria sentido falar de um microssistema, digamos um átomo, como uma coisa em si mesma: segundo Bohr e seus seguidores[26], é preciso falar sempre da unidade misteriosamente constituída por um microssistema, o dispositivo de mensuração (mesmo quando lidamos com átomos em espaço externo?) e o sujeito encarregado do arranjo experimental. A razão para isso parece clara: não temos nenhum acesso (experimental) ao microssistema exceto através de um aparelho manipulado por alguém. Ora, o aparelho deve ser descrito em termos clássicos: ele é um macrossistema. Portanto, conclui o argumento, a mecânica quântica pressupõe a mecânica clássica e até o conjunto da

26. N. Bohr, *Atomic Physics and Human Knowledge*, Nova York, Wiley, 1958.

física clássica. Como um conhecido compêndio[27] coloca a questão bem no início: "a mecânica quântica ocupa um lugar bastante inusitado entre as teorias físicas: ela contém a mecânica clássica como um caso limite (não é verdade: ver Sec. 4.2, 4.2.4), no entanto exige ao mesmo tempo este caso limite para a sua própria formulação". Vimos anteriormente que a mecânica quântica não contém o conjunto da mecânica clássica mas apenas um tênue fragmento dela. Examinemos agora a segunda tese.

Essa concepção turvada tem duas raízes: o classicismo e o positivismo. De preferência a admitir que os referentes da mecânica quântica são (ou antes eram) entidades inauditas, tanto assim que não satisfazem os enunciados de lei da física clássica, o classicista tenderá a prosseguir usando analogias clássicas – tais como as de posição, momento, partícula e onda. Não importa se isso o conduz a contradições tais como as que o levam a falar acerca da difração de partículas e da colisão de ondas: ele encerrará o absurdo no relicário do princípio – o princípio de complementaridade. A segunda raiz da concepção de Copenhague pela qual a mecânica quântica pressupõe a mecânica clássica é ainda mais obviamente errônea: é a confusão do Círculo de Viena entre *referência* e *prova* – uma confusão esclarecida já faz algum tempo[28]. Sem dúvida para pôr à prova a mecânica quântica, ou qualquer outra teoria física, são necessários alguns fragmentos da física clássica: basta lembrar o papel das teorias auxiliares na comprovação de teorias substantivas (Sec. 4.5, 4.5.2). Mas daí não decorre que, ao formular a mecânica quântica, temos que partir da mecânica clássica – somente para acabar concluindo que as duas são na realidade mutuamente inconsistentes. Nem decorre daí que não haveria sentido falar de um microssistema à parte de um dispositivo de mensuração. A eletrodinâmica quântica fala a maior parte do tempo de elétrons livres e quando se compu-

27. L. D. Landau e E. M. Lifshitz, *Qüantum Mechanics,* Londres, Pergamon Press; Reading, Mass.: Addison-Wesley, 1958, p. 3.

28. H. Feigl, "The 'mental' and the 'phisical'", *in* H. Feigl, M. Scriven e G. Maxwell (eds.), *Minnesota Studies in the Philosophy of Science,* Minnesota, University of Minnesota Press, 1958, e M. Bunge, *Scientific Research,* Nova York, Springer-Verlag, 1967, vol. I, pp. 142-144 e 493 a 499.

tam níveis de energia de átomos e moléculas nunca se leva em conta qualquer aparelho: as coordenadas de aparelho simplesmente não ocorrem na maioria das fórmulas das teorias quânticas. Em suma, embora a mecânica quântica seja comprovada com a ajuda de teorias que não são de todo consistentes com ela, estas não ocorrem em sua formulação. A concepção de Copenhague sobre a relação interteorias é, numa palavra, mais uma confusão que precisa ser removida.

4.6.3. A concepção dialética

Os filósofos dialéticos têm sustentado que a sucessão histórica de idéias é um processo dialético pelo qual toda idéia nova assimilou suas predecessoras e superou suas contradições internas, ainda que contendo ao mesmo tempo a sua própria contradição peculiar interna – o primeiro motor que levaria eventualmente à sua própria negação dialética. Toda teoria nova bem-sucedida manteria com seus antecedentes históricos a relação de uma suspensão (superação) ou *Aufhebung* dialética, no sentido de que conteria de algum modo seus predecessores, embora não de uma maneira "mecânica" (não como subteorias), mas – como a gente sabe – de um modo dialético.

É verdade que a consciência das incompatibilidades e, em particular, das contradições, é uma fonte principal de progresso científico – entretanto, não porque os cientistas gostem de contradições mas antes porque acalentam a consistência, tanto interna quanto externa (isto é, a consistência de uma dada teoria com a massa do conhecimento humano). Mas isso não firma a tese dialética. Primeiro, não está de maneira alguma provado que toda teoria científica tem de conter alguma contradição. É verdade que teorias de transição – como a teoria elástica da luz – encerram às vezes contradições, mas ninguém se sente feliz com elas quando são descobertas. Segundo, a opinião de que toda teoria nova, bem-sucedida, tanto supera como de certo modo subordina algumas das velhas teorias é excessivamente otimista. Às vezes a nova teoria é definitivamente mais rasa do que aquela com a qual compete, mas é acolhida porque tem alguma outra vantagem – como testemunha o caso da termodinâmica contra as teorias atomísticas na segunda metade do século passado. Além do mais, não podemos excluir a possibilidade de que, na vacância de uma filosofia obscurantista, teorias novas porém inferiores possam vir para substituir as existentes: o progresso teórico, por mais necessário que seja para melhorar nosso entendimento e domínio da realidade, não é, de modo algum, uma necessidade lógica ou histórica.

Mas afora a história, a dificuldade filosófica com a concepção dialética sobre as relações interteorias está no fato de ela ser vaga, porque a relação de *Aufhebung* não foi analisada. Além disso, aparentemente ela resiste à análise – e até à tradução. Tampouco a explicação inversa, de lógica em termos de dialética, é possível. Pois, embora os dialéticos tenham amiúde pretendido que a lógica formal é uma espécie de aproximação em câmara lenta da lógica dialética, esta nunca foi formulada de um modo explícito e nunca ficou demonstrado que ela implicava a lógica formal. Ademais, a idéia toda de uma lógica dialética capaz de responder adequadamente por um mundo dinâmico baseia-se na confusão pré-socrática entre lógica e ontologia. De qualquer modo, a relação de *Aufhebung* não foi esclarecida e, portanto, a concepção dialética sobre as relações interteorias é em si obscura: é algo que resta explicar mais do que uma teoria explanatória. Daí por que não trouxe contribuição ao estudo das relações lógicas, semânticas e metodológicas entre teorias científicas – menos ainda quando combinada com a doutrina de Copenhague[29]: a composição de obscuridades não produz clareza.

Observações Finais

Nenhuma teoria geral das relações interteorias foi proposta até agora, ao que parece. Temos apenas um cálculo de sistemas dedutivos e uma teoria do modelo, que combinadas cuidam das relações formais entre teorias, e um conjunto de

29. M. Strauss, em "Intertheory relations", combina estas duas concepções esquisitas com a abordagem intuitiva discutida na Sec. 2., no mesmo volume.

observações esparsas sobre relações não-formais entre teorias. Tais reparos são na maioria vagos e informais, e com muita freqüência incorretos. Não só carecemos de um tratamento sistemático das relações interteorias – à parte do lado formal da questão – mas as análises pormenorizadas de pares de teoria específicas são escassas e estragadas por certo número de mitos constantes de compêndios. Pior ainda: estamos presos num círculo: não há teoria geral porque não dispomos de estudos detalhados de casos particulares em número suficiente e tais estudos são poucos porque não há uma teoria geral que possa ser aplicada a eles.

No entanto, é evidente que possuímos alguns dos principais instrumentos para uma tentativa de efetuar uma análise sistemática das relações entre teorias, isto é, os acima mencionados cálculos de sistemas dedutivos e teoria do modelo e a axiomática. Análises amadorísticas que negligenciam o emprego dessas ferramentas, podem produzir quando muito algumas sugestões valiosas. Pois só é possível comparar com proveito sistemas bem ordenados, com uma estrutura definida e um conteúdo relativamente manifesto. Além disso, uma vez que as teorias são conjuntos infinitos de enunciados, somente seus fundamentos axiomáticos e alguns teoremas típicos são manejáveis. Daí ser a axiomatização um pré-requisito para uma análise acurada das relações lógicas e semânticas entre teorias. Isto se aplica, em particular, ao problema da redutibilidade de uma teoria a outra. Como Woodger[30] disse há vários anos – sem contudo atrair a atenção dos filósofos da redução –

> Falando estritamente podemos apenas discutir com proveito tais relações entre teorias quando ambas foram axiomatizadas, mas fora da matemática essa condição nunca é satisfeita. Daí a futilidade de boa parte da discussão sobre se a teoria T_1 é redutível à teoria T_2 em princípio. Tais questões não podem ser resolvidas por discussões dessa espécie mas tão-somente pela efetiva realização da redução, e isto não é feito nem pode ser feito enquanto as teorias não foram axiomatizadas.

Enquanto for mantido o disparatado princípio, segundo o qual uma teoria científica não é um sistema hipotético-de-

30. J. H. Woodger, *Biology and Language*, Cambridge, Cambridge University Press, 1952, p. 271.

dutivo mas uma síntese indutiva, uma metáfora ou tudo o mais, e enquanto persistir uma relutância irracionalista em face da axiomática, não se pode esperar nenhum avanço decisivo no estudo das relações interteorias. E enquanto não houver disponibilidade de histórias cuidadosas de casos nem de uma teoria geral, deveríamos abster-nos de espremer as relações interteorias para obtermos suco filosófico.

5. A PROVA EXPERIMENTAL DE UMA TEORIA FÍSICA

Introdução

Este artigo preocupa-se com teorias científicas propriamente ditas – isto é, com sistemas hipotético-dedutivos – e não com enunciados únicos ou com doutrinas amorfas. O contato de uma teoria científica com a experiência pode ocorrer de três maneiras: a teoria pode ser posta à prova em sua verdade por meio de experiência científica (observação, mensuração ou experimento); ela pode ser utilizada para projetar e interpretar observações ou experimentos ou pode ser empregada para fins práticos. Assim uma teoria da aprendizagem pode ser submetida à verificação experimental mas também pode ser usada para montar experimentos sobre a base química da memória e pode ser aplicada para curar fobias. Ocupar-nos-emos aqui da primeira espécie de contato, isto é, o teste empírico de teorias científicas.

De acordo com a filosofia da ciência ora dominante, as teorias científicas graduam-se principalmente com base em seu desempenho em provas empíricas. Em troca, esses testes consistiriam no confronto das conseqüências das teorias com a evidência empírica relevante. Tal evidência seria reunida de preferência diretamente, sem ajuda de outras teorias, pois as impressões sensoriais precisam ter a última palavra. Essa concepção possui o atrativo da simplicidade. É tão comovedoramente ingênua que não consigo subscrevê-la. A seguinte anedota talvez explique por quê. Em todo caso indicará qual é o meu ponto de vista sobre a questão, o que, acho eu, não passa de uma codificação da prática real de confronto de teorias com informação empírica.

Há trinta anos atrás, no início de meu adestramento como físico, fui incumbido de pesar um corpo minúsculo com uma balança de precisão. Eu aprendera as regras da operação em um famoso manual alemão, mas desejava saber por que aquelas regras deviam ser eficazes: no fim de contas, eu fora levado à física devido ao meu interesse por filosofia. Em resposta à minha pergunta, o meu professor de física experimental remeteu-me a um artigo escrito por seu irmão, um professor de física teórica. Comecei a ler o trabalho mas logo tive de abandoná-lo: a teoria da balança não passava de uma aplicação de mecânica racional, um assunto previsto para dois anos depois em nosso currículo. Em conseqüência, fui obrigado a adiar o meu estudo, retornando de crista caída ao laboratório, forçado a operar de maneira quase cega – com pouco mais do que a lei de Arquimedes da alavanca – exatamente como os nossos técnicos de laboratório, que dispunham de certo conhecimento prático e não sabiam do porquê das coisas que só a teoria nos pode proporcionar. Aprendi a manejar a balança mas não entendia cabalmente o ritual, não estava em condições de aperfeiçoá-lo e não era capaz de entender por que uma espécie de balança era preferível à outra – pois na ciência a preferência tem de ser fundamentada e a base de nossas preferências muitas vezes reside numa teoria.

Este episódio gravou em mim a importância da teoria na física experimental tão logo se queira ir além da rotina recebida. Tal impressão foi consideravelmente reforçada alguns anos depois, quando me defrontei com um trabalho em espectroscopia elementar. Tratava-se agora de levar a cabo uma análise espectral do sangue de um homem que, suspeitava-se, fora envenenado. Aqui o próprio fraseado dos resultados experimentais envolvia termos teóricos como 'linha espectral', 'largura espectral', 'comprimento de onda', 'intensidade de absorção' e 'números quânticos', que não têm contrapartida na experiência comum e que só fazem sentido num contexto teórico. Como resultado, perdi ainda mais a minha fé na filosofia oficial da ciência, de acordo com a qual a experiência é a base da teoria: compreendi que na ciência não há experiência sem alguma teoria subjacente, pois o próprio planejamento e a própria interpretação de operações empíricas são efetuadas à luz de teorias mais do que em escuridão conceitual. Comecei a perceber que a física experimental – como atividade distinta da diversão com engenhocas – é uma empreitada muito complexa, não só porque requer ingenuidade, engenhosidade e destreza, mas também porque implica um número sem fim de fragmentos de teorias variegadas, que o experimentalista deve dominar, mesmo que apenas intuitivamente. Isso me estimulou na minha resolução de me tornar um físico teórico.

5.1. Primeiro Vem os Testes não Empíricos

5.1.1. O acordo com o fato não é decisivo

De conformidade com a filosofia oficial da ciência, a concordância com os fatos é não só necessária mas também suficiente para a aceitação de uma teoria científica, porquanto as teorias científicas são apenas sumários de dados ou, pior ainda, codificações de dados e ligeiras extrapolações destes. Segundo esse ponto de vista, se uma previsão teórica conflita com um dado empírico é a primeira e não o segundo que deve ir-se – e, na verdade, sem apelação, pois a experiência é o mais alto tribunal de recursos. Trata-se de uma concepção insustentável do ponto de vista metodológico, filosófico e histórico. Primeiro, porque é da prática científica-padrão rejeitar os dados que se chocam com as teorias estabelecidas. Segundo, porque os dados são tudo menos dados: eles são produzidos e interpretados com a ajuda de teorias. Terceiro, porque a maioria das teorias não diz respeito a observações e mensurações, isso sem falar dos atos de percepção, mas se referem a coisas ou antes a modelos idealizados dessas coisas. Quarto, porque – como veremos – proposições raramente verificáveis, jamais decorrem dos pressupostos de uma única teoria mas, antes, são em geral acarretadas pela teoria, em conjunção com pressupostos adicionais e com fragmentos de informação outros que os utilizados para conferir a teoria – assim como a generalização "Todos os homens são mortais" é insuficiente para levar à conclusão que Sócrates é mortal.

Essa aceitável concepção também é refutada pela história da ciência – uma espécie de experiência que os filósofos da ciência deveriam ter sempre em mente. De fato, a história da ciência apresenta exemplos abundantes de teorias que foram sustentadas em face de evidência empírica adversa – e corretamente, pois os dados se mostraram errôneos no fim. Foi o caso das "anomalias" em todos os movimentos planetários exceto nos de Mercúrio: elas não foram interpretadas como se refutassem a mecânica celeste de Newton mas como indícios do caráter incompleto da informação empírica disponível ou da dificuldade de efetuar cálculos exatos com esta teoria. Foi também o caso de certas mensurações delicadas, efetuadas por experimentalistas competentes, que pareciam refutar a constância da velocidade da luz e, destarte, tanto a eletrodinâmica clássica quanto a relatividade especial. E é o caso de toda teoria nova que responde por um subconjunto bastante grande do conjunto de dados disponíveis, mesmo quando entra em conflito com alguns deles, desde que não haja teoria melhor à vista: a evidência discordante é considerada então um resíduo insignificante ou, no pior dos casos, um triste fato da vida – quando não simplesmente falso. Foi o que aconteceu com a teoria de Einstein do movimento browniano, que foi decisiva para o estabelecimento da teoria atômica da matéria. De fato, a teoria fora confirmada pelas medições feitas por J. Perrin mas fora refutada pelas medidas igualmente delicadas (porém, como se verificou, mal intepretadas) de V. Henri[1].

1. S. Brush, "A History of Random Processes. I. Brownian Movement from Brow to Perrin", *in Archive for the History of the Exact Sciences 5*, 1968, p. 5.

Ela foi acolhida, entre outras razões, porque explicava o movimento browniano (embora fosse duvidoso que o previsse acuradamente) e porque se ajustava a outras teorias, tais como a teoria cinética dos gases e a da química atômica. Em todo evento, concordância (discordância) com o fato é às vezes suficiente para aceitar (rejeitar) uma teoria científica.

5.1.2. Quatro baterias de testes

Gostemos ou não, todo corpo orgânico de idéias científicas é avaliado à luz dos resultados de quatro baterias de testes: metateórico, interteórico, filosófico e empírico. Os três primeiros constituem as provas não empíricas e os quatro em conjunto podem nos fornecer um indício no que tange à viabilidade ou grau de verdade de uma teoria[2].

Um exame *metateórico* tem relação com a forma e o conteúdo de uma teoria: procurará, em particular, estabelecer se a teoria é internamente consistente (tarefa nada pequena), se ela apresenta, tal como formulada, um significado fatual razoavelmente inambíguo e se é empiricamente comprovável com a ajuda de outros construtos, sobretudo hipóteses que relacionam não observáveis (*e. g.*, causas) a observáveis (*e. g.*, sintomas). Um exame *interteórico* tentará verificar se a teoria dada é compatível com outras teorias previamente admitidas – particularmente com aquelas que a teoria em causa pressupõe logicamente. Essa compatibilidade é, muitas vezes, atingida em algum limite de correspondência, *e. g.*, para grandes (ou pequenos) valores de algum parâmetro característico como a massa ou a velocidade relativa. Uma comprovação *filosófica* é um exame da respeitabilidade metafísica e espistemológica dos conceitos e suposições capitais da teoria, à luz de alguma filosofia. Assim, se o positivismo é adotado, as teorias fenomenológicas – tais como a termodinâmica, a teoria da matriz-S e a teoria behaviorista da aprendizagem – serão

2. M. Bunge, "The weight of Simplicity in the Construcion and Assaying of Scientific Theories", *in Phil Sci. 28*, 120, 1961; *The Myth of Simplificity*, Englewood Cliffs, N. J., Prentice-Hall, 1963, cap. 7; e *Scientific Research*, Nova York, Springer-Verlag, 1967, vol. II, cap. 15.

favorecidas, ao passo que as teorias relativas à composição e à estrutura do sistema envolvido serão negligenciadas ou mesmo combatidas independentemente da evidência empírica e da sede de explicação mais profunda. Não estou advogando a censura filosófica, mas recordando que, como questão de registro histórico, essa espécie de consideração é sempre feita – algumas vezes para melhor e amiúde para pior[3].

Se se acredita que uma teoria satisfaz os requisitos metateóricos, interteóricos e filosóficos aceitos, pode-se prepará-la para algumas provas empíricas. (Se ela de fato obedece aos cânones é outra questão. E se conseguirá suscitar a curiosidade de um experimentador competente, é ainda outra questão.) Uma comprovação *empírica* é, por certo, um confronto de algumas das infinitamente numerosas conseqüências lógicas das assunções iniciais da teoria, enriquecidas com hipóteses subsidiárias e com dados, com alguma informação obtida por meio de observações, medidas e experimentos projetados e lidos com a ajuda da teoria dada e de teorias ulteriores. Assim, a fim de submeter à prova uma teoria gravitacional, focalizar-se-á alguns de seus teoremas e construir-se-á, com alguns dos conceitos da teoria, um modelo do sistema físico em causa, que incorporará somente os traços relevantes da coisa real; o passo seguinte será o de planejar e executar certas mensurações concernentes ao referido modelo e baseadas em teorias tais como a óptica e a mecânica.

5.1.3. Prioridade dos testes não empíricos

Nenhuma teoria é submetida a exame empírico sem que, segundo se crê, tenha passado por todas as três baterias de testes não empíricos. Na maioria das vezes essas provas não são na realidade efetuadas, quer por serem extraordinariamente difíceis (como no caso das provas de consistência) quer por

3. Ver referências na nota 2 para alguns estudos de caso. O primeiro cientista a exigir explicitamente que os construtos científicos satisfaçam certos requisitos metafísicos parece ter sido H. Margenau, *The Nature of Physical Reality,* Nova York, MacGraw-Hill, 1950, cap. 5. Quanto à importância da estrutura conceitual e idéias filosóficas predominantes, na concepção e avaliação de teorias científicas, ver T. Kuhn, *The Structure of*

se julgar de maneira intuitiva que a teoria satisfaz as exigências não empíricas – uma impressão que se mostra com freqüência errônea. O caráter incompleto de tais provas não diminui o seu valor e não refuta nossa asserção de que as comprovações não empíricas procedem as empíricas. Em qualquer caso, é possível cancelar sem maiores escrúpulos as teorias de inconsistência demonstrável e, uma vez fora da pista, é raro, se é que o são alguma vez, que as teorias sejam cogitadas para verificações empíricas. Não importa quão original seja, uma teoria científica tem que ser "razoável" e "provável": precisa ser bem construída, precisa não contrariar o cerne de crenças científicas justificadas e precisa não postular itens que sejam objetáveis do ponto de vista metafísico (tais como a capacidade de um elétron de tomar decisões) ou opacos epistemologicamente (como uma variável oculta sem nenhuma possível manifestação declarada).

Em todas as três verificações não empíricas a consistência encontra-se envolvida: consistência interna, consistência com outras peças do conhecimento científico e consistência com princípios filosóficos. A consistência não é apenas uma virtude lógica mas também metodológica. De fato, uma teoria internamente inconsistente pode prever qualquer coisa e portanto ser confirmada por peças de evidência mutuamente conflitantes. E uma teoria que não é coerente com outras teorias não conseguirá desfrutar de seu apoio e sofrer seu controle – como sucede com muitas idéias pseudocientíficas. O pior que pode acontecer a uma teoria não é ser refutada por experimentos por ela própria induzidos, mas permanecer pendente no meio do ar sem amigos nem inimigos.

Quanto à consistência de nossas teorias científicas com a filosofia dominante e mesmo com toda a nossa visão de mundo, é algo que nos preocupa porque a filosofia é de fato relevante para a pesquisa científica e, em particular, para a seleção de problemas de pesquisa, para a formação de hipóteses e

Scientific Revolutions, Chicago, University of Chicago Press, 1962; (trad. bras., Perspectiva, São Paulo, 1975) e J. Agassi, "The Nature of Scientific Problems and their Roots in Metaphysics", *in* M. Bunge (ed.), *The Critical Approach*, Nova York, Free Press, 1964.

para a avaliação de idéias e procedimentos. Isto sem dizer que a subserviência a uma filosofia errada pode ser danosa para a pesquisa; assim a filosofia intuicionista bloqueou o avanço da psicologia em alguns países, mormente na Alemanha e na França. Mas é um fato que a consistência com a filosofia dominante é sempre procurada ou apreciada – e tida até como dominante quando na realidade não o é, como foi o caso das teorias relativística e atômica em relação ao positivismo[4]. Isso torna o exame crítico dos princípios filosóficos tanto mais necessário. Mas o ajuste entre ciência e filosofia deveria ser mútuo mais do que unilateral – sob a pena de levar ambos os parceiros ao enrijecimento. O fato de ser necessário um casamento feliz e fecundo entre filosofia e ciência torna-o tanto mais desejável. De qualquer modo, embora existam filosofias não-científicas, a pesquisa científica está permeada de um certo número de idéias filosóficas[5].

5.2. Segunda Fase: A Teoria se Apronta para Confronto com os Dados

5.2.1. Teorias inverificáveis em isolamento

Há um século o grande Maxwell[6] observou que, quando nos preparamos para submeter à prova candidatos a enunciados de lei, não nos precipitamos para o laboratório mas começamos por efetuar algum trabalho teórico a mais "a verificação das leis é realizada por uma investigação teórica das condições sob as quais certas quantidades podem ser medidas da maneira mais precisa, seguida por uma realização experimental destas condições e a real mensuração das quantidades". Notem as três fases: projeto experimental (um fragmen-

4. M. Bunge, *Foudations of Physics,* Nova York, Springer-Verlag, 1967, caps. 4 e 5, e "The Turn of the Tide", *in* M. Bunge (ed.), *Quantum Theory and Reality,* Nova York, Springer-Verlag, 1967.

5. M. Bunge, *Scientific Research,* Nova York, Springer-Verlag, 1967, vol. I, cap. 5, sec. 5.9.

6. J. C. Maxwell, "Remarks on the Mathematical Classification of Physical Quantities", *in Proc. London Math. Soc. 3*, 224, 1871.

to de trabalho teórico), construção do dispositivo e desempenho das operações empíricas[7]. O projeto experimental envolverá hipóteses ulteriores relativas aos elos de uma dada magnitude (*e. g.*, pressão de gás) com uma outra que pode ser medida (*e. g.*, o comprimento de uma coluna líquida), bem como uma representação teórica do conjunto do dispositivo. O mesmo se aplica, *a fortiori*, ao processo de verificação de sistemas de hipóteses, *i. e.*, teorias.

É impossível submeter uma teoria científica a comprovações empíricas sem laçar outras teorias. Em primeiro lugar, embora toda teoria cubra alguns aspectos de seus referentes (*e. g.*, suas propriedades magnéticas), toda operação empírica envolve objetos reais que se recusam a abstrair-se de todos aqueles aspectos que toda teoria negligencia deliberadamente. Segundo, uma teoria pode ser, por si mesma, inverificável por não dizer respeito a fatos observáveis: ela pode restringir-se a efetuar asserções sobre o que acontece ou pode acontecer, se os eventos são observáveis ou não. (Mas ela pode ainda assim ter um conteúdo factual ainda que não possua conteúdo empírico.) Assim, uma teoria de circuitos elétricos versa sobre correntes elétricas mas não enuncia as condições de seu próprio teste: este requer uma teoria ulterior, isto é, a eletrodinâmica, que ligará inobserváveis tais como a intensidade da corrente a observáveis como o ângulo de deflexão de um medidor. Na maioria dos casos não precisamos de uma teoria plena mas apenas de alguns fragmentos de várias teorias.

Para colocar a questão de outra maneira: as teorias científicas são *incomprováveis por si mesmas*, tanto porque são parciais quanto porque implicam conceitos transobservacionais que não estão ligados, dentro das teorias, a quaisquer conceitos empíricos. Tais elos, indispensáveis para a verificação de uma teoria, têm que ser tomados por empréstimo de outras áreas de conhecimento. Assim, uma teoria psicológica tornar-se-á verificável na proporção em que é possível acrescentar-lhe objetivadores (comportamentais, fisiológicos, neurológicos etc.). Em suma, se queremos ver como nossas teo-

7. Para uma análise detalhada de mensuração e experimento, ver M. Bunge, nota 5, vol. II, caps. 13 e 14.

rias de portam empiricamente, devemos introduzir idéias adicionais em vez de eliminar todo elemento teórico por meio de "definições operacionais".

5.2.2. Adicionando um modelo teórico do referente

A adjunção de fragmentos de outras teorias é necessária mas insuficiente para obter resultados comparáveis com os dados: uma vez que na experiência lidamos com coisas individuais – um dado corpo líquido mais do que o gênero do corpo, esse sujeito humano mais do que a humanidade e assim por diante – temos de somar *assunções subsidiárias* concernentes a detalhes relevantes do sistema em pauta. Assim, no caso de uma comprovação de um teorema da teoria eletromagnética devemos adicionar hipóteses e dados especiais relativos ao formato, distribuição de carga e magnetização das fontes do campo.

A teoria geral não contém tais pressupostos subsidiários precisamente porque é geral. É uma estrutura abrangente compatível com toda uma família de conjuntos de suposições subsidiárias. Cada um desses conjuntos esboça um *modelo teórico* da coisa envolvida. Qualquer modelo assim é vazado na linguagem da teoria, embora não seja ditada por esta última. Evidentemente, um modelo teórico pode, mas não necessita, ser visualizável: sendo construído com os conceitos de uma teoria, será tão abstrato (falando epistemologicamente) quanto a própria teoria. Assim, a mecânica clássica é consistente com uma grande variedade de modelos de sistemas planetários; do mesmo modo, é consistente com muitos modelos de líquidos: o modelo do meio contínuo, o modelo do tipo gás, o modelo do tipo cristalino (o de Ising) e assim por diante. Uma teoria geral não pode ser posta à prova independentemente de um ou outro modelo, uma vez que o modelo é considerado uma imagem teórica da coisa envolvida mais do que uma metáfora heurística[8].

8. A respeito do conceito de modelo teórico, ver M. Bunge, "Physics and Reality", *in Dialectica 19*, 195, 1965, nota 5, cap. 8, sec. 8.4, e "Analogy in Quantum Mechanics: From Insight to Nonsense", *in Brit. J. Phil. Sci. 18*, 1968.

5.2.3. *A importância de hipóteses específicas*

Uma hipótese subsidiária relativa a algum traço do objeto de estudo pode mascarar o valor de verdade de uma teoria geral, particularmente se poucos dados estiverem disponíveis, como é amiúde o caso em uma nova área de pesquisa. Por exemplo, suponha que haja duas teorias rivais relativas à Q-dade da matéria – uma propriedade física imaginária. Cada teoria formula hipóteses sobre sua própria relação funcional entre essa propriedade peculiar Q e a área A da coisa em jogo. A primeira teoria pressupõe que (em unidades apropriadas) $Q = 1/2\ A^{1/2}$, enquanto a segunda postula que $Q = (2/A)^{1/2}$. Suponha, ainda, que a mensuração produza os seguintes *bits* de informação: a) e = As dimensões lineares D do objeto experimental que são da ordem da unidade; b) e^* = O valor de Q tal como medido sobre o objeto experimental é 1,0 ± 0,2. Infelizmente a forma da coisa não é observável: tem de ser presumida. É aí que se torna necessário acrescentar uma suposição subsidiária: com o fito de pôr a teoria em movimento devemos fazer a hipótese de um modelo da coisa – nesse caso um modelo visualizável de uma coisa não vista. Suponha que ocorra a seguinte situação:

$$e : D = 1$$

$H_1 : Q = 1/2\ A^{1/2}$	$H_2 : Q\ (2/\mathrm{A})^{1/2}$
S_1 : A coisa é um disco	S_2: A coisa é uma esfera
$H_1, S_1, e \vdash Q_1 = \pi^{1/2}/4 \cong 0{,}4$	$H_2, S_2, e \vdash Q_2 = (2/\pi)^{1/2} \cong 0{,}8$

É claro que o resultado da direita é consistente – dentro do erro experimental – com o valor medido de Q, *i. e.*, 1 ± 0,2. Mas seria loucura eliminar H_1 por esta razão – pois, substituindo S_1 por S_2, chegaríamos a $Q = \pi^{1/2}/2 \cong 0{,}9$, que é um valor ainda melhor de Q do que Q_2. Esse caso é por certo imaginário mas não é absolutamente artificial. *Moral*: Observem o modelo, pois um bom modelo pode salvar (temporariamente) uma teoria geral pobre, assim como um modelo inadequado pode arruinar (permanentemente) uma boa teoria geral.

5.2.4. Supondo modelos e procurando-os

Pode-se encontrar cientistas teóricos a enunciar, em prefácios e em observações finais, que toda teoria científica é "baseada em" dados experimentais. Mas lendo a obra espremida entre envoltórios empiristas, constata-se que ela não se ajusta a esta filosofia. Verifica-se de fato que – a menos que consista numa nova teoria – o trabalha ou: a) computa quantidades que podem (às vezes) ser subseqüentemente confrontadas com resultados empíricos ou: b) combina dados experimentais com uma estrutura geral a fim de inferir algum traço específico do sistema em questão. Em ambos os casos o trabalho parte de alguma estrutura geral mais do que de um rascunho, senão por outro motivo pelo menos porque uma tal estrutura há de sugerir a espécie de informação a ser procurada no laboratório ou no campo. Assim energias e secções de choque de espalhamento, mais do que posições precisas – ou, no que diz respeito a isso, entropias e tensões – vão ser computadas ou medidas no caso do espalhamento de feixes atômicos, porque a teoria geral diz que as quantidades anteriores são relevantes.

Mais exatamente, na ciência teórica há problemas diretos e problemas inversos. Um *problema direto* apresenta-se mais ou menos assim: Dada uma estrutura geral assim como um modelo teórico específico do sistema envolvido, encontre tanto uma fórmula geral de uma certa espécie quanto um caso ilustrativo. Eis alguns exemplos da física: a) Dada a mecânica clássica (estrutura geral) e um modelo de fluido definido (determinado, digamos, por uma certa distribuição de massas, tensões e forças), calcule a trajetória de uma partícula arbitrária no fluido (*i. e.*, uma linha de corrente). b) Dada a mecânica quântica (estrutura geral) e o modelo-padrão do átomo de hélio (um sistema de três corpos que as forças de Coulomb mantêm unidos), deduza o espectro de energia. c) Dada a mesma teoria geral de b) e o modelo usual de alvo como um campo central de força, calcule a secção de choque de espalhamento para um feixe de características dadas.

Os *problemas inversos* correspondentes seriam os seguintes. a) Dada a mecânica clássica e um conjunto de linhas de corrente, infira as densidades de massa e de força bem como o tensor de tensão. b) Dada a mecânica quântica e uma amostra de um espectro de energia, estime os constituintes do sistema e as forças entre eles. c) Dada a mecânica quântica e uma secção de choque *vs.* curva de energia, infira as forças interpartículas. Em cada caso o problema inverso é: Dado um corpo teórico geral e certos dados empíricos, encontre o modelo que melhor se ajuste a ambos.

Para pôr a questão simbolicamente, a teoria geral fornece uma função f que relaciona o modelo hipotetizado m com uma conseqüência testável t, *i. e.*, $t = f(m)$. Assim, no caso do problema direto de espalhamento, t pode ser um desvio de fase e m a hamiltoniana presumida (equivalentemente, as forças de interação). Um problema inverso, de outro lado, empenha-se para achar o inverso f^{-1} de f, de modo a obter: $m = f^{-1}(t)$. A inversão efetiva de f exige a determinação da informação adequada t, bem como a aplicação ou a invenção de uma técnica matemática conveniente. Em nenhum caso só a informação empírica é dada e muito menos procurada: o próprio tipo de informação que o experimentalista persegue é mais ou menos sugerido pela estrutura geral. Como observa um bem conhecido especialista em problemas de espalhamento[9], "A informação mais facilmente acessível (espalhamento experimental) não nos é de ajuda nenhuma se não somos bastante astutos para descobrir um procedimento que permita obter dela a hamiltoniana".

Se a teoria geral for consistente e o problema direto for devidamente formulado, e solúvel em geral, ele terá uma única solução[10]. Não acontece o mesmo com a maioria dos problemas inversos, que são caracteristicamente indeterminados[11]. Isto vale, em particular, para o problema da obtenção de um modelo com base em uma estrutura geral e um conjunto de dados: usualmente os dois determinam em conjunto toda uma

9. R. G. Newton, *Scattering Theory of Waves and Particles*, Nova York, McGraw-Hill, 1966, p. 611.

10. Quanto às condições a serem satisfeitas por todo problema bem formulado, ver nota 5, cap. 4. sec. 4.2.

11. Para a análise de um caso característico, ver M. Bunge, "A General Black Box Theory", *in Phil Sci. 30*, 346, 1963.

classe de modelos (*e. g.*, hamiltonianas) mais do que um único modelo. Para compreender a indeterminação peculiar aos problemas inversos (*e. g.*, obtenção de um modelo), não precisamos entrar nas ambigüidades encontradas na física das partículas elementares[12]. Já as descobrimos em problemas elementares como o de determinar a intensidade e a voltagem de uma corrente alternada a partir de medidas que fornecem apenas valores médios.

5.2.5. Esquema geral

Chamemos T_1 a teoria a ser comprovada e S_1 o conjunto de pressupostos subsidiários que lhe é acrescentado com o fito de derivar alguns enunciados T'_1, bastante específicos para chegar perto da experiência. S_1 incluirá um modelo teórico do(s) sistema(s) em consideração e poderá compreender suposições simplificadoras como as linearizações. A teoria T_1 – um conjunto infinito de enunciados – será julgada pelo desempenho dos teoremas T'_1, que não são apenas finitos em número mas também, em parte, alheios a T_1, muito embora sejam vazados na linguagem de T_1. (Uma razão a mais para recusar-se a identificar "teoria" e "linguagem".) Note que a efetiva situação em que T_1 e S_1, conjuntamente, acarretam T'_1, está em grande contraste com a concepção comum segundo a qual T_1 sozinha produz T'_1, o que seria por sua vez diretamente comparável à evidência empírica.

Via de regra, nem sequer os T'_1 serão verificáveis de uma forma direta, pois hão de envolver conceitos teóricos como o de tensão (quer mecânica ou psicológica) que não possuem contrapartida empírica. A fim de ligar T'_1 com a experiência, cumpre juntar um lote ulterior de hipóteses, isto é, os objetivadores ou índices das entidades e propriedades inobserváveis em questão. Assim a gravidade é objetivada por movimento e apetite pelo montante de alimento consumido. Chamem I_1 o conjunto de índices ou objetivadores empregados em transpor a lacuna entre a teoria T_1 e a experiência. Esses índices

12. Ver. nota 9, Sec. 20.2.

não são "definições operacionais" mas hipóteses plenamente desenvolvidas que devem ser aferidas de um modo independente, ainda que não sejam questionadas no processo de comprovação de T_1. São hipóteses delineadas com base no conhecimento disponível A, assim como no de T_1 mesma – pois a teoria sob exame tem que decidir qual espécie de prova há de ser importante para ela. De qualquer modo, uma vez superado o processo inventivo, deve haver a possibilidade de mostrar que as hipóteses objetivadoras são bem fundadas: que A e T_1 conjuntamente acarretam I_1.

Ainda assim, necessitamos de alguns enunciados empíricos particulares, se é que temos de derivar previsões específicas. Chamemos E_1 o conjunto de dados que alimenta a teoria. Com o fito de introduzi-los em T_1 precisamos traduzi-los na linguagem de T_1. Por exemplo, será mister traduzir em coordenadas heliocêntricas dados astronômicos originalmente expressos em coordenadas geocêntricas. Essa tradução de dados é realizada com a ajuda do próprio T_1 e de alguns fragmentos do conhecimento precedente A. Chamemos E_1^* o conjunto de dados expresso na linguagem de T_1 e pronto para ser introduzido nele. Em uma cuidadosa reconstrução lógica, A, T_1, I_1 e E_1 acarretarão E_1^*.

Finalmente, dos teoremas particulares T_1' e dos dados traduzidos E_1^*, obteremos um conjunto T^* de conseqüências comprováveis – não apenas da teoria T_1 sob exame mas de T_1 em conjunto com todos os pressupostos e dados remanescentes. T^* enfrentará a nova evidência empírica produzida com fim de testar T_1.

Em suma, o preparo da teoria T_1 para a verificação empírica é como se segue.

Construção de um modelo do referente	S_1
Dedução de teoremas particulares	$T_1, S_1 \vdash T_1'$
Construção de índices	$A, T_1 \vdash I_1$
Tradução de dados	$A, T_1, E_1, I_1 \vdash E_1^*$
Extração de conseqüências testáveis	$T_1', E_1^* \vdash T^*$

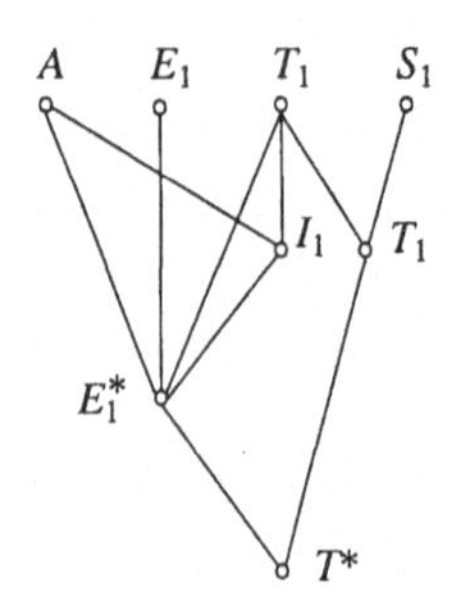

Fig. 1. A derivação de conseqüências verificáveis de T_1 envolve o conhecimento antecedente A, alguns dados E_1 um modelo S_1 e hipóteses de ligação I_1.

5.3. Terceira Fase: Produz-se e Processa-se Nova Experiência

5.3.1. Interpretando o que vemos

A próxima tarefa é produzir um conjunto E de dados relevantes para as previsões teóricas T^*. O desempenho desta tarefa exige muitas vezes um trabalho teórico comparável em volume com o desenvolvido na fase prévia.

Consideremos as figuras de difração de raios X, o principal instrumento empírico de análise para biólogos moleculares. Tais figuras não têm qualquer sentido a não ser no contexto teórico: o que na realidade se vê são manchas pretas e anéis em torno de um centro. Tais padrões não apresentam qualquer relação óbvia com a configuração espacial dos átomos no cristal; só a teoria nos informa do significado destes signos (naturais). O que se faz com o fito de "ler" tais figuras é hipotetizar uma dada configuração atômica (chamemo-la T_1) por meio de vários fragmentos de teorias físicas e químicas. Mais ainda, admite-se que a teoria eletromagnética (chamemo-la T_2) dá conta da natureza e do comportamento dos raios X. A partir de T_1 e T_2, calcula-se (com a ajuda da análise de Fourier) o padrão de difração teórico, isto é, aquele que se obteria se T_1 e T_2 fossem verdadeiras. Mas este padrão é invisível: necessitamos, como acréscimo, alguma ponte que leve à figura observada. Padrões de difração podem ser dados de maneira visível por meio de placas fotográficas sensíveis. O mecanismo deste processo é explicado por uma terceira teoria, isto é, a fotoquímica, que será chamada T_3. Uma figura de difração de raio X (um dado cego) torna-se uma *evidência* pró ou contra uma teoria da estrutura molecular T_1: quando se pode deduzir dela esta teoria com a ajuda de teorias auxiliares (óptica eletromagnética e fotoquímica), uma das quais explica o mecanismo de difração enquanto a outra, o mecanismo de enegrecimento. Em resumo, T_1, T_2 e T_3 em conjunto acarretam E (ver Figura 2).

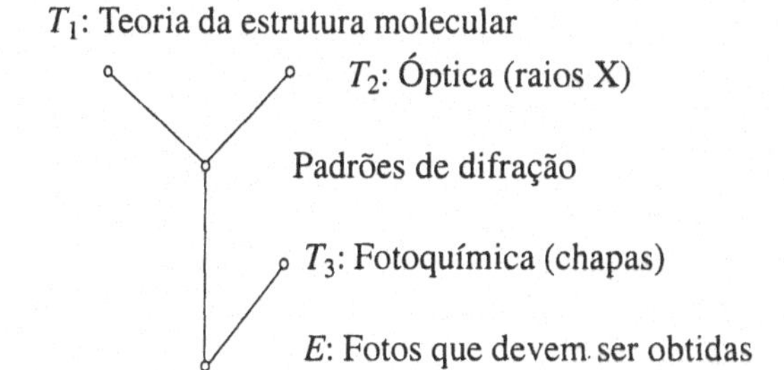

Fig. 2: Uma figura de difração de raio X faz sentido se for previsível com base em um modelo do cristal e por meio de duas teorias auxiliares: uma que dê conta da natureza dos raios X e, outra, do processo de enegrecimento.

O experimentador começará, por certo, pela outra ponta: ele produzirá E e, em seguida, tentará presumir T_1 com a ajuda das teorias T_2 e T_3, que admitirá como certa neste contexto particular. Seu problema é um problema inverso (ver Seção 2.4). Quando o cristal é muito complexo, como é o caso de uma proteína, que contém milhares de átomos, seu trabalho de suposição é muito intricado – a tal ponto que apenas uma pequena fração das figuras de difração de raio X foi até agora decifrada. Mas ele pode sempre obter alguma ajuda das semelhanças com casos estudados antes. Além disso, para efetuar uma largada, ele pode deliberadamente descartar muita informação empírica: ele pode começar com um instrumento de baixa resolução, assim como o astrônomo amiúde começa com um telescópio de pequeno alcance. A menos que efetue tais simplificações, é possível que não consiga qualquer padrão em geral – e um padrão é sem dúvida o que ele está buscando. Do mesmo modo que ter um modelo teórico grosseiro é melhor que não ter modelo algum, assim, também, dados digestíveis são preferíveis a uma indigestão de dados.

A tarefa do cristalógrafo seria muito simplificada se a química teórica estivesse mais avançada: se fosse dado deduzir todas as possíveis configurações que poderiam corresponder a qualquer conjunto de átomos. Um cálculo tão pormenorizado de possíveis configurações moleculares requer uma quarta teoria – química quântica – que há quatro décadas anda por perto mas que ainda não está inteiramente preparada para assumir uma tarefa tão tremenda. Se e quando tal abertura for realizada, a árvore lógica da Figura 2 terá de ser complementada com um ramo a descer da química quântica para T_1. O deslindamento do "significado" de muitas figuras de raio X, por ora misteriosas, depende de desenvolvimento teórico ulterior mais do que de observações e técnicas de medida mais finas.

5.3.2. Conhecendo o que medimos

As instruções relativas às operações de laboratório são às vezes expressas em uma linguagem pragmática que disfarça seus fundamentos teóricos, como se pode ilustrar com um exemplo da física clássica.

Toda medida de precisão envolve medições elétricas e toda e qualquer medida desta natureza implica a comparação de resistências elétricas. Uma das técnicas-padrão adotadas para comparar resistências elétricas utiliza a ponte de Wheatstone, uma *pons asinorum* de moderna instrumentação. O projeto e operação de uma ponte de Wheatstone baseia-se na teoria elementar das redes elétricas, cujas leis centrais são as de Kirchhoff e Ohm. A Figura 3 representa de uma maneira razoavelmente direta um modelo teórico da ponte de Wheatstone em estado de equilíbrio, isto é, quando nenhuma eletricidade flui através do galvanômetro G. Sob estas condições,

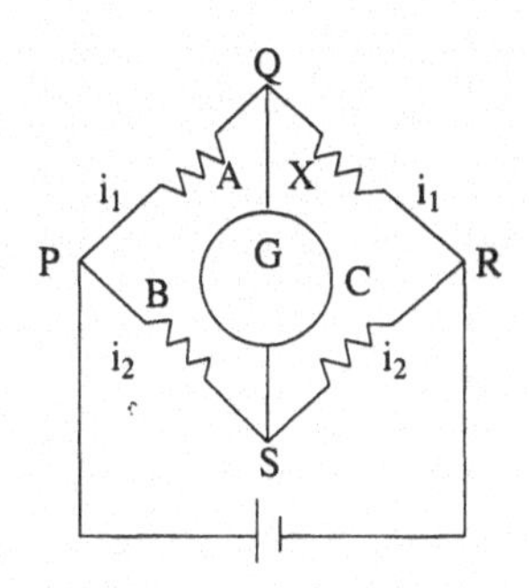

Fig. 3. A ponte de Wheatstone, em combinação com a teoria das redes elementares, permite-nos inferir X a partir de A, B e C.

a segunda lei de Kirchhoff produz

$$V_{PQ} - V_{PS} = 0$$

para a bifurcação esquerda, e

$$V_{QR} - V_{SR} = 0,$$

para a direita. Em troca, cada uma destas diferenças de potencial é, pela lei de Ohm,

$$V_{PQ} = A\, i_1,\ V_{PS} = B\, i_2$$
$$V_{QR} = X\, i_1,\ V_{SR} = C\, i_2$$

donde a fórmula final

$$X = AC/B$$

(O galvanômetro G que liga os pontos Q e S do circuito não ocorre explicitamente como referente nessas fórmulas, porque registra corrente zero.)

As fórmulas precedentes podem ser resumidas no seguinte *enunciado físico*:

F: Em um dos ramos da ponte de Wheatstone existe um ponto S em que o potencial elétrico tem o mesmo valor que o potencial em um dado ponto Q no outro ramo.

O técnico empregará o seguinte *enunciado operacional* que traduz a proposição anterior na linguagem da ação humana:

O: Se um dos terminais do galvanômetro numa ponte de Wheatstone *está ligado* a um ponto *Q* *escolhido arbitrariamente* em um dos ramos da ponte, e se o outro terminal *é deslocado* ao longo do outro ramo, um ponto *S* será *encontrado* para o qual o ponteiro do galvanômetro será *visto* a descansar no zero da escala. (As palavras grifadas são por certo os termos pragmáticos na sentença.)

Embora o técnico possa ficar satisfeito com este enunciado operacional *O*, a única justificativa para *O* é o precedente enunciado físico (e teórico) *F*. Além disso, é *F* que conduziu Sir Charles a inventar sua ponte. (A mera observação de que nenhuma corrente passa através de *G* poderia, do contrário, ser interpretada como indicação de que o medidor está quebrado.) Em geral, por mais isenta de teoria que possa apresentar-se a experiência corriqueira, nenhuma experiência de precisão é possível na ciência sem o concurso de alguma teoria, muito embora a descrição da experiência possa não exibir essa dependência da teoria. Uma análise de duas mensurações típicas da física moderna há de corroborar essa pretensão.

5.3.3. Medindo probabilidades na física atômica

No caso mais simples – o que é estudado pelos filósofos – as probabilidades são mensuradas mediante a contagem de freqüências relativas. Mas não menos freqüentes são as medidas indiretas de probabilidade, isto é, medidas por meio de fórmulas teóricas. Um bom exemplo é a medida da intensidade de uma linha de espectro como um índice ou objetivador de uma probabilidade de transição. (Para o conceito de índice ou hipótese-ponte, ver Seção 2.5.) O elo entre os dois é *grosso modo* este: Quanto mais provável uma transição entre dois níveis de energia, mais intensa a correspondente linha espectral. Se a transição é altamente provável, uma linha brilhante é vista; se a probabilidade de transição é baixa, aparece uma linha turva e se ela é nula, não se vê linha alguma. (Se, não obstante a teoria, aparecer uma linha lá onde ela deveria estar ausente, então a transição correspondente é chamada proibida – e a correção adequada é feita na teoria.)

Uma vez que muitas linhas espectrais são visíveis a olho nu, poder-se-ia pretender que, ao mirar qualquer destas linhas, o que se observaria na realidade seria uma probabilidade de transição. Isto poderia ser assim sob a condição de que tal observação esteja pesadamente carregada de teoria, a ponto de que sem ela seria visto apenas uma faixa colorida brilhante. No fim de contas, as transições em apreço são saltos quânticos de um nível de energia para outro, sendo as probabilidades calculadas por meio de fórmulas teóricas. Além do mais o experimentador é obrigado a projetar o equipamento (fonte luminosa, rede de difração, chapas fotográficas, instrumento de medição de comprimento de onda etc.) de acordo com várias teorias (nomeadamente ópticas). Estas últimas requerem não apenas a realização efetiva das condições pressupostas pelas teorias envolvidas (*e. g.*, o espacejamento igual das linhas da rede) mas também certas suposições que não podem ser controladas de maneira exaustiva. Entre tais pressuposições, ocorre a seguinte: a temperatura do arco elétrico não muda de uma fotografia para outra, os átomos em estudo entram na corrente do arco a uma taxa constante e não absorvem em termos apreciáveis a luz emitida pelos átomos afins. Uma vez coletados e peneirados (criticados e processados) os dados empíricos, entra a teoria para calcular as probabilidades de transição em termos das quantidades medidas. A fórmula empregada para inferir tais probabilidades dos resultados da medição é a equação de Einstein-Boltzmann. As grandezas mensuráveis que aparecem nesta fórmula são a temperatura e a intensidade de luz. Enquanto se pode medir a primeira com alta precisão, o desvio-padrão dos valores da intensidade medidos é, ainda hoje, não menor do que cerca de 30%. O procedimento todo é tão complicado e envolve tantas incertezas que a primeira tabela compreensível e confiável de probabilidades "experimentais" de transição atômica[13] foi publicada somente em 1961, após 30 anos de trabalho de equipe.

13. W. F. Meggers, C. H. Corliss e B. F. Scribner, *Tables of Spectral-Line Intensities,* Washington, D. C. National Bureau of Standards Monograph, 32, 1961.

5.3.4. *Medindo probabilidades em física nuclear*

Em física nuclear a probabilidade de um evento, tal como uma reação nuclear é, em geral, dada pela secção de choque total para aquele evento: de novo, porque a teoria correspondente (mecânica quântica) assim o diz. (Ver Figura 4.)

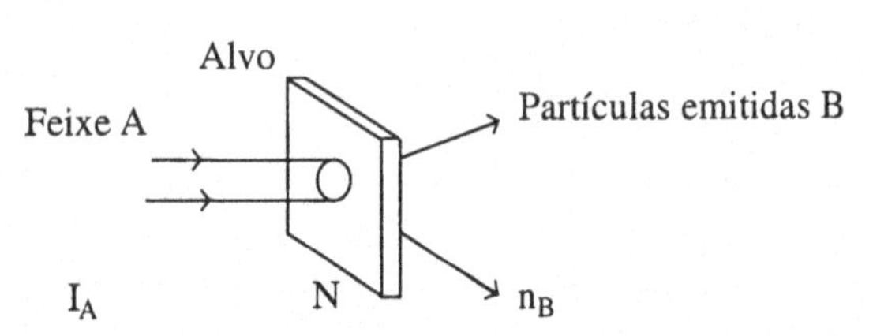

Fig. 4. A reação nuclear $A \rightarrow B$. O número n_B de partículas emitidas está relacionado com o fluxo incidente I_A através das fórmulas teóricas: $n_B = I_A \sigma_{AB} N$, onde σ_{AB} é a seção de choque total para a referida reação e N, o número de partículas do alvo presentes no feixe.

Na seção de choque total o ângulo de espalhamento é obliterado. Como a intensidade do feixe espalhado depende do ângulo, também é necessário considerar o conceito de seção de choque diferencial que serve para definir a seção de choque total. No laboratório, mede-se a seção de choque diferencial referida ao sistema de referência do laboratório. Se este valor for comparado a uma previsão teórica, precisa ser convertido em um valor centro-de-massa. Assim traduzido, o resultado da mensuração pode assumir a seguinte forma (uma cifra real aceita no momento de registro): "A um ângulo de 20º 8 e uma energia de 156 Mev, a secção de choque próton-próton no referencial centro de massa é igual 3,66 ± 0,11." (Diferentes equipes de físicos obterão valores que diferirão de até 15% deste.) Em geral, para um espalhamento de partículas *A* por partículas *B* para uma certa energia *E* e ângulo $\vartheta_{c.m.}$, teremos um enunciado da forma

$$\sigma\,(A - B, E, \vartheta_{c.m.}) = n \pm \varepsilon,$$

onde *n* é um número (fracionário) e ε, o erro total. Notem quão longe da experiência sensorial tal resultado de laboratório se encontra: *A* e *B* denominam-se espécies de partículas cujos membros são imperceptíveis: são objetivados por meio de instrumentos que corporificam várias teorias. A energia E é medida indiretamente e o ângulo de espalhamento $\vartheta_{c.m.}$ é calculado a partir do ângulo medido. Finalmente chega-se ao erro ε com a ajuda da estatística. Em suma, o procedimento experimental todo é permeado de idéias teóricas, e a própria idéia de uma seção de choque de espalhamento (como coisa distinta de uma seção de choque geométrica) não tem sentido fora da microfísica.

5.3.5. A evidência empírica não é puramente empírica nem conclusiva

Ao contrário da superstição popular, a ciência não tem muito o que fazer com dados puros (não interpretados, isentos de teoria) e nenhuma evidência é definitiva de uma maneira ou outra. Até os dados reunidos a olho nu são destituídos de sentido a não ser que possam ser integrados em um corpo de conhecimento, estando todos sujeitos à incerteza. Um dos arqueólogos que participaram das escavações (1967) do que pode ter sido a lendária Camelot do Rei Artur declarou a certa altura que *pensava poder ver até seis ou sete* diferentes camadas de ruínas – pedras que não teriam sido procuradas não fosse a lenda. Durante o século XIX todos os astrônomos *viam* que as nebulosas (nossas atuais galáxias) eram corpos contínuos (gasosos) mais do que conglomerados de estrelas que os astrônomos do fim do século XVIII *viam*. E eles deixavam de ver o que todo mundo pode *ver* agora por si só, isto é, as nuvens de poeira preta (*e. g.*, nos anéis das galáxias espiraladas). Não relatamos o que vemos com olhos desprevenidos mas relatamos, antes, o que *pensamos* ver: a observação científica, ao contrário da observação dos bebês e da filosofia empirista, é permeada por hipóteses[14].

A mensuração não elimina a incerteza observacional, embora uma análise da mensuração à luz da estatística mate-

14. Ver N. R. Hanson, *Patterns of Scientific Discovery*, Cambridge, Cambridge University Press, 1958, caps. I e II, e nota 5, vol. II, cap. 12.

mática pode tornar a incerteza precisa. Esta é, de fato, a meta do cálculo do desvio-padrão dos erros aleatórios de observação. Mas nem todos os erros são desta espécie: afora os erros sistemáticos em que se incorre no *design* ou operação de um equipamento de laboratório, é preciso contar com possíveis erros na parte teórica de qualquer medida indireta. Assim, antes dos anos de 1920, o tamanho das galáxias era calculado como *grosso modo* dez vezes menor do que seu tamanho real. Similarmente, no começo da década de 1950 as distâncias entre as galáxias tiveram de ser subitamente multiplicadas por dois, quando se descobriu um engano nos cálculos anteriores. Inversamente, às vezes sabe-se que há algo de errado nos dados e não se consegue apurar o que é. Assim, ao que sabemos até agora, os valores medidos do período de rotação de Vênus vai de 5 dias (método óptico) a 244 dias (método por radar)[15].

Em suma, não existem dados rígidos e inalteráveis; há apenas crânios rígidos a abrigar a crença no caráter final dos dados. Toda técnica experimental baseia-se em suposições que devem ser submetidas a verificações independentes, e a execução prática de qualquer técnica desta natureza está sujeita a enganos conceituais e erros perceptuais, bem como a variações aleatórias objetivas tanto no objeto quanto no instrumento envolvidos. Os dados empíricos não são mais certos do que as teorias relevantes para eles; mas quer dados quer teorias, embora incertos, são corrigíveis.

5.3.6. Esquema geral

Toda operação empírica pressupõe um corpo A de conhecimento antecedente. A inclui, em particular, um conjunto E_2 de dados e um monte T_2 de restos de teorias. Embora E_2 e T_2 eram criticáveis em outras ocasiões, permanecem incontestes nesta investigação empírica específica: serão tomadas como autorizadas, por mais distantes do autoritarismo que possamos estar. Com base na força de A e, particularmente, de T_2, serão projetadas hipóteses de ligação I_2 que capacita-

15. B. A. Smith, "Rotation of Venus: Continuing Contradictions", *in Science 158*, 114, 1967.

rão o experimentador a objetivar não observáveis e, inversamente, a interpretar suas leituras em termos teóricos. Em suma, A e T_2 acarretam I_2.

O próximo passo é projetar uma observação ou experimento, envolvendo I_2, cujo resultado pode ser importante para a teoria T_1 em comprovação. (Há sem dúvida muita experimentação pobremente projetada, mas por esta razão precisamente é de pouca valia e, mesmo que sem propósito, não pode ser separada por completo de toda teoria.) O projeto experimental envolverá um certo número de hipóteses subsidiárias específicas S_2 que esboçam um modelo teórico do equipamento. De S_2 e T_2 hão de seguir certas conseqüências T'_2 concernentes ao funcionamento do equipamento durante as operações empíricas. Em suma, T_2 e S_2 em conjunto acarretam T'_2.

Finalmente serão realizadas as operações empíricas apropriadas. Chamem E_2 seu resultado, ou melhor, as relações empíricas uma vez depuradas e condensadas com o auxílio da teoria dos erros. Para ter sentido, E_2 precisa ser lido em termos quer da teoria T_1 em verificação, quer da teoria auxiliar T_2. Ou seja, de T_1, T_2 (ou antes T'_2), I_2 e E_2, derivaremos um conjunto E^* de dados relevantes para T_1.

Em resumo, temos a seguinte árvore:

Construção de um modelo teórico do equipamento	S_2
Dedução de teoremas particulares	$T_2, S_2 \vdash T'_2$
Construção de índices	$A, T_2 \vdash I_2$
Dados tradutores	$E_2, I_2, T_1, T'_2 \vdash E^*$

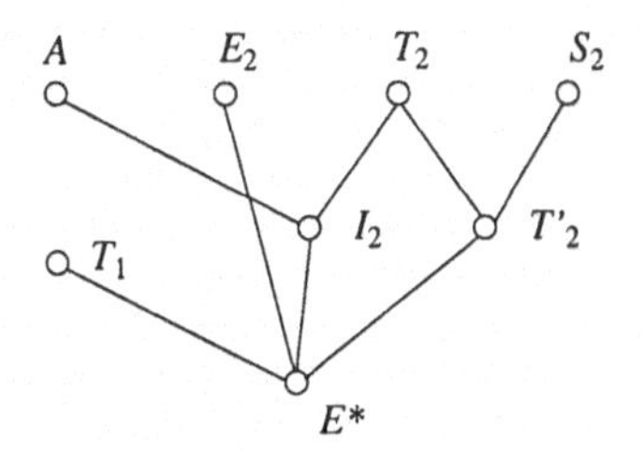

Fig. 5. Os dados brutos E_2 são cozidos e preparados em termos teóricos por meio do conhecimento antecedente A, da teoria T_2 e do modelo S_2 do equipamento experimental, de hipóteses de ligação I_2 e até da própria T_1.

5.4. *Quarta Fase: a Teoria Satisfaz a Experiência*

5.4.1. *Enunciados: teóricos e empíricos*

Estamos agora de posse de dois conjuntos de enunciados comparáveis: as previsões teóricas T^* e a evidência empírica E^*. Nossa presente tarefa é confrontá-las com o fim de tirar alguma "conclusão" plausível com respeito ao valor da teoria substantiva T_1 parcialmente responsável por T^*. Mas antes de nos lançarmos a isto, devemos compreender que não se pode esperar que T^* e E^*, embora comparáveis, coincidam, pois são de espécies diferentes. Cumpre sublinhar este ponto à vista da concepção comum segundo a qual T^* é apenas conseqüências de T_1 sozinha, enquanto a E^* poderia também estar contida em T_1, sendo o ideal em todo caso a igualdade destes dois conjuntos. (A bem dizer, as teorias correntes da lógica indutiva[16] não dizem respeito a uma teoria científica mas a uma hipótese isolada *h* e a uma pura evidência empírica *e*, e elas procuram calcular o grau de confirmação de *h* e a probabilidade da condicional "$e \rightarrow h$", dando ambos quer a evidência empírica *e* quer a condicional "$h \rightarrow e$". Nunca são mencionados exemplos reais – isto é, exemplos científicos – de uma ou da outra condicional e a evidência empírica é vista como sacrossanta.)

Insistamos que T^*, longe de ser um exemplo de T_1, é derivada de T_1 juntamente com um modelo teórico definido (S_1), alguns dados (E_1) e certas hipóteses de ligação (I_2). Do mesmo modo E^*, longe de ser um conjunto de puros enunciados empíricos, é um exemplo de resultados interpretados de experiências científicas: do contrário não seria comparável com T^*. Mesmo assim, E^* e T^* não se encontram no mesmo nível, pois, longe de dizer respeito ao objeto em si mesmo, qualquer membro de E^* refere-se a um par objeto-arranjo empírico. (A interpretação da escola de Copenhague, no tocante à mecânica quântica, pretende que isto também valha para qualquer enunciado teórico desta teoria, mas a pretensão é falsa: a) a

16. Ver R. Carnap, *Logical Foundations of Probability*, Chicago, University of Chicago Press, 1950 e G. H. von Wright, *The Logical Problem of Induction*, 2ª ed., Oxford, Basil Blackwell, 1957.

teoria pode dizer respeito a sistemas livres, isto é, coisas que não se encontram acopladas a qualquer dispositivo de medida, e b) nenhuma teoria geral pode responder pelas idiossincrasias de todo e qualquer aparelho concebível.) Mudem o aparelho ou, melhor, todo o arranjo experimental, e é provável que resulte um novo conjunto E^* de dados. Se isto não acontecer, algo de errado pode ter ocorrido. De qualquer modo, T^* e E^* não se acham inteiramente no mesmo pé. A análise a seguir tornará clara suas diferenças.

Uma previsão quantitativa é um enunciado teórico acerca do valor de alguma "quantidade" (grandeza) Q de algum sistema real em um certo estado. Na realidade, o sistema descrito pela teoria não é a coisa real σ da espécie Σ que a teoria pretende explicar, mas um esboço idealizado ou modelo teórico m desta coisa. (Na realidade, m é *um* modelo teórico do referente em um dado estado.) Num caso típico, Q será uma certa função real, de modo que uma previsão de um valor de Q assumirá a forma de

$$Q_s(m) = r \qquad [1]$$

onde o índice subscrito s indica a escala que foi adotada, enquanto o valor r da função é algum número real. (Melhor ainda, Q é uma função com valores reais sobre o produto cartesiano do conjunto M de modelos pelo conjunto S de escalas.) Isto no que tange à previsão teórica.

O experimentador manipula a coisa real σ com uma certa técnica experimental t que ele executa com uma certa seqüência a de atos. (Em microfísica, poder-se-á dispor em geral de um conjunto de sistemas similares em vez de um único sistema. Mas nem sempre este é o caso: assim são "observáveis" reações nucleares individuais.) Seus resultados dependerão não somente da coisa σ mas também de sua técnica t e de sua execução a. Mais precisamente, um resultado de medição única concernente à grandeza Q tomará a forma de

$$Q'_s(\sigma, t, a) = r'_a \qquad [2]$$

onde r'_a é de novo um número (raramente idêntico ao valor teórico r). (Melhor ainda: Q' é uma função de valores reais sobre o conjunto de quádruplas ordenadas $\Sigma \times S \times T \times A$.) O ponto a notar é que o Q' medido e o Q teórico são *funções diferentes*. Não é de admirar que raras vezes assumam os mesmos valores.

Os valores individuais medidos [2] são então processados com a ajuda da estatística matemática. Os dois resultados mais importantes são o desvio-padrão (uma medida do erro total) e o valor médio, que é tomado como uma estimativa do verdadeiro valor. Um enunciado acerca do Q' médio é da forma

$$\underset{a \in A}{\text{V.M.}} Q'_s(\sigma, t, a) = r' \qquad [3]$$

onde o subscrito '$a \in A$' significa que a média é tirada sobre uma amostra A de medidas. (Idealmente A é infinito. Na realidade não o é, razão pela qual não é estável. Mas suas flutuações decrescem com o tamanho crescente de amostra.) Em geral r' há de diferir de qualquer dos valores individuais [2].

Uma vez calculados a média e o erro, o experimentador pode querer repassar mais uma vez seus dados brutos [2] para extirpar ou justificar de outro modo quaisquer dados anômalos que tenham se infiltrado. Estas ovelhas negras serão aqueles valores situados além dos limites de antemão aceitos (em geral o limite dos desvios-padrão [3]). Mas se se encontrar um número excessivo de ovelhas negras será necessário empreender um exame crítico do próprio processo experimental. O experimentador poderá então verificar que alguns pressupostos não foram satisfeitos – por exemplo que, ao contrário da hipótese, todo ato de mensuração influenciou o ato subseqüente, isto é, que não foi preenchida a condição de independência estatística. De qualquer modo, o experimentador não aceita de uma forma não crítica os resultados por ele obtidos: examina-os à luz tanto da teoria metodológica (estatística matemática) quanto da teoria substantiva (*e. g.*, mecânica). E o teórico não deveria pretender (como faz o pessoal da escola de Copenhague) que suas previsões digam respeito a valores medidos, pois em geral ele não sabe que técnica experimental nem que passos para executá-la serão adotados.

5.4.2. *A confrontação*

Tendo enfatizado que T^* e E^* encontram-se separadas por uma brecha, vamos agora uni-las por uma ponte. Seja E^* relevante para T^* – pois do contrário podemos topar com um dos paradoxos de confirmação[17]. Com esta suposição, só há duas possibilidades: ou E^* concorda com T^* ou não concorda. "Acordo" significa aqui menos que identidade e mais do que compatibilidade. Uma previsão qualitativa tal como "O feixe espalhado será polarizado" pode ser visto como confirmado se, de fato, o feixe resulta polarizado, ainda que apenas parcialmente. Mas se a previsão é quantitativa, como no caso de "O grau de polarização de um feixe espalhado será p (um número definido entre 0 e 1)", então necessitaremos de uma condição de verdade diferente. A que é tacitamente adotada em física parece ser a seguinte. Seja

$$p : P(m) = x \qquad [4]$$

uma previsão teórica relativa a um modelo m da coisa σ em um certo estado, e seja

$$e : P'(\sigma, t) = y \pm \varepsilon \qquad [5]$$

o resultado de uma série de medições de P, sobre σ, com a técnica t. O valor teórico é x, a média dos valores medidos é y e o desvio estatístico destes valores é ε. A previsão teórica p e o dado empírico e podem ser considerados *empiricamente equivalentes* somente no caso em que o valor teórico x e o valor (médio) experimental y diferem (em valor absoluto) de menos que o erro experimental ε – uma tolerância sobre a qual se concordou de antemão. Em resumo[18].

$$Eq(p, e) =_{df} |x - y| < \varepsilon \qquad [6]$$

O significado preciso da relação de desigualdade dependerá do estado das técnicas experimentais. Um enunciado teórico

17. Quanto à irrelevância como fonte do principal paradoxo de confirmação, ver nota 5, vol. II, cap. 15, sec. 15.4.

18. Ver nota 5, vol. II, cap. 15, sec. 15.2.

e um enunciado empírico dir-se-ão *concordes* um com o outro se e somente se forem empiricamente equivalentes. Sem dúvida, a identidade é um caso particular de acordo.

Se a "esmagadora maioria" dos dados E^* concorda com as previsões teóricas T^*, declaramos então T_1 *confirmado* por aquele conjunto particular de dados. Notem, primeiro, que não exigimos de todo dado que concorde com a previsão correspondente, e isto porque ocorrem forçosamente dados extrínsecos que em geral podem ser descartados. Mas é preciso, por certo, manter a mente aberta para a possibilidade de que algumas dessas ovelhas negras sejam, na realidade, brancas. Note também que a teoria em comprovação é confirmada, declara-se, por um certo conjunto de dados e não apenas confirmada: isto constitui um lembrete de que os testes empíricos, por mais prolixos que sejam, nunca são exaustivos. Em terceiro lugar, note que não especificamos quão fortemente E^* confirma T^*. Na ciência real não se computam quaisquer graus de confirmação: o conceito usual de confirmação é de caráter comparativo e não quantitativo.

O que acontece se, de outro lado, E^* *discorda* de T^*, isto é, se houver um subconjunto relativamente grande $E'^* \subset E^*$ de dados que não correspondem às previsões teóricas T^*? De acordo com os indutivistas, bem como com os refutacionistas, devemos então rejeitar T^* e também T_1: o desacordo com a experiência refuta uma teoria e portanto nos força a renunciar a ela. Entretanto, isto não está de conformidade com a prática científica real. Na ciência efetiva, não se aceita evidência desfavorável sem mais problema, mas ela é submetida a uma investigação crítica, pois qualquer dado pode ser distorcido por um certo número de fatores. Muitas vezes acontece que a evidência desfavorável E'^* é rejeitada ou por ser inconsistente com teorias mais antigas ou por proceder de um projeto experimental muito pobre.

Se E'^* é abandonada, então haverá duas possibilidades para teoria T_1 em comprovação. Se T_1 é uma teoria veterana, então continuaremos a utilizá-la embora tendo em mente a anômala E'^* – pois, no fim de contas, pode verificar-se que não se trata de calúnia. Se, de outro lado, T_1 não demonstrou ainda seu valor, enquanto a evidência desfavorável é incerta, devemos então suspender nosso juízo sobre o valor de verdade de T_1 e esperar por uma nova colheita de provas mais dignas de confiança.

O resultado negativo E'^* deve ser admitido se a teoria auxiliar T_2 foi confirmada de modo independente, se o projeto experimental passou por um exame crítico e se os dados não forem sobretudo valores isolados, passíveis de serem descartados por meio de métodos práticos de estatística matemática. Mas a admissão da evidência desfavorável E'^*, embora nos comprometa a rejeitar as previsões T^*, não acarreta a refutação da teoria substantiva T_1. De fato, foi usado um certo número de premissas, além de T_1, para derivar as previsões T^*: as hipóteses subsidiárias S_1 (inclusive aquelas que delineiam um modelo do objeto envolvido), as hipóteses de ligação I_1 e os dados E_1. Defrontamo-nos com o que se pode chamar de *problema de Duhem*: dado um conjunto de premissas que acarretam um conjunto de conseqüências refutadas (substancialmente se não totalmente) pela experiência, encontrar o subconjunto de premissas responsável pelo malogro, com o objetivo de substituí-las por outras mais adequadas. Este problema parece bem mais importante do que o problema de projetar e computar graus de confirmação.

No modo de ver de Duhem[19], quando uma teoria discorda dos dados, é possível aplicar dois procedimentos igualmente legítimos. Um é salvar a hipótese central da teoria adicionando-se eventualmente algumas suposições auxiliares concernentes ao referente da teoria ou ao arranjo experimental. A segunda saída é corrigir algumas ou todas as hipóteses básicas, sem alimentar a menor suspeita sobre o que corrigir em primeiro lugar nem em que sentido. Evidentemente, os racionalistas e convencionalistas hão de recomendar o primeiro caminho, enquanto os empiristas se inclinarão pelo segundo. Mas em ambos os casos as perspectivas parecem bastante desanimadoras.

Nossa análise anterior sobre a maneira como T^* é derivado (Seção 5.4.2) confirma a complexidade do problema de

19. P. Duhem, *La Théorie Physique*, 2ª ed., Paris. Rivière, 1914, pp. 329 e ss.

Duhem mas, ao mesmo tempo, sugere que uma solução pode ser encontrada em cada caso desde que se tome o cuidado de arrolar as premissas relevantes. Pois, se a evidência empírica adversa for digna de confiança, existem mais uma vez duas possibilidades: ou T_1 resistiu às provas no passado ou é um recém-vindo. No primeiro caso, devemos manter T_1 temporariamente e sujeitar as premissas restantes responsáveis por T^* a uma crítica minuciosa. De todas essas premissas, em geral os dados E_1 e as hipóteses de ligação I_1, embora falíveis, foram previamente conferidas e de qualquer modo não são, em geral, questionadas ao mesmo tempo em que T_1 está sendo questionado. Daí serem os mais prováveis culpados encontradiços entre as pressuposições subsidiárias S_1, sejam elas o modelo teórico ou as suposições simplificadoras. Devemos, então, começar relaxando as últimas e/ou modificando (usualmente no sentido de complicações ulteriores) o modelo teórico. Só depois de tentarmos sem êxito muitos e dos mais diversos modelos é que devemos lançar dúvidas sérias sobre a teoria T_1. Assim, no caso das teorias clássicas dos líquidos ainda adotadas, o que os teóricos fazem é continuar tentanto modelos cada vez mais complexos da estrutura líquida, embora retendo as leis do movimento e, em geral, a estrutura toda da mecânica clássica.

De outro lado, se a teoria T_1 em comprovação é nova ou quase, então devemos sujeitar tanto T_1 quanto S_1 a um exame minucioso. No entanto, as premissas suspeitas não se acham na mesma posição: as mais específicas são as que apresentam maior probabilidade de serem falsas, pois assumem maiores riscos e é menos provável que tenham sido verificadas. Deve-se portanto começar questionando as premissas subsidiárias S_1 – em particular o modelo teórico – e os axiomas mais específicos de T_1. Os postulados mais genéricos de T_1, aqueles que T_1 partilha com muitas outras teorias, são os que, provavelmente, menos necessitam de reforma, no mínimo com respeito ao domínio em que foram confirmados no passado. (Quando se verifica haver falta destas assunções extremamente gerais e profundas, é provável que então feixes inteiros de teorias devam sofrer reformas.) De qualquer modo, não é necessário que esta busca do erro seja feita ao acaso: ela deve processar-se a partir do que é mais novo e estrito rumo ao que é mais velho e amplo. Nesta pesquisa deve ser extremamente útil uma axiomatização da teoria em exame, pois então todas as pressuposições e suposições da teoria estarão expostas à vista de todos. Uma tal organização axiomática do material teórico será particularmente proveitosa se as três espécies de premissas (as pressuposições, os postulados genéricos e os específicos) estiverem claramente separadas[20]. Começar-se-á então substituindo, uma a uma, as várias suposições específicas e observando o efeito de cada uma dessas mudanças sobre as conseqüências testáveis T^*.

Eventualmente deparar-nos-emos com um novo corpo T'^* de previsões teóricas, um corpo que concordará com a evidência empírica total E^* ou pelo menos com uma parte ponderável desta. Tudo pode resultar deste trabalho de reajustamento: um novo modelo teórico e/ou uma teoria ligeiramente diferente ou então uma teoria radicalmente nova – ou até uma abordagem totalmente diversa da construção de teoria. Criticar teorias com um espírito construtivo, isto é, tentando construir teorias melhores, é uma das experiências mais compensadoras – coisa de que são poupados os dogmáticos e os censores maldosos.

Em suma, quando E^* é relevante para T^*, o processo de comparação assume a seguinte forma, conforme gráfico da página seguinte.

5. *Conseqüências*

Se a análise anterior é substancialmente correta, precisamos abandonar a crença difundida de que toda teoria *sozinha* enfrenta seu júri empírico. Em primeiro lugar porque, a fim de descrever fatos observáveis específicos, é necessário acrescentar a uma teoria certa informação, um modelo definido e um feixe de hipóteses a ligar inobserváveis a observáveis. Em segundo lugar porque o júri empírico é, por sua vez, respaldado por um corpo de teoria, um modelo ulterior (do dispositi-

20. Como exemplo, ver a axiomatização da mecânica quântica em M. Bunge, *Foudations of Physics*, Nova York, Springer-Verlag, 1967, cap. 5.

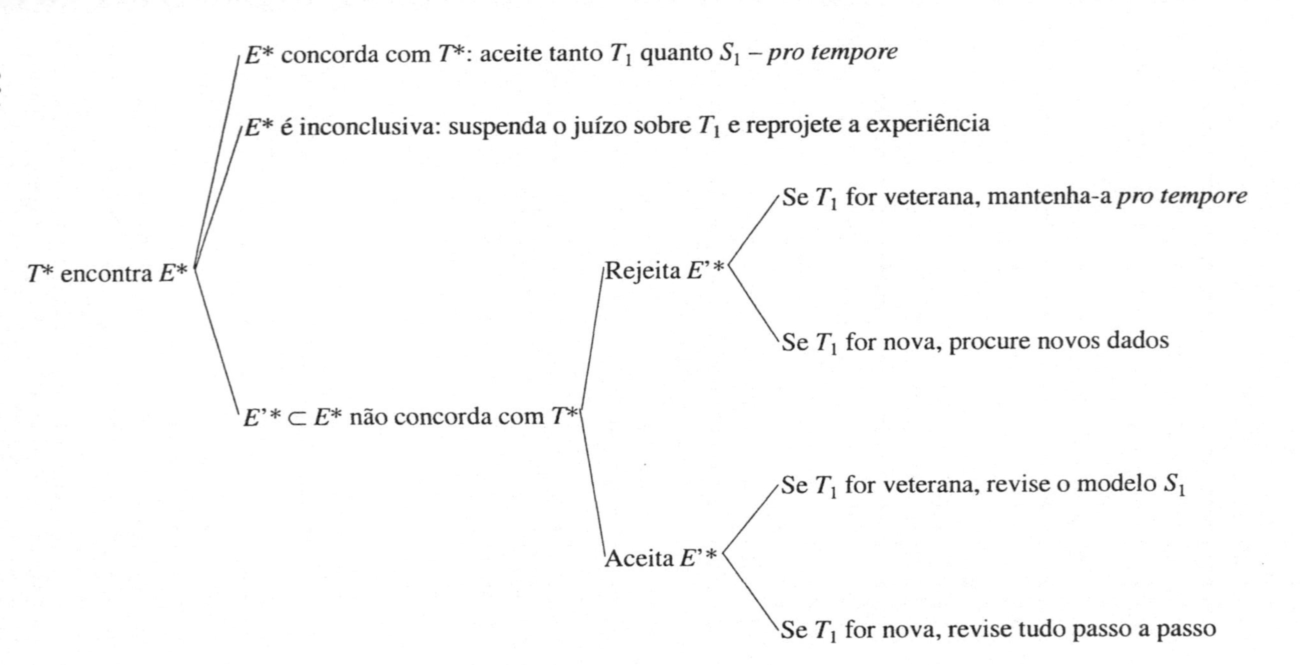
T^* encontra E^*
E^* concorda com T^*: aceite tanto T_1 quanto S_1 – *pro tempore*
E^* é inconclusiva: suspenda o juízo sobre T_1 e reprojete a experiência
$E'^* \subset E^*$ não concorda com T^*
Rejeita E'^*
Se T_1 for veterana, mantenha-a *pro tempore*
Se T_1 for nova, procure novos dados
Aceita E'^*
Se T_1 for veterana, revise o modelo S_1
Se T_1 for nova, revise tudo passo a passo

vo empírico) e algumas hipóteses de ligação. Em resumo, a teoria em comprovação exige hipóteses adicionais e experiência passada, assim como os novos dados destinados a aferi-la requerem alguma teoria antecedente e hipóteses especiais ulteriores: a teoria não vive apenas de fatos e os dados tampouco são auto-suficientes. Isto as torna ao mesmo tempo comparáveis e mutuamente controláveis.

Conseqüentemente é falso dizer, como pretendem os indutivistas, que qualquer teoria deveria em princípio *acarretar* os próprios dados a partir da qual foi induzida. Não só as teorias científicas não são excogitadas a partir de dados puros, mas por si próprias não os acarretam. Portanto, as teorias não podem ter qualquer conteúdo empírico. Somente com respeito a hipóteses isoladas, como a lei da refração de Snell e a lei de Galileu sobre a queda dos corpos, poder-se-ia dizer que fornecem, por mera especificação, certo número de dados – desde que pelo menos um item de informação empírica lhes seja juntado e que se passe por cima da profunda diferença entre enunciados empíricos e teóricos. Mas as teorias às quais essas duas hipóteses pertencem (óptica ondulatória e teoria clássica da gravitação) não são comprováveis apenas por mera citação de casos exemplificantes. Em outras palavras, a condicional "$h \,\&\, e_1 \rightarrow e_2$", que tem algum sentido para hipóteses de nível baixo, não pode ser exportada para o domínio das teorias. Quanto à condicional "$e \rightarrow h$", não faz sentido para hipóteses científicas e, muito menos, para teorias científicas, uma vez que nenhum conjunto de dados implica uma hipótese, senão por outro motivo pelo menos porque esta última pode conter predicados que deixam de ocorrer na primeira. No entanto, ela é a meta declarada da maioria dos sistemas de lógica indutiva para avaliar o grau de confirmação (de probabilidade lógica) de condicionais desta espécie. Isto explica por que tais teorias são irrelevantes para a ciência. Podemos acrescentar que, até agora, a lógica indutiva não enfrentou o problema de projetar mensurações razoáveis do grau de confirmação de teorias quantitativas: ela tem enfocado hipóteses desgarradas e mesmo aqui tem malogrado[21]. Isto não prova,

21. A. J. Ayer, "Induction and the Calculus of Probabilities", *in Dé-*

por certo, que tal objetivo seja quimérico, mas tão-somente que a construção de sistemas de lógica indutiva importantes para a ciência é uma tarefa à nossa frente.

Uma segunda conseqüência é que dificilmente pode haver qualquer evidência *conclusiva* pró ou contra uma teoria científica. Um conjunto de dados pode, ocasionalmente, confirmar ou refutar uma hipótese isolada de um modo inambíguo, mas é muito menos poderoso com respeito a uma teoria. Conquanto o acordo entre teoria e experiência – isto é, acordo sobre um dado domínio – confirme a primeira, não indica com certeza a verdade da teoria: ele pode significar que tanto a teoria quanto os dados não oferecem terreno firme, *e. g.*, erros compensadores se infiltraram em ambos. Mas nem sempre é possível interpretar um desacordo entre teoria e experiência como uma nítida refutação da primeira, tampouco. A confirmação e a refutação, por incisivas que possam ser no caso de hipóteses isoladas qualitativas – caso que é considerado tanto pelos indutivistas como por seus críticos – perdem boa parte de seu gume quando se trata de previsões teóricas quantitativas. Isto não quer dizer que as teorias científicas são fecundáveis pela experiência mas antes que o processo de seu teste empírico é complexo e indireto. (Tal fato torna a formulação de teorias em termos necessários e explícitos, isto é, axiomáticos, tanto mais valiosa, pois ela facilita o controle das assunções.) O complexo e amiúde inconcludente caráter da comprovação empírica acentua o valor dos teste não-empíricos, que são no fim de contas comprovações para a consistência global do corpo inteiro de conhecimento científico.

Indutivismo e refutacionismo são por conseguinte inadequados, pois ambos se restringem a hipóteses singulares, ambos negligenciam o modelo teórico que é mister acrescentar a uma teoria geral a fim de deduzir conseqüências comprováveis e ambos aceitam os princípios de que a) só importam testes empíricos e b) o resultado de tais testes é sempre bem definido. O malogro das filosofias da ciência atualmente dominantes não deve atirar-nos nos braços do convencionalismo ou de

monstration, Vérification, Justification: Entretiens de l'Institut International de Philosophie, Louvain, Nauwlaerts, 1968.

qualquer outra expressão filosófica do cinismo. Temos o direito de esperar que algumas de nossas teorias sejam interna e externamente consistentes e que elas contenham ao menos um grão de verdade, muito embora possamos não estar em condições de provar para além de qualquer dúvida, a sua adequação. Pois esta esperança não é fé cega: baseia-se no desempenho de nossas teorias – em sua capacidade comprovada para harmonizar-se com outras teorias, para solucionar novos e velhos problemas, para efetuar novas previsões e tornar novas experiências inteligíveis e até possíveis[22].

Para resumir: teoria e experiência nunca se encontram frente a frente. Encontram-se em um nível intermediário, depois de adicionados ulteriores elementos teóricos e empíricos, em particular modelos teóricos tanto da coisa envolvida quanto do arranjo empírico. Mesmo assim, nem sempre os testes empíricos são concludentes e eles não nos capacitam a abrir mão dos não-empíricos. Na medida em que tudo isto é verdade, as filosofias da ciência ora dominantes são inadequadas. Cumpre-nos começar de novo, mantendo-nos mais perto da pesquisa científica efetiva do que das tradições filosóficas[23].

22. Com respeito aos conceitos quantitativos de desempenho previsível, exatidão e originalidade, ver nota 5, vol. II, cap. 10, sec. 10.4.

23. Sou grato a Stephen Brush (Harvard) por seus reparos críticos.

6. QUANTA E FILOSOFIA

A mecânica quântica – doravante MQ – ilustra dramaticamente a asserção do filósofo segundo a qual a ciência não pode deixar de estar embebida na filosofia. De fato, as formulações correntes da MQ[1] foram todas forjadas no espírito e letra do positivismo lógico da primeira fase, em moda no meio dos cientistas entre as duas guerras[2] – uma filosofia, infelizmente, que quase nenhum filósofo sustenta hoje em dia.

O compromisso das formulações usuais da MQ com uma filosofia carcomida é em grande parte responsável por suas inconsistências e obscuridades. Boa parte dessa confusão é agudamente sentida pelo principiante, mas o veterano aprende a conviver com ela. Este acostuma-se, de fato, a manejar

1. Cf. P. A. M. Dirac, *The Principles of Quantum Mechanics*, 4ª ed., Oxford, Claredom Press, 1958 e J. V. Neumann, *Mathematical Foundations of Quantum Mechanics*, Princenton, Princenton University Press, 1955.

2. Cf. P. Frank, *Interpretations and Misinterpretations of Modern Physics*, Paris, Hermann & Cie, 1938 e *Foundations of Physics*, Chicago, University of Chicago Press, 1946.

um instrumento conceitual que confessadamente não entende: às vezes vai a ponto de pretender que a ânsia de compreensão é um pecaminoso remanescente da física clássica. Admite que a MQ é enevoada e ocasionalmente argumenta que isso deve ser assim: que os eventos quânticos são em última análise opacos à razão[3] e que devemos ficar felizes se, sem entender muito, conseguimos computar previsões corroboradas pelo experimento.

Esta situação é por certo intolerável para o filósofo e o historiador da ciência, os quais percebem que a MQ é um triunfo da razão, no fim de contas, que nada é de uma clareza cristalina no início e que as barreiras em face da razão habitualmente desmoronam uma após outra. O filósofo pode suspeitar que o nevoeiro à volta da MQ é de natureza filosófica e pode ser, portanto, penetrado com instrumentos que não se encontram na caixa comum de ferramentas do físico – isto é, lógica, semântica, epistemologia e metodologia. Além do mais, o filósofo pode desconfiar que o nevoeiro à volta da MQ tem retardado o progresso na teoria da física básica durante os últimos trinta anos, isto é, depois de erigido o principal edifício da MQ. Na verdade, as aplicações bem-sucedidas da MQ básica têm sido tão numerosas, que a própria possibilidade de explorar caminhos radicalmente novos é hoje em dia considerada tão-somente por alguns poucos físicos. Os físicos teóricos tornaram-se, neste particular, ainda mais conservadores do que os teólogos. Como resultado, nenhuma brecha foi aberta em tempos recentes na teoria microfísica básica, nem se pode esperar que ela seja intentada enquanto a atual teoria continuar a ser vista como perfeita ou quase. A complacência leva à estagnação e à decadência. Somente um Concílio Quântico pode ajudar-nos a sair do impasse.

É portanto aconselhável delinear o nevoeiro filosófico que nos impede de enxergar à nossa frente e livrar a MQ de suas obscuridades. A consecução destas duas tarefas, a da crítica e a da reconstrução, não deve ser apenas de interesse filosófico mas também útil ao avanço do conhecimento.

3. Cf. N. Bohr, *Atomic Theory and the Description of Nature*, Cambridge, Cambridge University Press, 1934.

6.1. *Enfrentando o Nevoeiro*

Como qualquer outra teoria física, a MQ consiste de um formalismo matemático dotado de uma certa interpretação. A interpretação habitual da MQ é conhecida como a *doutrina de Copenhague* e foi elaborada por alguns dos gigantes que construíram a teoria: Bohr, Heisenberg, Born, Dirac, Pauli e von Neumann. É uma doutrina bem conhecida dos físicos. O que a maioria deles não parece perceber é que a doutrina de Copenhague é insustentável do ponto de vista científico e filosófico porque é inconsistente e não é cabalmente física. Vamos passar uma rápida vista d'olhos sobre os dois aspectos fatais da doutrina ortodoxa.

As inconsistências da MQ ortodoxa são tanto formais quanto semânticas, sendo ambas encontráveis no corpo da teoria corrente e da metateoria. Uma inconsistência característica do tipo formal é a seguinte: De um lado, ela sustenta, e corretamente, que a maioria das micropropriedades são peculiarmente mecânico-quânticas, isto é, não-clássicas – o que responde pelo caráter novo da MQ em relação à física clássica. Mas, de outro lado, diz-se que essas propriedades caracterizam manipulações humanas (operações de laboratório) mais do que porções de matéria. Ora, tais operações ocorrem no nível macrofísico e são portanto classicamente descritíveis. Em suma, a doutrina contém o contraditório metaenunciado: "Os símbolos mecânico-quânticos dizem respeito a fatos não-quânticos (= clássicos)".

A fonte desta contradição é filosófica: origina-se no princípio de que a teoria física não versa sobre a realidade (uma inadaptação supostamente metafísica) mas sobre a experiência humana (uma coisa supostamente clara como cristal). A verdade, a bem dizer, é que a teoria física versa *sobre* a realidade e é *testada* através da experiência humana, ao contrastar algumas das conseqüências lógicas da teoria com fatos exteriores a ela e sob controle experimental. A doutrina de Copenhague especifica essa porção de filosofia empirista da seguinte maneira: "Não há eventos quânticos autônomos mas somente itens quânticos dependentes do observador: as operações de observação ou mensuração geram as entidades em determinados estados". Mas esta declaração é inconsistente com a própria prática do físico quântico: de fato, a maioria dos problemas tratados no contexto da MQ dizem respeito a sistemas físicos ou químicos que, por hipótese, não interagem com partes dos aparatos. Além do mais, a teoria quântica da medida é virtualmente inexistente, pois é incapaz de responder pelas características específicas dos instrumentos de medida que possibilitam as mensurações. Mais ainda, o princípio em questão não se coaduna com a suposição de que pelo menos o próprio observador é real e é composto de microssistemas. Na verdade, se cada átomo de meu corpo existe apenas na medida em que eu posso observá-lo, então eu – um sistema de átomos – não existo, senão por outro motivo pelo menos porque tenho outras coisas a fazer além de ficar observando incessantemente meus constituintes microfísicos. Em suma, a doutrina de Copenhague é inconsistente do ponto de vista lógico e esta jaça deriva do fato de ela adotar uma filosofia subjetivista[4].

A doutrina é inconsistente em um outro sentido também, isto é, semanticamente. Chamemos uma teoria de *semanticamente inconsistente* se, em algum ponto, ela admite predicados que não são aparentados com os predicados básicos (conceitos primitivos) da teoria[5]. Isto pode ser sempre feito, em um contexto não-axiomático, graças à lei lógica "Se *p*, então *p* ou *q*". De fato, se *p* é afirmado então é possível concluir "*p* ou *q*", mesmo se *q* contiver predicados totalmente alheios aos predicados envolvidos na premissa *p*. Assim, sendo afirmada a equação de Schrödinger, poderíamos deduzir: "Ou a equação de Schrödinger é válida ou não é o caso de se dizer que o observador cria o mundo", o que é verdade e equivalente a: "Se o observador cria o mundo então a equação de Schrödinger

4. Para outras inconsistências, ver M. Bunge, *Metascientific Queries*, Springfield, ILL.: Charles C. Thomas Publisher, 1959 e *Foundations of Physics*, Berlim-Heidelberg – Nova York, Springer-Verlag, 1967, e A. Landé, *New Foundations of Quantum Mechanics* Cambridge, Cambridge University Press, 1965.

5. M. Bunge, "Physics and Reality", *Dialectica 19*, 195, 1965 e *Scientific Research*, vol. I, cap. 7, Berlim-Heidelberg – Nova York, Springer-Verlag, 1967.

é válida". Isto, por certo, é trapacear: os predicados "observador", "cria" e "mundo" não estavam incluídos no predicado básico do discurso original e surgiram do nada.

Precisamente esta manobra é constantemente executada no contexto da doutrina de Copenhague. Exemplo: Formule o problema de computar os possíveis níveis de energia de um átomo *isolado* de uma dada espécie e termine por interpretar os resultados de seu cálculo como os possíveis valores obtidos por um experimentador a perturbar ativamente o átomo – muito embora o átomo esteja *ex hypothesi* tão distante que nenhum experimentador podeira possivelmente estabelecer alguma interação com ele. Isto é a mesma coisa que ir pegar átomos e voltar com observadores. Incongruências semânticas como esta são admitidas o tempo todo e também elas nascem da adesão a uma epistemologia subjetivista, em particular o operacionalismo.

Só há um meio de evitar tais inconsistências semânticas, isto é, fixando a base primitiva (conjunto de conceitos não definidos) e aferrando-se-lhe – em outras palavras, axiomatizando a teoria. Se o conceito de observador está incluído entre os predicados básicos, então não é necessário que surjam quaisquer inconsistências do gênero. Mas, neste caso, as inconsistências sintáticas devem obrigatoriamente brotar tão logo se queira construir o observador a partir de microssistemas que sejam dependentes de observador. A maneira de afastar ambas as espécies de inconsistência é manifestamente axiomatizar a teoria e fazê-lo sem o emprego de predicados não-físicos: isto é, reformular a MQ de uma forma *ordenada e estritamente física* (Ver a seção seguinte.).

As inconsistências formais e semânticas que infestam as formulações correntes da MQ não podem ser evitadas com medidas brandas, pois se originam em um apego dogmático a uma filosofia inconsistente com a própria meta da ciência física: não se pode ter uma teoria plenamente física se ela precisar satisfazer exigências não-físicas, tais como o postulado de que não há entidades físicas não autônomas (independentes do observador) e nem suas propriedades. O caráter *semifísico* da formulação corrente da MQ é óbvio a partir de sua terminologia: um símbolo que representa uma propriedade física recebe o nome de *observável* e um sistema macrofísico, tal como um sistema de referência ou um aparelho de medida, chama-se *observador*. Em vez de falarem simplesmente acerca de uma propriedade de um sistema físico, os adeptos da doutrina de Copenhague tentarão falar de um observável *tout court* ou de um observável cujos valores numéricos são determinados (ou até definidos!) por uma certa seqüência de operações de laboratório. Destarte, incorre-se em puro antropocentrismo.

No entanto, uma análise dos símbolos que ocorrem na MQ desmente esta interpretação. Assim, o operador que define a posição do i-ésimo microssistema em um dado agregado será designado por x_i: o índice i nomeia um indivíduo físico concreto (mas arbitrário) que, por tudo o que sabemos, pode residir por si em algum canto perdido do universo. E a média mecânico-quântica de x_i, para um indivíduo fixo i, é uma função do tempo, e não uma função do observador e dos parâmetros que descrevem as circunstâncias de seus atos de observação. Algo similar acontece com todos os outros "observáveis" em MQ básica. Em suma, o observador é supérfluo na MQ: é introduzido apenas para concordar com a filosofia adotada mas nunca é levado a sério nos cálculos.

Pior ainda, a filosofia inerente à MQ ortodoxa torna o própriamente físico impossível, ao subordiná-lo à psicofisiologia do observador humano. Não se trata apenas do fato de que os enunciados de toda teoria física deveriam ser empiricamente comprováveis – o que não há dúvida. O que a doutrina de Copenhague pretende é que todos esses enunciados deveriam referir-se a situações de teste, pois do contrário não teriam sentido. (Alguns vão a ponto de pretender que a mente do observador também deveria ser incluída[6].) O que sucede é que a escola de Copenhague confunde o *referente* de uma teoria com seu *teste*: identifica uma questão metodológica com outra semântica. Leva portanto a uma das confusões responsáveis pelo operacionalismo[7].

6. E. Wigner, "Remarks on the Mind-Body Question", em J. Good, (ed.), *The Scientist Speculates*, Londres, Heinemann, 1962.

7. M. Bunge, *Scientific Research*, vol. I, cap. 3, Berlim-Heidelberg – Nova York, Springer-Verlag, 1967.

A escola de Copenhague, então, contrabandeando o observador para dentro da MQ torna esta última antes psicofísica do que puramente física. Isto satisfaria Mach e outros filósofos fenomenalistas, que propuseram unificar a ciência com base na psicologia humana. Mas isso não consegue nos satisfazer, senão por outras pelo menos por estas razões: Primeiro, porque enquanto a física clássica coexistir com a física quântica, duas epistemologias mutuamente incompatíveis seriam utilizadas: uma realística concernente ao macronível e outra subjetivística associada ao micronível: Segundo, porque se o observador, com seu pleno equipamento psicofísico, devesse entrar na física como referente, então as teorias físicas não poderiam possivelmente ser submetidas a testes sem a assistência de uma ciência altamente desenvolvida da psicofisiologia. Mas a MQ não encerra uma só pressuposição a respeito da constituição e do comportamento de O Observador: nem sequer a formulação ortodoxa os especifica. No entanto, uma vez que a formulação usual não implica observadores como referentes, não apenas como construtores e testadores da teoria, então para que a palavra "observador" faça sentido, cumpriria adjudicar à física um corpo substancial de psicofisiologia. Na realidade, está ocorrendo o processo inverso: isto é, a psicofisiologia utiliza-se cada vez mais da física e da química, ao passo que os físicos teóricos que adulam a interpretação de Copenhague estão conseguindo explicar e prever fatos físicos sem recorrer à psicofisiologia. Isto mostra que o conceito de observador não só é estranho à teoria física, mas que deveria ser possível reformular a MQ sem o auxílio desse conceito psicofísico. Efetuemos uma exploração preliminar de tal possibilidade.

O fato de ser possível, em cada caso, efetuar a tradução dos enunciados semifísicos característicos da doutrina de Copenhague em enunciados físicos, é sugerido pelos seguintes exemplos. A sentença, "O evento x aparece ao observador y", quando purgada de seus ingredientes pragmáticos, reduz-se a "O evento x ocorre no referencial y (que pode ou não ser habitado por um observador)". E a expressão, "A incerteza relativa ao enunciado de que o evento x há de ocorrer é y" reduz-se a "A probabilidade do evento x é $1 - y$". Note-se que uma tradutibilidade deste tipo não redunda numa equivalência: na maioria dos casos toma-se por suposição que os eventos tratados pela teoria ocorrem sem a ajuda do sujeito cognitivo e um enunciado atinente à probabilidade objetiva de um evento difere, conceitual bem como numericamente, de um metaenunciado a respeito da probabilidade atribuída por alguém a um enunciado-objeto. A questão é que uma tal tradução é possível e que deve ser executada se quisermos conservar a distinção entre o mundo externo e o mundo interno. Voltemo-nos então para uma interpretação puramente física do formalismo matemático da MQ, mesmo com o risco de sermos repreendidos por aqueles que julgam fútil até o mero ato de levantar quaisquer dúvidas sobre a correção dos princípios básicos da versão ortodoxa da MQ[8]. Para o filósofo, a futilidade – e também a vaidade – são inerentes ao dogma e não à dúvida.

6.2. Levantando o Nevoeiro

O formalismo corrente da MQ pode ser interpretado de um modo estritamente físico, em particular não-psicológico. Em outras palavras, é possível reinterpretar a MQ exatamente da mesma maneira como é interpretada a física clássica, isto é, presumindo-se que as entidades referidas pela teoria – elétrons, átomos, moléculas etc. – existam por si mesmas. Isto não exclui, por certo, a possibilidade para um experimentador modificar essas coisas, *e. g.*, decantando certos estados. Só que o experimentador terá de usar meios físicos para tal fim: não adiantará apenas sentar, calcular e invocar o espírito de Copenhague. Em outros termos, se o experimentador estiver envolvido em geral, será *qua* (como) entidade capaz de influenciar eventos físicos por meios físicos, quer diretamente com movimentos corpóreos quer indiretamente através de dispositivos automáticos. A mente do físico excogita as fórmulas implicadas nas previsões teóricas e eventualmente também

8. L. Rosenfeld, "Foundantions of Quantum Theory and Complementarity", *in Nature 190*, 294, 1961.

no projeto e interpretação do experimento, mas não atua diretamente sobre os eventos físicos em estudo e não é, portanto, o objeto que deva preocupar a própria teoria.

A receita para construir versões estritamente físicas da MQ é esta: "Tome a formulação corrente, depure-a de seus elementos subjetivísticos e, por fim, reorganize logicamente o que sobrou". Os elementos subjetivísticos são, naturalmente, o conceito de observador e todas as noções relacionadas com este conceito, particularmente as de observável e probabilidade subjetiva. Nas formulações costumeiras da MQ, o conceito de observador ocorre, *e. g.*, no enunciado: "Se o sistema está em um estado próprio de seu *observável A*, correspondente ao valor próprio *a*, então um *observador que meça A* no sistema obterá *certamente* o valor *a*". As palavras sublinhadas encontram-se fora de lugar no discurso teórico, pois designam o sujeito e alguns de seus atos e estados mentais. Além disso, tal como se apresenta, o enunciado é falso, porque as propriedades tipicamente mecânico-quânticas não são diretamente observáveis (no sentido epistemológico) e porque os valores mensurados são, de hábito, apenas aproximações de valores computados teoricamente. Quanto à exatidão do conceito, também ela é alheia a uma teoria física. Uma teoria estritamente física, se estocástica, deve incorporar uma interpretação objetiva, e particularmente física, do cálculo de probabilidades: deve interpretar a probabilidade como uma propriedade física e não como uma medida de exatidão[9]. Isto não exclui a possibilidade de se ter modelos psicológicos da teoria da probabilidade: apenas evita, no interesse da consistência, misturar os dois modelos. O postulado que acabamos de criticar deveria ser substituído por algo assim: "Se o sistema encontra-se em um estado representado por um estado próprio do operador que representa sua propriedade *A*, então o valor numérico que *A* assume é o valor próprio *a* correspondente àquele estado próprio".

9. H. Poincaré, *Calcul des Probabilités*, 2ª ed., Paris: Gauthier-Villars, 1912 e M. v. Smoluchowsky, "Uber den Begriff des Zufalls und den Ursprung der Wahrscheilichkeitagesetze in der Physik", *in Naturwissenschaften* VI, 253, 1918, e K. R. Popper, "The Propensisty Interpretation of Probability", *in British Journal for the Philosophy of Science 10*, 25, 1959.

Uma vez purgada de todos os seus conceitos não-físicos, a teoria existente deve ser logicamente reorganizada, senão por outro motivo pelo menos para impedir que reincida no subjetivismo. Não há receita simples para levar a cabo essa tarefa, pois há várias axiomatizações concebíveis de qualquer teoria dada, axiomatizável. O alicerce axiomático da MQ proposto pelo autor[10] emprega os seguintes conceitos primitivos: "microssistema" (ou *quanton*), "vizinhança (micro – ou macrofísico) do microssistema", "espaço (configuração) habitual", "espaço de estado", "propriedade de um microssistema", "operador representativo disto" (o "observável" da versão ortodoxa, e dez outros conceitos, bem mais específicos – entre eles, os de massa, carga e operador de energia. Cada um destes conceitos é então caracterizado (não definido) por meio de certos postulados – a maioria dos quais está longe de ser evidente por si e todos pertencem ao gênero das hipóteses a serem justificadas pelos êxitos da teoria na tarefa de dar conta de fatos controláveis experimentalmente.

Os postulados desta versão realística da MQ caracterizam tanto a forma ou a natureza matemática dos conceitos primitivos quanto seu significado físico: o sistema de axiomas é por conseguinte quer formal quer semanticamente determinado[11]. Assim um membro conspícuo desse conjunto de axiomas expressa que certos conjuntos são não-vazios e que seus membros são respectivamente seus microssistemas e suas vizinhanças. Este truísmo físico é importante do ponto de vista filosófico: torna a teoria não-vazia e compromete-a com o realismo epistemológico. Outro axioma afirma que, se um operador representa uma propriedade física de um microssitema, então os valores próprios daquele operador são os únicos valores da propriedade dada. Nada é dito aqui acerca de observações. A mensuração entrará, como de costume, na fase

10. "A Ghost-Free Axiomatization of Quantum Mechanics", *in* M. Bunge (ed.), *Quantum Theory and Reality*, Berlim-Heidelberg – Nova York, Springer-Verlag, 1967 e *Foundations of Physics*, *idem*.

11. Para essas duas condições, ver o artigo do autor "The Structure and Content of a Physical Theory", *in* M. Bunge (ed.), *Delaware Seminar in the Foundations of Physics* (Berlim-Heidelberg – Nova York, Springer-Verlag, 1967.

da comprovação. Por exemplo, um agregado de microssistemas similares em um dado meio será escolhido, algumas de suas propriedades serão medidas e a distribuição (histograma) de freqüência encontrada experimentalmente será cotejada com a distribuição de probabilidades calculadas, relativas a um sistema individual. Em vez de postular de maneira dogmática que os valores experimentais são idênticos aos teóricos – como faz a doutrina de Copenhague – os dois conjuntos de valores serão comparados. Em caso de discrepância ou a teoria ou o experimento ou ainda ambos serão criticados.

Tomar-se-á cuidado cabal para não chamar quer as micropropriedades ou seus representantes conceituais (as variáveis dinâmicas) de *observáveis*. Primeiro, porque não são perceptíveis muito embora sejam sondáveis de um modo indireto, em boa parte como se pode inferir a partir da ciência de certos gestos e pronunciamentos verbais. Além do mais, chamar propriedades quântico-mecânicas de *observáveis* é esquivar-se da importante questão relativa à configuração de meios para medi-los. Finalmente, como já foi sugerido, o conceito de observável não é um predicado puramente físico, como sua análise mostrou: "*w* é observável por *x* sob as circunstâncias *y* com os meios (empíricos e teóricos) *z*". Se a física teórica não deve ser confundida com a psicologia e a epistemologia, cumpre que o sujeito seja mantido fora daquela. O papel do sujeito é construir teorias e comprová-las, e não o de posar como seu referente. Por essas razões, não se deveria chamar de "observáveis" as variáveis dinâmicas que correm na MQ.

As grandezas quântico-mecânicas típicas são variáveis aleatórias, no sentido de que se lhes associam distribuições de probabilidades definidas. Isto vale em particular para a posição e o momento de um microssistema – que deveriam denominar-se *quosition* (quosição) e *quomentum* (quomento) respectivamente a fim de pôr em relevo seu caráter não-clássico. Que a MQ é basicamente probabilística, não é suposto mas provado em nossa versão da teoria: de fato, fica evidenciado que a função a representar um estado quântico satisfaz os axiomas do cálculo de probabilidades. Desta maneira verifica-se que, no seu atual estado, a MQ não contém variáveis ocultas (isto é, não-aleatórias). Em conseqüência disso, a famosa prova de von Neumann acerca da impossibilidade de introduzir variáveis ocultas (livres de dispersão) na MQ torna-se um metaenunciado trivial obtido por mera exploração dos conceitos primitivos do sistema de axiomas e provando que todos aqueles conceitos que funcionam como variáveis dinâmicas são variáveis aleatórias. Toda tentativa de refutar a tese de von Neumann em conexão com a teoria corrente está portanto destinada a malograr tão miseravelmente quanto toda tentativa de proibir a construção de teorias alternativas.

O caráter basicamente estocástico da MQ pode ser entendido de várias maneiras diferentes. Uma delas é pressupor que a MQ básica não diz respeito a um *quanton* individual mas a um conjunto estatístico de *quantons*: não é de admirar, então, que os diversos componentes de um conjunto em um dado estado quântico tenha valores de momento e posição diferentes. No entanto, a MQ básica não funciona para o microssistema individual, *e. g.*, para cada um dos átomos que cruza um cristal e incide sobre uma tela fluorescente. O que acontece é que a teoria é testada por meio de grandes reuniões de *quantons*: assim, a distribuição de posição calculada é comparada com o padrão de "difração" que aparece na tela à medida que o número de impactos individuais aumenta. Em outras palavras, assim como qualquer outra variável aleatória, a função de estado *refere-se* a um *quanton* individual (situado em um dado meio), mas sua forma precisa é *testada* com a ajuda de agregados estatísticos de *quantons*. E sempre que se trata de agregados de microssistemas coexistentes – sobretudo se eles interagem – é preciso abordá-los mediante uma teoria mais complexa (uma estatística quântica) baseada na MQ elementar.

(Outra possibilidade é supor que a MQ básica não diga respeito nem a uma coisa individual arbitrária nem a um agregado real de coisas similares, mas sim a um conjunto conceitual de tais entidades – um conjunto de Gibbs. Mas esta alternativa[12] ainda não foi, ao que parece, explorada de um modo sistemático. Uma terceira possibilidade é considerar as proprie-

12. Sugerido por P. G. Bergmann, "The Quantum State Vector and Physical Reality", no primeiro dos volumes citados na nota 10.

dades mecânico-quânticas mais como latentes ou potenciais do que reais, e como propriedades que se tornam reais ou manifestas pela interação do sistema com um instrumento de medida[13]. Mas isto tornaria todas as variáveis dinâmicas dependentes do observador, pois se fazem manifestas à vontade do observador. Entretanto, a concepção de que as propriedades mecânico-quânticas são latentes pode ser depurada de seus laivos subjetivistas da seguinte maneira. Via de regra, um *quanton* não *tem* uma posição em forma de ponto nem um momento preciso: tem apenas posição precisa e distribuições de momento. Em geral essas distribuições mudam no tempo sob a ação do ambiente, esteja ou não este sob controle humano. Em particular, um *quanton* pode adquirir uma estreita localização espacial. Para este fim, é suficente que se façam manipulações com o objetivo de efetuar a preparação de um estado localizado. Mas isto é desnecessário: a própria natureza pode realizar o truque de vez em quando – sendo esta a razão pela qual nós, uma parte especial da natureza – conseguimos às vezes localizar átomos ou produzir feixes de elétrons quase monocinéticos. Em todos os casos mencionados, uma certa distribuição objetiva faz-se mais estreita, quase puntiforme, e neste sentido uma propriedade clássica emerge ou se torna real – enquanto sua conjugada se faz menos definida classicamente. Em certo sentido, este caso limite é uma propriedade potencial: na verdade, o *quanton* tem a possibilidade de adquiri-la. Mas não há dicotomia potencial real no estilo aristotélico, pois as distribuições (de posição, de momento angular etc.) são propriedades reais, isto é, propriedades que o *quanton* possui o tempo todo. Ademais, são objetivas (independentes do sujeito) muito embora um observador possa empregar arranjos experimentais reais para estreitar ou alargar esta ou aquela distribuição. Tudo isto implica, naturalmente, esquecer das probabilidades subjetivas e adotar um dos modelos físicos do cálculo de probabilidades[14]. Na

13. Cf. H. Margenau, *The Nature of Physical Reality*, Nova York, McGraw-Hill, 1950 e D. Bohm, *Quantum Theory*, Englewood Cliffs, N. J., Prentice-Hall, 1951.

14. Cf. nota 9 e *Foundations of Physics* do autor, citado na nota 4.

axiomática quântica proposta pelo autor, é adotada a interpretação de propensão de Popper. Segundo esta teoria, a probabilidade é uma medida da disposição objetiva de uma coisa para comportar-se de uma certa maneira. Se se deseja evitar essa interpretação, então é preciso elaborar a MQ como uma teoria acerca de conjuntos de réplicas de um objeto, isto é, como uma estatística de Gibbs. Mas isto ainda não foi feito. Enquanto esta alternativa é explorada, podemos pensar que as variáveis da dinâmica quântica representam potencialidades objetivas.)

Isto deve bastar para esboçar o ponto essencial de nossa fundamentação da MQ em bases axiomáticas objetivísticas. O leitor que quiser comprovar se é uma versão coerente e suficiente para calcular e interpretar todas as fórmulas usuais, fica convidado a percorrer as publicações técnicas do autor[15].

6.3. Vendo

A primeira vantagem desta sistematização realística da MQ é que ela distingue o aspecto formal do semântico, isto é, a sintaxe quântica da semântica quântica. O conteúdo físico é derramado na teoria através das *hipóteses de interpretação* – não apenas regras de procedimento mas assunções corrigíveis, e não "definições operacionais" mas hipóteses objetivas ou independentes do observador. Como qualquer outro campo próprio da teoria, a MQ contém conceitos teóricos que não conseguem ter uma interpretação empírica, isto é, que não podem ser introduzidos por meio de "definições operacionais". Além disso, nenhum dos símbolos básicos da MQ é empiricamente interpretável, resultando daí que a teoria não apresenta qualquer conteúdo empírico em geral: não descreve item empírico. Isto não significa que a MQ não seja comprovável: significa apenas que a teoria diz respeito mais a fatos transempíricos do que a fenômenos. Na verdade, os microfatos referidos pela MQ básica, tais como os saltos quânticos, são imperceptíveis. Os testes empíricos da MQ, como os de qual-

15. Cf. nota 7.

quer outra teoria, requerem a assistência de teorias ulteriores, de teorias que ligam microfatos com macrofatos e de teorias que respondem pelo comportamento dos macrossistemas (*e. g.*, amplificadores) envolvidos na mensuração. Em suma, a MQ é *fisicamente significativa* porque se refere a entidades e propriedades físicas (embora imperceptíveis); e é *empiricamente verificável* se conjugada com outras teorias físicas – do contrário, permanece incomprovável. Isto não seria admitido por aqueles que estavam acostumados a tomar erroneamente o significado pela testabilidade.

Nosso sistema axiomático é determinado tanto formal quanto semanticamente. A interpretação do formalismo, tal como efetuado pelo postulado interpretativo da teoria, é, entretanto, uma coisa antes esboçada do que plena. Assim, ao declarar que todo estado do microssistema é representado por um ponto (ou antes um raio) em um certo espaço (o espaço de Hilbert do sistema), os termos 'microssistema' e 'estado' não são nem definidos nem descritos – de outro modo senão pelos próprios postulados. Estes termos são colhidos no jargão físico que o ofício de físico deve, segundo se supõe, dominar. Estas e outras palavras ocorrem não só na MQ, mas em outros campos da ciência física também, e o significado delas é especificado em conjunto pelos territórios de indagação em que se apresentam. O fato não é peculiar à MQ, mas é comum a todas as ciências fatuais: aqui carecemos da possibilidade, característica da matemática, de interpretar uma teoria (*e. g.*, a teoria dos grupos) em outras teorias (*e. g.*, aritmética e a geometria). Os axiomas semânticos ou interpretativos de uma teoria física estabelecem relações de referência entre símbolos matemáticos e itens físicos – entidades e suas propriedades. Seria cômodo deixar que operações empíricas definissem nossos conceitos precisamente, mas isto é tão impossível quanto pedir a computadores que inventem novos conceitos matemáticos: o que as operações empíricas podem lograr é exemplificar os valores numéricos de funções (grandezas) físicas, capacitando-nos destarte a submeter as teorias correspondentes à prova. Em resumo, não há definições operacionais[16].

16. Cf. nota 4.

E a idéia convencional de que a teoria física é um cálculo ao qual um conjunto de definições operacionais consigna um significado físico é portanto errada. Os componentes semânticos da MQ são hipóteses plenamente desenvolvidas, quer porque dizem respeito a inobserváveis (habitualmente chamados "observáveis") e porque são corrigíveis.

Na reformulação proposta do formalismo corrente da MQ, a interpretação é feita de uma maneira antes direta do que metafórica: ela não usa analogias clássicas nem faz referência a situações experimentais, mas estabelece correspondências entre símbolos básicos e objetos físicos. Em particular, não se verifica nenhum emprego dos conceitos de *partícula* e *onda*: estes conceitos são aqui encarados como análogos clássicos e por isso introduzimos um novo termo, *quanton*, para designar a entidade peculiar sobre a qual versa a MQ. Como se sabe, a maioria das fórmulas da MQ pode ser lida analogicamente em termos de partículas ou campos – ou mesmo fluidos; e em alguns casos é possível interpretá-las de ambos ou modos. Isto parece ter sugerido aos pais da doutrina de Copenhague a existência de duas interpretações igualmente verdadeiras e mutuamente complementares. No modo de ver do autor isto apenas mostra que as duas interpretações são *ad hoc*: duas interpretações diferentes de um e mesmo formalismo constituem duas teorias diferentes, e duas teorias diferentes podem ser comparadas uma à outra, mas não devem ser misturadas. Esta asserção é reforçada a) pela inexistência de uma axiomatização consistente da MQ, quer em termos corpusculares quer ondulátorios, e b) pelo fato de que todos os raciocínios usuais podem ser executados dentro de nossa versão da MQ sem haver jamais o emprego dos conceitos de partícula e onda de matéria. Em especial, o vetor de estado não é interpretado como descrição de intensidade de campo. Tampouco é entendido como um campo de conhecimento. É somente uma fonte de propriedades físicas, de maneira muito semelhante aos potenciais e langragianos. Ao deixar de lado as analogias clássicas, a MQ sofre uma transformação similar à que se verificou no eletromagnetismo clássico quando a relatividade especial mostrou que não podia existir nenhum éter mecânico como suporte para o campo eletromagnético. A esta altura, o teorizador de modelo pode querer estender-se sobre a diferença entre interpretações naturais e *ad hoc*, e o filósofo pode sentir-se tentado a exclamar: "Eu avisei: novos níveis, novas idéias!" Mas precisamos tratar de outros assuntos.

Prescindindo dos conceitos clássicos de partícula (microcorpos bem localizados) e de onda (campo de ondas), evitamos a dualidade campo-onda e o famoso *"princípio" de complementaridade*, uma pedra-de-toque da doutrina de Copenhague. A nosso ver, o *quanton* não é nem uma partícula clássica nem um campo clássico, porém uma entidade *sui generis* que em certas circunstâncias extremas parece uma partícula e em outras ocasiões, um campo (Ver seção 2). Não importa se estas circunstâncias são naturais ou controladas pelo experimentador. De qualquer modo, os conceitos de partícula e onda, por legítimos que possam ser em conexão com macrossistemas (corpos e campos de larga escala), devem ser vistos apenas como metáforas no nível quântico – e, como qualquer outra metáfora, como instrumentos de dois gumes: como auxiliares heuristicamente valiosos mas também enganadores. Pode-se considerar a eliminação da dualidade partícula-onda e do "princípio" de complementaridade a ela associada como mais uma vantagem de nossa formulação da MQ, pois em nome da complementaridade tem-se evitado de discutir um grande número de inconsistências e obscuridades.

Outro fantasma afastado é a *incerteza*. Se a MQ não diz respeito aos nossos estados mentais mas – adivinhem o que? – a fragmentos de matéria, então as dispersões que ocorrem nas relações de Heisenberg não podem ser interpretadas como incertezas subjetivas, porém como latitudes objetivas na localização do *quanton*[17]. Sem dúvida, nossa reformulação da MQ não elimina a incerteza: ninguém conquista a infalibilidade pela simples axiomatização de um campo de conhecimento. A única diferença é que o termo "incerteza" é agora empurrado para algumas das metalinguagens da MQ, isto é, lhe é permitido ocorrer em sentenças concernentes à nossa habilidade

17. Ver K. R. Popper, *The Logic of Scientific Discovery*, 2ª ed. (Londres: Hutchinson, Nova York, Basic Books, 1959 e o meu *Foundations of Physics*.

em prever fatos com a ajuda da MQ: não ocorre na linguagem dos objetos da MQ – nem deveria ocorrer em qualquer outra teoria física.

O termo *indeterminação* empregado para designar as dispersões em torno da média é ligeiramente melhor do que "incerteza", mas tampouco é de todo correto, porque não há nada de indeterminado em uma distribuição de posição objetiva na medida em que o termo "indeterminado" é equiparado a "sem lei e/ou surgido do nada"[18]. A MQ é estocástica, está certo, e o é basicamente; mas uma teoria estocástica que envolva leis definidas acerca de distribuições de probabilidades não é indeterminística se não dá lugar ao que é sem lei e/ou o que é criado a partir do nada. Em suma, a nossa versão da MQ é tão determinística quanto a mecânica clássica – só que não sanciona o determinismo laplaciano. Tampouco é a doutrina ortodoxa indeterminística: na verdade, se probabilidades mecânico-quânticas são apenas graus de certeza, então nada se pode inferir sobre as coisas em si mesmas. O indeterminismo ontológico exige uma interpretação física (objetiva) de probabilidades. Mas, uma vez que as probabilidades são quer objetivas quer legais, o indeterminismo se evapora e o determinismo estocástico permanece.

Algo similar vale com respeito a outros termos epistemológicos, tais como 'observador', 'observável' e 'conhecimento': eles não se apresentam na linguagem de nossa teoria embora possam se apresentar em qualquer metalinguagem desta – como ao se dizer que o conhecimento do estado em que se encontra um microssistema permite calcular sua distribuição de momento e sua posição média. Na realidade, esta é a interpretação utilizada pelo físico exceto quando tenta adaptar a MQ à filosofia oficial dos físicos. Assim, quando caracteriza o vetor de estado, ele diz que, para todo microssistema em um dado meio, aquele símbolo representa uma função de espaço e tempo, e acrescenta que a forma da função pode variar quando o microssistema e/ou seu meio mudam. (Em outras pala-

18. M. Bunge, Causality, Cambridge, Mass., Harvard University Press, 1959, "*Causality*: A Rejoinder", *in Philosophy of Science* 29, 306, 1962 e "Cosmology and Magic", *in The Moist* 44, 116, 1962.

vras, quer em nossa interpretação realística da MQ, quer no trabalho diário do físico, todo ponto Ψ no estado de espaço é uma função complexa sobre $\Sigma \times \bar{\Sigma} \times E^3 \times T$, onde "$\Sigma$" designa o conjunto de *quantons*, "$\bar{\Sigma}$", o conjunto de meios, "E^3", o espaço comum e "T", a duração, e o sinal de multiplicação, o produto cartesiano.) Uma coisa semelhante acontece com os operadores que atuam sobre ψ: em nenhum caso o observador aparece como um argumento.

O sujeito apresenta-se, dissemos, em algumas das *metalinguagens* da teoria. Tomem, *e. g.*, uma relação funcional F entre duas variáveis x e y, cada uma das quais representando um traço de um sistema físico. Chamando X o conjunto dos x's e y, o conjunto dos y's, escreveremos '$F: X \rightarrow Y$' ou '$y = F(x)$'. Se esta fórmula pertence a uma teoria física, pode-se-lhe atribuir a seguinte interpretação (ou antes um esquema de interpretação): O conjunto X de valores numéricos de certa propriedade de um dado sistema é mapeado por F no conjunto Y de valores numéricos de outra propriedade do mesmo sistema. Equivalentemente: os valores individuais x e y de duas propriedades físicas são conjugados ou relacionados na forma: $y = F(x)$. Esta é uma interpretação (esquema) estritamente física da relação funcional dada. Mas a mesma fórmula pode ser reinterpretada em alguma metalinguagem da teoria em que ela aparece. Por exemplo, pode-se reinterpretá-la em qualquer destas duas maneiras: 1) Dado F, para todo x em X e todo y em Y, o *conhecimento* de x determina unicamente y (no sentido epistemológico e não no ontológico de 'determinação'); 2) Para todo x em X e todo y em Y, y é *encontrado* (ou *calculado*) a partir de uma *mensuração* adequada de x pelo *emprego* da fórmula: $y = F(x)$.

As duas últimas interpretações podem receber o nome de *epistemológicas* ou *pragmáticas*. A segunda é mais restritiva do que a primeira, que não especifica a espécie de conhecimento envolvido: isto pode ser experimental ou, na realidade, pode cobrir o caso da postulação hipotética de valores x. Mas qualquer das duas interpretações pragmáticas é mais estreita do que a física, porque requer a presença de um sujeito cognitivo – que, infelizmente, não está sempre e em toda parte disponível. A interpretação física é a mais ampla e, além do mais, constitui a base ou fundamento de ambas. Primeiro, porque as interpretações epistemológicas pertentem a uma metalinguagem da linguagem em que '$y = F(x)$' ocorre – e não há nenhuma metalinguagem sem uma prévia linguagem dos objetos. Segundo, a menos que estejamos preparados para adotar o solipsismo o tempo todo – isto é, para crer que o mundo é o que pretendemos que seja – somos obrigados a supor que nosso conhecimento é verdadeiro na medida em que modela coisas, relações e eventos reais: se o conhecimento de x determina unicamente y através de F, isto é, necessariamente porque X e Y se relacionam de fato de um modo único por F – isto é, porque Y *é* a imagem de X sob F, quer cheguemos a sabê-lo ou não.

O ideal da *objetividade*, característica da ciência fatual, é então partilhado pela MQ tanto quanto pela física clássica. O objeto não desaparece, nem foi preso com solda ao sujeito. O que aconteceu é que nossa corrente imagem conceitual de microobjeto é extremamente sofisticada. E aqueles que são presos com solda não são o objeto e o sujeito, mas o sujeito e sua reconstrução conceitual do objeto – mas isto sempre foi assim salvo para os platônicos. O sujeito não ocorre entre os predicados básicos de nossa versão da MQ. Tampouco ocorre na teoria da medida: de fato, a teoria física não se preocupa com eventos psíquicos que se passam dentro do crânio do observador: uma teoria física da medida se interessa apenas com a interação física entre duas ou mais entidades físicas, das quais uma pelo menos tem de ser um macrossistema.

A bem dizer, na versão usual da MQ a intervenção do observador produz uma súbita contração do estado quântico, que fica projetado em um estado próprio do operador representando o "observável" a ser medido. Além do mais, este colapso processa-se supostamente sem lei e, portanto, é imprevisível, porque não há relação legal entre o estado original e o estado final. Mas o postulado acima leva a incongruências – para começar, é incompatível com a equação de Schrödinger[19] – e por isso não está incluído em nossa formu-

19. H. Morgentau e J. Park, "Objectivity in Quantum Mechanics", no volume citado na nota 11, e *in Foundations of Physics* do autor.

lação da MQ. Ademais, tal postulado de projeção a afirmar o colapso da "função de onda" à vista de O Observador, implica o colapso do princípio de legalidade, uma pressuposição ontológica básica da pesquisa científica[20].)

A teoria quântica da medida deve ser construída como uma aplicação da MQ básica ao caso particular em que o *quanton* é acoplado a um instrumento instável capaz de amplificar os microfatos que são mister pôr à mostra. Infelizmente, nenhuma teoria assim encontra-se disponível, salvo em forma embrionária, principalmente porque a maioria dos físicos acompanha o matemático von Neumann[21] na crença de que existem dispositivos universais de medida, isto é, instrumentos capazes de medir qualquer coisa, de modo que sua ação pode ser representada por um único e simples conceito – o operador projeção. Mas, independentemente de considerações técnicas, o filósofo tem competência para criticar a tese positivista de que a MQ se baseia em uma análise de processo de medida, bem como a pretensão mais extrema de que tudo na MQ diz respeito a mensurações. Essas teses são falsas pelas seguintes razões: a) nenhuma mensuração pode ser planejada e interpretada sem a assistência de teorias; b) mensurações envolvem macroprocessos, enquanto a MQ básica se relaciona com microeventos; c) por estas razões, a teoria quântica da medida, na proporção em que existe, é uma aplicação da MQ básica; d) conseqüentemente, qualquer enunciado mecânico-quântico concernente à medida tem de ocorrer como um enunciado derivado e não como um axioma da teoria quântica.

Um abono à nossa versão da MQ é que a futilidade da assim chamada lógica quântica[22] se torna manifesta. O fundamento racional para advogar este exótico cálculo lógico é o que segue: Se a MQ é verdadeira, então as proposições "O *quanton* x está no ponto y no tempo t" e "O *quanton* x move-se com velocidade v no tempo t" são mutuamente incompatíveis, como foi demonstrado pelas relações de latitude de

20. Cf. a obra citada na nota 7, vol. I, cap. 5.

21. J. v. Neumann, *op. cit.* na nota 1.

22. G. Birkhoff e J. v. Neumann, "The Logic of Quantum Mechanics", *in Annals of Mathematics 37*, 823, 1936 e P. Destouches-Février, *La Structure des théories physiques*, Paris, Presses Universitaires de France, 1951.

Heisenberg. Parece, portanto, como se a MQ encarnasse um cálculo lógico que impede a conjunção de certos enunciados ("não-comensuráveis"). Mas este argumento provém do fato de se considerar os *quantons* como partículas clássicas. A mesma dificuldade não surge se imaginarmos os *quantons* como carentes, em geral, quer de uma posição definida quer de uma velocidade definida, mas dotados de distribuições de posições e momento precisas (ver seção 2). Isto basta para dispersar a nuvem adicional da lógica quântica. Mas não é necessário: proposições incompatíveis apresentam-se em toda a parte e a lógica comum (o cálculo de predicados bivalentes) é suficiente para enfrentar tais situações. Se a conjunção de duas proposições é falsa, tudo o que temos a fazer é abster-nos de afirmá-la. Além disso, quando se axiomatiza a MQ a gente começa pressupondo certas teorias matemáticas, tais como a análise, que encerram a lógica clássica em seu bojo. Por conseguinte, aceitar a lógica clássica no nível dos fundamentos, tão-somente para rejeitá-la no nível dos teoremas, é cair em contradição.

Mas já é tempo de concluir.

6.4. Concluindo

A MQ, uma das mais ricas e profundas teorias, tem sido toldada desde o seu começo, há quarenta anos, por uma epistemologia subjetivista que remonta a Berkeley e Mach. Este lastro filosófico encontra-se não apenas em pilhas de meta-enunciados em voga, relativos à MQ, mas também em muitos dos próprios enunciados objeto da versão corrente da teoria. Como resultado, os referentes da versão corrente da MQ converteram-se – para parafrasear a acusação de Berkeley contra os vacilantes infinitesimais de Newton – nos fantasmas de falecidas entidades físicas.

Pretendeu-se, freqüentemente, com invejável convicção, que o casamento da MQ com o subjetivismo e, em particular, com o positivismo, é indissolúvel. Esta crença induziu alguns a rejeitar inteiramente a MQ, outros a propor o remodelamento da MQ segundo um espírito clássico e a maioria a viver em meio da névoa, ou com coragem ou com alegria. Entrementes os físicos têm, com êxito, estendido, aplicado e comprovado a teoria básica, prosseguindo em seu trabalho diário sem prestar atenção ao lastro filosófico. Este simples fato deveria ter sugerido que a união da MQ com a epistemologia subjetivística era um *casamento de conveniência* pelo qual o positivismo realçou seu prestígio, enquanto a nova ciência, inicialmente recebida com relutância por causa de seu desvio da física clássica, desfrutava do apoio de uma filosofia que era de moda entre os cientistas.

Este matrimônio tornou-se agora uma *mésalliance* e precisa ser dissolvido. Na verdade, a) a epistemologia subjetivista esposada pelo positivismo lógico está agora morta ou quase em conseqüência tanto da crítica externa quanto da autocrítica honesta efetuada pelos próprios positivistas; b) pode-se eliminar o lastro subjetivista que atravanca a MQ, se se converte esta última em uma teoria cabalmente física – uma teoria isenta de elementos psicológicos. Assim procedendo, a MQ não permaneceu um ramo solteiro mas ligou-se a uma nova esposa filosófica: a proposta realista. Não se trata, por certo, de realismo não crítico, mas de um realismo que, embora postulando a existência autônoma do mundo externo, está pronto a corrigir toda reconstrução conceitual do referido mundo – um realismo que reconhece que, embora as teorias físicas intentem mapear secções da realidade, elas o fazem de uma maneira fragmentária, imperfeita e simbólica mais do que de um modo total e literal[23].

Isto, longe de produzir complacência no campo realista, deveria pô-lo em movimento: conquanto a MQ não seja mais a prova viva de que o realismo é insustentável, sugere que as variedades existentes do realismo são subdesenvolvidas porque não conseguem oferecer uma detalhada descrição e análise dos sofisticados caminhos que a pesquisa científica trilha a fim de inventar e testar modelos conceituais de nacos de realidade. O metafísico deve experimentar um desafio similar. Até agora tem-se dito a ele que, à luz da MQ, a matéria se

23. Cf. o artigo citado na nota 5 e J. J. C. Smart, *Philosophy and Scientific Realism*, Londres, Routledge & Kegan Paul, 1963.

mostra mais parecida com o espírito do que com a matéria, afirmação que o deixa ou frustrado ou deliciado. Mas agora ele deve compreender que a matéria não foi desmaterializada pela MQ[24] porém que o retrato da matéria traçado pela física é bem mais complexo do que supunham a mecânica e a teoria clássica do campo: os *quantons* são coisas prometeicas que mal podem ser retratadas em termos clássicos. Mas de todo modo se encontram ali fora, à porta da ontologia, exigindo um novo exame de certas categorias ontológicas básicas, como as de substância, forma, movimento, novidade, determinação, causação, probabilidade e lei. Possa a nova física, uma vez depurada de uma filosofia obsoleta, estimular novos desenvolvimentos em epistemologia e ontologia.

24. Cf. H. Feigl, "Matter Still Largely Material", *in Philosophy of Science* 29, 39, 1962.

7. UMA CRÍTICA DA COMPLEMENTARIDADE

Até uns poucos anos atrás, raros eram os físicos que questionavam a interpretação usual da teoria quântica. Suas críticas eram sem dúvida úteis, mas permaneciam principalmente no nível filosófico; não ofereciam como alternativa nenhuma outra interpretação consistente do bem-sucedido formalismo matemático. Agora a situação se alterou de forma substancial: foram apresentadas várias interpretações de natureza realística, racional e determinística do mesmo formalismo. Como era de se esperar, sofreram forte oposição de parte dos defensores da filosofia oficial da teoria quântica, que é essencialmente de caráter positivista. O propósito do presente trabalho é o de examinar uma manifestação deste ponto de vista conservador, isto é, o artigo em que o Professor L. Rosenfeld[1] de Manchester, que é o mais renomado discípulo de

1. L. Ronsefeld, "Strife about Complementarity" (mencionado a seguir como *SC*, *Science Progress*, julho de 1953, n. 163, 393; trata-se de uma versão revista de "L'évidence de la complémentarité", em André Georg (ed.), *Louis de Broglie, physicien et penseur*, Paris, 1953.

Bohr, critica as novas tendências determinísticas, racionalistas e realísticas.

7.1. O que é Complementar a que?

A doutrina da complementaridade é uma interpretação das relações de incerteza de Heisenberg. No caso de sistemas mecânicos, esta última declara que é impossível conhecer simultaneamente, com uma precisão arbitrária, os valores de quaisquer duas variáveis conjugadas, como a posição e o momento de um elétron; no caso de um campo de radiação, as relações de incerteza consistem de enunciados similares concernentes às intensidades do campo magnético e elétrico. A doutrina da complementaridade, longe de interpretar tais relações matemáticas em termos de erros de medida de atributos objetivamente existentes (como é de crença comum), pretende que não tem sentido consignar simultaneamente uma posição objetiva e um momento objetivo a um elétron, ou todos os componentes de um campo de radiação. Quantidades conjugadas foram chamadas por Bohr de *complementares* entre si, no sentido de que são a) ambas mutuamente exclusivas, uma vez que a deteminação mais precisa do valor de uma delas resulta em maior incerteza com respeito à quantidade complementar; e b) ambas precisavam chegar a uma completa descrição de resultados experimentais, que a forma atual da teoria quântica deve produzir, segundo se supõe, pelo menos no domínio atômico.

Dado ao fato de os aspectos complementares serem mutuamente exclusivos, é impossível – assim argumenta Bohr – proporcionar um só retrato bem definido de fenômenos atômicos, sendo de outro lado indispensável dividir a imagem da realidade em dois modelos ou retratos *complementares*, que podem ser aplicados com todo rigor de maneira sucessiva e nunca simultaneamente, e isto simplesmente porque os aspectos abrangidos por cada modelo não são simultaneamente *observados*. No caso particular de entidades dotadas de massa (como os elétrons), um grupo de variáveis (posição e tempo) descreve o aspecto corpuscular, enquanto o grupo de quantidades complementares a estas (momento e energia, respectivamente) descreve – como se pode depreender da relação de De Broglie entre momento e comprimento de onda e da relação Planck-Einstein, entre energia e freqüência – o aspecto ondulatório. Neste particular, a asserção da doutrina da complementaridade é que microssistemas dotados de massa não são nem partículas, nem ondas, nem ondículas, mas simplesmente não *são* em si mesmos, pois não se deve supor a existência de nada à parte dos meios de observação. Logo, de acordo com a complementaridade, as palavras "partícula" e "onda" não designam nem objetos materiais nem propriedades de objetos materiais; não têm *status* ontológico, mas apenas empírico, pois são tão-somente entidades que entram na descrição de certos experimentos.

A maioria das pessoas acredita que a doutrina da complementaridade expressa meramente o fato óbvio de que nós alteramos a natureza sempre que agimos com o fito de conhecê-la; em outras palavras, que ao realizarmos uma mensuração estabelecemos uma interação entre uma peça do aparelho e o objeto em consideração, razão pela qual perturbamos inevitavelmente o segundo. Esta é uma interpretação válida das relações de incerteza de Heisenberg, que a doutrina da complementaridade tenta interpretar; mas essa concepção contradiz a doutrina da complementaridade, que não está centrada em *coisas* que devem ser observadas e que existem antes e depois dos atos de observação, mas, sim, em *observações* – posto que, argumenta-se, seria 'metafísico' supor que *há* algo além dos dados observacionais. Não se trata apenas do fato de que a doutrina da complementaridade sublinha o indubitável papel ativo do experimentador, o lado ativo do conhecimento; ela vai além, asseverando que as observações constituem o alfa e o ômega do conhecimento, que não há nada que está sendo observado, nada além da própria observação.

Bohr, durante quase um quarto de século, explicou cuidadosa e incansavelmente que não podemos atribuir uma realidade física autônoma (isto é, uma realidade independente do experimentador) a objetos na escala atômica[2]. Philipp Frank,

2. N. Bohr, *La théorie atomique et la description des phénomènes* (mencionado a seguir como *TA*), trad. por A. Legros e L. Rosenfeld, Paris,

um porta-voz autorizado da mesma tendência filosófica, elucidou este ponto com sua costumeira clareza, explicando que aquilo que chamamos de elétron não é um pedaço de matéria mas um conjunto de símbolos: "O 'elétron' é um conjunto de quantidades físicas que introduzimos para enunciar um sistema de princípios dos quais podemos logicamente derivar as leituras do ponteiro nos instrumentos de medida"[3]. Por certo, o mesmo há de ser válido no tocante às qualidades das coisas; assim, por exemplo, o momento de um elétron "nunca existiu exceto na medida em que temos um dispositivo que permite a definição de um 'momento' "[4]. É dito pois que as coisas e as qualidades das coisas existem somente enquanto feições de dispositivos experimentais e de atos de observação em si mesmos.

Agora que ficou claro para nós o significado operacional do conceito de realidade, estamos em posição de entender o que é complementar a que. De acordo com Bohr[5], duas coisas, dois dispositivos experimentais e suas descrições correspondentes, podem ser todos complementares. Quando temos um dispositivo experimental para determinar ('definir', no jargão positivista) um atributo, destruímos a possibilidade de erigir o arranjo 'complementar' que nos permitiria determinar seu atributo 'conjugado'.

Reparem mais uma vez que não é o valor numérico do atributo que é mudado através do ato de sua mensuração – visto que tal fato obrigaria a reconhecer que ele tinha um va-

Gauthier-Villars, 1932, p. 51; "Licht und Leben" (mencionado a seguir como *LL*), *Die Naturwissenschaften*, 1933, *21*, 245-250, p. 247) (ver também "Light and Life", *Nature*, 1933, *131*, 422, 457); "Kausalität und Komplementarität" (mencionado a seguir como *KK*), *Erkenntnis*, 1936, *6*, 293-303, p. 295; "Le problème causal en phsyique atomique" (mencionado a seguir como *PCPA*), no volume coletivo *Les nouvelles théories de la physique*, Paris, 1939, 11-32, p. 25; "Newton's principles and modern atomic mechanics" (mencionado a seguir como *NP*), no volume coletivo editado pela Royal Society, *Newton Tercenentary Celebrations*, Cambridge, 1947, 56-61, p. 59.

3. Philipp Frank, *Foundations of Physics* (mencionado a seguir como *FP*), em *International Encyclopedia of Unified Science*, *I*, n. 7, Chicago, 1946, p. 54.

4. Frank, *FP*, p. 55.

5. Bohr, *KK*.

lor antes de ser medido. Em tudo isto nem os objetos atômicos nem seus atributos são considerados coisas em si mesmas: os complementaristas confessadamente não fazem afirmações sobre o mundo real, sustentam que a mecânica quântica não fala de objetos reais que são observados mas de arranjos experimentais[6].

Com este fundamento puramente epistemológico, os complementaristas têm criticado duas noções muito comuns. De acordo com uma delas, "as relações de Heisenberg dizem que é impossível medir simultaneamente a posição e a velocidade de um elétron". Isto está errado, explica Bohr, porque implica a idéia de que posição e velocidade são atributos bem definidos do objeto, ao passo que a questão reside exatamente no fato de que somos forçados a renunciar à noção de "atributos autônomos do objeto" (*selbständige Attribute des Objektes*)[7]. A segunda noção popular criticada pelos complementaristas é que: "O elétron não tem velocidade e posição simultaneamente determinadas, sendo elas, na realidade, indeterminadas". Trata-se de uma interpretação errônea, afirma Frank, porque pressupõe haver algo (o elétron com propriedades indeterminadas) que pertence ao mundo real[8].

O que está em jogo em tudo isso não é a estrutura dos micro-objetos, porém toda a teoria do conhecimento com seu velho confronto entre materialismo e imaterialismo: a complementaridade não é uma doutrina física mas filosófica, porque não se refere à matéria em movimento mas aos conceitos e suas verbalizações. Como Frank diz de maneira tão divertida, "Toda esta confusão é produzida pelo fato de se falar de um objeto em vez da maneira como algumas palavras são usadas"[9]. Este fato, de que a doutrina da complementaridade é de natureza filosófica e não científica, não é de bom grado admitido pela maioria dos físicos complementaristas

6. Philipp Frank, "Philosophische Deutungen und Missdeutungen der Quantem-theorie" (mencionado a seguir como *PDM*), *Erkenntnis*, 1936, *6*, 303-317, p. 308. Ver também *Interpretations and Misinterpretations of Modern Physics*, Paris 1938.

7. Bohr, *KK*, p. 297.

8. Frank, *PDM*, p. 308.

9. *Idem*, *FP*, p. 55.

que, como Rosenfeld, consideram-na como "a mais direta expressão de um fato"[10]. Mas o que os físicos positivistas deixam de ver é concedido pelos filósofos positivistas. Assim, Reichenbach, em um de seus últimos livros, escreveu:

A dualidade de interpretações assumiu assim sua forma final: o *e* da descoberta de De Broglis não tem o significado direto de que ondas e corpúsculos existam ao mesmo tempo, mas tem o significado indireto de que a mesma realidade física admite duas interpretações possíveis, cada qual tão verdadeira quanto a outra, embora as duas não possam combinar-se num quadro único. O lógico diria: o *e* não está na linguagem da física, mas na *metalinguagem*, isto é, em uma linguagem que fala acerca da linguagem da física. Ora, em outra terminologia, o *e* pertence, não à física, mas à filosofia da física; não se refere a objetos físicos, mas a possíveis descrições de objetos físicos, caindo assim no reino do filósofo[11].

A natureza filosófica de todo esse debate tornar-se-á mais evidente quando se passa para seu problema central, que é também o problema central da filosofia, ou seja, a questão da relação entre sujeito e objeto.

7.2. *Esse est Percipi*

Para que alguém seja classificado como idealista não é preciso que passe o dia inteiro falando acerca do espírito ou sustente que a vida é um sonho; basta a afirmativa de que nada existe ou aparece por si mesmo, de maneira autônoma e independente de *alguma* mente. Berkeley o explicou, há muito, em sua maneira direta de falar:

A mesa sobre a qual escrevo, digo eu, existe, isto é, eu a vejo e sinto; e se eu estivesse fora de meu escritório, diria que ela existiu, querendo dizer com isso que se eu estivesse em meu escritório poderia percebê-la, ou que algum outro espírito na realidade a percebe; (mas) no que diz respeito à existência absoluta de coisas não pensantes sem qualquer relação com o fato de serem percebidas, isto parece perfeitamente ininteligível. Seu *esse* é *percipi*

10. Rosenfeld, *SC*, p. 396.
11. Hans Reichenbach, *The Rise of Scientific Philosophy*, Berkeley e Los Angeles, 1951, pp. 175-176.

(seu ser está em ser percebido), nem é possível que pudessem ter qualquer existência, fora das mentes ou coisas pensantes que as percebem[12].

Hoje em dia é difícil manter um tal idealismo subjetivo na vida comum; é mais fácil sustentá-lo para um domínio acessível apenas aos especialistas – por exemplo, ao da física atômica. Assim, com freqüência, nos deparamos com o divertido espetáculo de se afirmar o idealismo subjetivo com respeito a eventos microscópicos, enquanto uma espécie de materialismo é retido no tocante ao nível macroscópico. A seguir temos um exemplo deste dualismo epistemológico:

Na física clássica é possível estabelecer uma nítida distinção entre o sistema investigado e os meios de observação e, portanto, ignorar estes últimos ao estruturarmos nossa concepção do fenômeno. A existência do *quantum* de ação torna uma tal distinção impossível porque impõe um limite à análise da interação entre o sistema e o aparelho que fixa as circunstâncias em que o observamos. É portanto o todo indivisível formado pelo sistema e os instrumentos de observação que agora define o "fenômeno"[13].

Bohr adotou, por vezes, de maneira consistente o ponto de vista idealista, estendendo-o em nível macroscópio. Ele argumentou que, dado o fato de toda observação acarretar uma interação finita com o instrumento, "não se pode atribuir aos fenômenos nem ao instrumento de observação uma realidade física autônoma no sentido ordinário da palavra"[14]. Bohr chegou mesmo a aprovar o reparo de Heisenberg segundo o qual "os fenômenos comuns (isto é, macroscópicos) são, de certo modo, gerados pelas observações repetidas"[15]. Mas, em geral, atribui validade ao idealismo somente no nível atômico, sendo uma de suas declarações favoritas a de que na análise dos efeitos quânticos defrontamo-nos com a impossibilidade de "delinear qualquer separação incisiva entre um comportamento independente de objetos atômicos e sua interação com os instrumentos de medida que servem para definir as condi-

12. Berkeley, *A Treatise concerning the Principles of Human Knowledge*, § 3.

13. Rosenfeld, *SC*, p. 395.

14. Bohr, *TA*, p. 51.

15. *Idem*, p. 64.

ções sob as quais ocorrem os fenômenos"[16]. O ponto central é assim a negação da existência *autônoma* de objetos atômicos[17]. Como o atomismo, essa praça-forte do materialismo tradicional, não mais podia ser rejeitado (como o era nos dias de Mach), tornou-se aconselhável desnaturalizá-lo: aos átomos é concedido por fim um direito à existência, mas apenas no plano ideal, somente como "conceitos auxiliares"[18].

Uma vez removido o materialismo, é fácil dispensar a noção de que qualquer coisa vem de outra coisa, isto é, a causalidade. Bohr explicou claramente, de vez, que a rejeição da causalidade era apenas uma *conseqüência* da rejeição do materialismo:

> Fomos forçados a desistir do ideal da causalidade na física atômica unicamente porque, como conseqüência da inevitável interação entre o objeto de experimento e os instrumentos de medida – uma interação que não pode ser corrigida se esses instrumentos devem permitir a aplicação inambígua dos conceitos necessários à descrição dos experimentos – não podemos mais falar de um comportamento autônomo do objeto físico[19].

Assim, vemos claramente que a tão famigerada crise da causalidade nada mais é senão uma conseqüência da adoção de uma teoria idealista do conhecimento; não é um simples resultado da física moderna, é um dogma do moderno positivismo.

7.3. *Sozein ta Phainomena*

O ponto mais importante nessa controvérsia é que a maioria dos cientistas, pelo menos quando estão fazendo pesquisa, partilham do princípio materialista da existência objetiva de

16. *Idem*, "Discussion with Einstein on epistemological problems in atomic physics" (mencionada a seguir como *DE*), em P. A. Schilpp (ed.), *Albert Einstein: Philosopher-Scientist*, Evanston, Ill., 1949, p. 218. Ver também *NP*, p. 59.

17. *Idem, LL*, p. 247, e *KK*, pp. 294-296.

18. Cf. Mario Bunge, "Mach y la teoría atómica", *Boletín del Químico Peruano*, 1951, n. 16, 12-16.

19. Bohr, *KK*, p. 298.

uma coisa-em-si gradualmente cognoscível, ao passo que o positivismo sustenta que não há uma tal realidade "oculta" por trás da aparência, uma vez que o objeto é esgotado por sua percepção (hoje em dia, por sua medição). Este axioma positivista é muito antigo, mas nos tempos modernos foi pela primeira vez enunciado de maneira clara por Berkeley[20], que manteve o ponto de vista de que tudo é assim como parece ser, não havendo tal contraste entre aparência e realidade, pois tudo é aparência. Daí a prescrição metodológica: *sozein ta phainomena, salvare apparentias*, a fim de dar conta dos fenômenos (aparências)[21].

Essa atitude fenomenalista, típica do positivismo desde Comte, foi adotada pelos defensores da filosofia oficial da mecânica quântica, um de cujos melhores representantes, Heisenberg, enunciou explicitamente que a teoria quântica não presume a existência de uma *Ding an sich* atrás dos fenômenos (ou aparências)[22]. Em uma linguagem mais técnica isto é expresso no princípio dos observáveis, segundo o qual a física, ou pelo menos a física atômica, preocupa-se apenas com propriedades observáveis – quer dizer, as realmente observadas, com exclusão de toda espécie de "parâmetros ocultos". Assim, a física não é apresentada como a investigação do que Bacon chamou *natura libera* (tal como ela é sem nossa intervenção) através da *natura vexata* (tal como ela se torna quando a sujeitamos às nossas ações cognitivas) – mas como o exame das aparências, sendo estas concebidas (como veremos) como totalidades não analisáveis.

Por exemplo, Bohr[23] adverte especialmente contra o uso de frases como "perturbação dos fenômenos pela observação", isto é, contra o emprego do conceito de natureza vexada. A razão é simples: tais frases implicam a asserção da existência objetiva de uma realidade oculta, por ora, atrás das

20. Berkeley, *op. cit.*, §§ 87, 88.

21. No tocante à fase inicial da história desta regra, ver Pierre Duhem, ΣΩΖΕΙΝ ΤΑ ØAINOMENA, *Essai sur la notion de théorie phisique de Platon a Galilée*, Paris, Hermann, 1908.

22. Werner Heisenberg, *Wandlungen in den Grundlagen der Naturwissen-schaften*, 7ª ed., Zurique, 1947, p. 86.

23. Bohr, *DE*, p. 237.

aparências; de uma *natura libera* a existir enquanto não estamos atuando sobre ela. Daí por que Bohr redefiniu a noção de fenômeno de modo a eliminar dela toda referência a coisas observadas; de fato, ele advogou repetidamente a "limitação do uso da palavra *fenômeno* para referir-se exclusivamente a observações obtidas sob circunstâncias específicas, incluindo um relato do experimento todo"[24]. Tudo isso é admitido e elucidado por Weisäcker, o qual sugere que não se deve condenar a causalidade como tal, mas apenas a noção de causalidade *objetiva* e, em geral, a noção de coisa em si no sentido de existir independentemente do sujeito[25]. Sendo um teólogo erudito, não conclui daí a validade do materialismo, como Rosenfeld o faz, mas confirma a fé mística que é a sua. Jamais sonharia dizer que "Do ponto de vista dialético é quase evidente por si observar que a parte essencial desempenhada pelo observador na definição dos fenômenos é perfeitamente coerente com o caráter fundamentalmente materialista da ciência"[26].

Já notamos quão inconsistente é a manutenção do idealismo subjetivo para o reino atômico e do materialismo para nível macroscópio (sec. 2). Os átomos não existem à parte dos instrumentos, sustentam os idealistas. Ora, os instrumentos têm confessadamente uma estrutura atômica – que não foi até agora tomado em conta pela teoria. Assim sendo, se se afirma que "Só os instrumentos existem", então a pessoa está enunciando implicitamente a proposição que é contraditória a esta, ou seja, "Os átomos existem também objetivamente". Daí por que Bohr sempre insistiu que é preciso tratar os instrumentos de maneira clássica (isto é, macroscópica) – exatamente com o fito de evitar uma análise ulterior da famosa interação, uma análise que mostraria o que a contribuição de cada um, objeto e sujeito, é para o fenômeno. Pauli evita a mencionada inconsistência dando um passo a mais; ele decla-

24. N. Bohr, "On the Notions of Complementarity and Causality", *Dialectica*, 1948, 2, 312-319, p. 317. Ver também *PCPA*, p. 24, e *DE*, pp. 237-238.

25. Carl Friedrich von Weizsäcker, *Zum Weltbild der Physik*, 5ª ed., Stuttgart, 1951, pp. 30, 41-42, 76 e *passim*.

26. Rosenfeld, *SC*, p. 407.

ra que não só devemos lidar com observações sem implicar coisas observadas, mas não devemos sequer lidar com observações *reais* – apenas observações possíveis: "A observação efetiva aparece como um evento fora do alcance de uma descrição por meio de leis físicas e produz, em geral, uma seleção descontínua a partir das várias possibilidades previstas pelas leis estatísticas da nova teoria"[27]. Assim, de acordo com os representantes da filosofia oficial da mecânica quântica, bem como no caso de Berkeley, as observações têm de ser aceitas por seu valor aparente e toda tentativa de analisá-las e entendê-las é proibida para sempre.

É como se, daqui por diante, não pudéssemos estar certos se estamos observando o objeto ou se o objeto está nos observando, ou se está observando a si mesmo, ou se não estamos fazendo física, mas sim psicologia introspectiva: a distinção obsoleta entre sujeito e objeto não é mais válida, dizem os complementaristas; em seu lugar, temos uma confusão que não se pode analisar – não precisamente uma unidade em que ambos os termos interagem de uma determinada maneira, mas apenas uma "unidade selada" para cujo interior estamos proibidos de olhar. Parear tal posição com qualquer espécie de filosofia idealista é consistente. Mas é difícil entender por que Rosenfeld deve advogar, em nome do materialismo, a rejeição da distinção estabelecida pela "marca estreita e antiquada de materialismo" entre sujeito e objeto[28].

7.4. Um Afastamento da Objetividade?

Não seria isto um afastamento do ideal da objetividade? Weizsäcker[29] o admite abertamente e com alegria; Rosenfeld nega-o[30]. Argumenta à base de uma analogia com a teoria da relatividade, cujo conteúdo objetivo, a seu ver, está na invariança da forma de suas equações, com respeito a certos

27. Wolfgang Pauli, *Exclusion Principle and Quantum Mechanics*, Preleção de Prêmio Nobel, Neuchâtel, ed. du Griffon, 1947, p. 18.
28. Rosenfeld, *SC*, p. 405.
29. Weizsäcker, *op. cit.*
30. Rosenfeld, *SC*, p. 405.

grupos de transformações, ou com respeito à escolha do tipo de referência. (Neste sentido é interessante notar que Bohr[31], de outro lado, pensa que a relatividade é apenas o reconhecimento da dependência *essencial* de *todo* fenômeno físico em relação ao observador.) Parece ao autor que Rosenfeld identifica erroneamente *objetivo* (pertencente ou relacionado ao objeto) com *absoluto*, que na física significa independente de padrões e quadros de referência. Tal identificação (e o correlativo do subjetivo com o relativo) foi sustentada por Newton, mas agora é indefensável. O efeito Doppler é um exemplo clássico de um fenômeno objetivo embora relativo: objetivo, porque é produzido independentemente da existência de seres humanos, independentemente do sujeito; relativo, porque não é o mesmo para todos os sistemas materiais sem levar em conta seu estado de movimento (não envolve um objeto mas um potencial infinito de objetos). O aumento relativístico da massa com a velocidade é muitas vezes apresentado como um fenômeno aparente que depende do observador – que é também falso. Trata-se certamente de algo relativo, mas também objetivo, porque ocorre independentemente do fato de ser ou não observado: e, graças à conversibilidade da energia cinética em energia de radiação, por meio da aceleração de um elétron no betatron somos recompensados com os raios X que são tão objetivos quanto as causas que os produzem. Assim, não apenas entidades invariantes mas também relativas podem ser perfeitamente objetivas. De outro lado, entidades e relações absolutas podem não ter um significado objetivo.

As teorias da relatividade operam com fatos objetivos – alguns relativos e outros absolutos; e, dando conta da realidade, elas fazem uso de entidades ideais, que por sua vez podem ser relativas ou absolutas. A relatividade, como qualquer outro ramo da ciência física, preocupa-se apenas com fatos objetivos, nunca com fatos essencialmente dependentes do observador (isto é, fatos subjetivos) – a despeito das afirmações de Bohr. As entidades relativas são expressas de uma maneira não-invariante, ao passo que entidades absolutas são expressas de uma maneira invariante sob a condição de que as cate-

31. Bohr, *LL*, p. 247, e *KK*, p. 294.

gorias "relativo" e "absoluto" são por sua vez relativas, pois se referem sempre a um certo conjunto de transformações; enquanto, de outro lado, o grau de objetividade de uma teoria não depende da extensão de sua invariança, mas da extensão de seu acordo com os objetos aos quais se refere. O observador, que desempenha um papel tão central nas apresentações positivistas da relatividade, é, como no caso da mecânica quântica, apenas *um* dos possíveis sistemas materiais que entram em um fenômeno relativo.

Ao contrário de Rosenfeld, penso que o caráter de objetividade de um conjunto de símbolos não depende de suas propriedades de invariança (que, vamos repeti-lo, é relativa a um dado conjunto de transformações), mas somente do *significado físico* a eles atribuído. Isto é, não depende da forma das equações mas apenas de seus *conteúdos* – daquilo que os empiristas lógicos chamam de regras semânticas. Se, dentro do contexto de uma dada teoria, dizemos que "O símbolo x representa a posição de um massa pontual", esta afirmação fará parte do conteúdo objetivo dessa teoria na medida em que se pode dizer que existem massas pontuais, e mesmo que não estejamos capacitados a mensurar o valor efetivo de x. Esta asserção terá um significado absoluto na medida em que a qualidade está envolvida (uma vez que x não cessará de representar uma posição, não se converterá em um momento, por exemplo); e terá um significado relativo no tocante à quantidade, posto que o valor numérico de x dependerá do sistema de referência (quer se realize ou não uma mensuração real). Em uma simples definição como essa podemos entender o quanto a objetividade não está necessariamente vinculada à invariança ou ao caráter absoluto.

Mutatis mutandis, o mesmo se aplica à teoria quântica. Rosenfeld assevera que o conteúdo objetivo dessa teoria, "expressão objetiva das leis quânticas da natureza", é representado pelas equações que ligam os operadores entre si, porque essas equações (por exemplo, as regras de comutação) são invariantes para transformações canônicas, "que expressam a passagem de um modo de observação a outro"[32]. Pois bem, as equações de operador são suscetíveis de uma infinidade de

32. Rosenfeld, *SC*, p. 406.

representações que, quando se faz referência *explícita* a dados observacionais, referem-se cada qual a um "modo de observação", a uma "condição particular de observação". O primeiro ponto que desejo sublinhar é que tais afirmações importam na asserção de que as leis quânticas referem-se a objetos existentes independentemente de nossos atos de observação; elas implicam que há uma *única realidade por trás* das inumeráveis aparências, por trás de nossas representações dessa realidade. E isto contradiz claramente a asserção básica de Rosenfeld segundo a qual *nenhuma* separação desta ordem entre o objeto e o sujeito é sequer concebível. De modo que, sem percebê-lo, ele nos está dizendo que podemos reter a objetividade científica sob a condição de que *não* aceitemos os fundamentos epistemológicos da interpretação usual da teoria quântica – que é uma bela peça de lógica empirista.

Mas, há mais ainda: de novo Rosenfeld confunde, creio eu, "absoluto" e "objetivo". Uma escolha de representação, ao contrário de seu reparo, não envolve necessariamente a subjetividade – do mesmo modo que a escolha de um quadro de referência não elimina a objetividade; envolve apenas, do ponto de vista matemático, uma especialização. A invariança canônica de certas equações básicas não proporcionam o conteúdo objetivo de uma teoria. Poder-se-ia construir, e isto é efetivamente feito todo dia, teorias que são invariantes sob uma multidão de transformações, mas que simplesmente não funcionam, isto é, que não têm conteúdo objetivo – como acontece com a maioria das teorias de campo do méson. De outro lado, podemos limitar-nos à escolha de uma representação especial (em particular, à escolha do espaço e do tempo como variáveis básicas) e ainda assim obter a maior parte, se não a totalidade, dos resultados verificados da mecânica quântica. Além do mais, o que sucederá à estrutura matematicamente bonita das transformações no espaço de Hilbert o dia que as atuais equações básicas (tais como as equações de onda) forem reconhecidas apenas como aproximações lineares de equações não-lineares? Como foi salientado por Bohm[33], se acei-

33. David Bohm, "A Suggested Interpretation of the Quantum Theory in Terms of 'Hidden Variables'" (mencionado a seguir como *IQT*), *Physical*

tamos tal possibilidade, a estrutura toda rompe-se e somos compelidos a sacrificar a generalidade *matemática* e escolher, em proveito da generalidade *física*, uma representação especial. E isto não é especulação ociosa, pois sabemos, com base na experiência em outros campos da física, que a linearidade não é uma qualidade absoluta e final da natureza, mas somente uma aproximação de nosso conhecimento dela.

Para resumir, Rosenfeld parece inconsistente quando identifica a objetividade como algo absoluto, ou invariança, pois é levado então a admitir implicitamente que a matéria existe independentemente do fato de ser percebida – o que corre em sentido contrário ao da filosofia oficial da mecânica quântica. Mais ainda, creio que é erro de sua parte afirmar essa identidade, porque existem objetividades relativas bem como subjetividades absolutas.

7.5. São os Fenômenos Atômicos Não-Analisáveis?

Vimos (Secs. 2 e 3) que, para Bohr e Rosenfeld, o sistema observado e o instrumento de observação formam um todo, uma "unidade selada" a definir o fenômeno.

> Qualquer fenômeno em escala atômica precisa assim ser concebido como um todo; qualquer tentativa de aplicar-lhe a mesma espécie de análise que a utilizada na física clássica fá-lo-ia simplesmente desaparecer. A palavra "atômico" resume aqui seu sentido etimológico com uma conotação mais sutil[34].

Em outros termos, o fenômeno em escala atômica é considerado como um todo na acepção das filosofias holísticas – uma totalidade que não pode ser racionalizada e portanto representa um limite, um *non plus ultra*, para o conhecimento humano. Por exemplo, qualquer mudança de energia num áto-

Review, 1952, *85*, 166, 180. Ver também "Comments on an Article of Takabayasi concerning the Formulation of Quantum Mechanics with Classical Pictures", *Progress of Theoretical Physics*, 1953, *9*, 273.

34. Rosenfeld, *SC*, p. 395. Ver também "L'évolution de l'idée de causalité" (mencionado a seguir como *EIC*) *Mém. Soc. Roy. des Sciences de Liège*, 4° ser., 1942, *6*, 59-87, p. 59.

mo tem de ser vista como elementar ou atômica, porque nela está envolvida o *quantum* para sempre indivisível[35]; e, como Bridgman disse certa vez, "não tem sentido penetrar mais fundo que o elétron", pois não há realmente nada dentro dele.

Esta versão moderna do atomismo é tão mecanicista como o antigo atomismo e tão irracionalista como qualquer cosmovisão obscurantista. O traço irracionalista encontra-se na pretensão de que as totalidades são não analisáveis, que sua análise e compreensão está fora das possibilidades humanas, para sempre. Este aspecto irracionalista da filosofia oficial da mecânica quântica foi reconhecido pelo próprio Bohr, quando escreveu que o "postulado quântico", segundo o qual todo processo atômico revela um caráter de "individualidade" ou totalidade, é um "elemento irracional"[36]. Em outra parte, depois de descrever um fenômeno de difração de elétron, Bohr sublinha a universalidade de uma tal totalidade irracional (que ele chama de individualidade):

> A impossibilidade de uma análise mais estrita das reações entre a partícula e o instrumento de medida não é, na verdade, peculiaridade do processo experimental descrito, mas antes propriedade essencial de qualquer arranjo adequado ao estudo dos fenômenos do tipo em questão, onde lidamos com um traço de *individualidade* inteiramente alheio à física clássica[37].

Esta impossibilidade *a priori* de uma análise mais fina, da descoberta, por assim dizer, da estrutura fina da perturbação *causada* pelos meios de observação, foi salientada ainda mais incisivamente no último artigo filosófico de Bohr, onde lemos que "na mecânica quântica, não lidamos com uma renúncia arbitrária a uma análise mais detalhada dos fenômenos atômicos, mas com o reconhecimento de que uma tal análise é *em princípio* coisa excluída"[38]. Em outras palavras, não é um decreto "metafísico" arbitrário que nos proíbe abrir a

35. Bohr, *LL*, p. 246.
36. *Idem*, *TA*, p. 9.
37. *Idem*, "Can quantum-mechanical description of physical reality be considered complete?" (mencionado a seguir como *QMDPR*), *Physical Review*, 1935, *48*, 696-702, p. 697.
38. *Idem*, *DE*, p. 235, o grifo é de Bohr.

unidade selada constituída pelo "fenômeno" atômico: agora a própria ciência dita o *ukase – scientia dixit*.

Assim, para os defensores da interpretação usual da teoria quântica, os fenômenos atômicos e sua observação não são penetráveis mais além. Em vez de átomos de matéria, ou átomos de movimento, temos agora átomos de conhecimento. Isto não significa que os filósofos quânticos partilhem do preconceito kantiano da incognoscibilidade da *Ding an sich* (coisa em si); não, eles dizem simplesmente que nada há a ser conhecido para além do fenômeno, que o fenômeno é a última parada *in res* bem como *in mente*. Essa atitude irracionalista foi excelentemente exposta por Schlick, o falecido cabeça do Círculo de Viena, em seu derradeiro artigo, onde lemos: "A física quântica ensina inexoravelmente que a previsão pormenorizada de eventos futuros é em princípio impossível. Portanto, coloca sobre a cognoscibilidade da natureza um limite intransponível. Este é exatamente o limite da possibilidade de previsão causal"[39]. Mas essa incognoscibilidade não consiste apenas na impossibilidade de conhecer algo existente *in res*, embora objetivamente de um modo temporário ou para sempre oculto; tais processos, elucida Schlick, não são ocultos, simplesmente não *são*, pois nada existe além dos limites intransponíveis estabelecidos pela mecânica quântica.

De acordo com o positivismo, a mecânica quântica impõe uma *limitação* ao nosso conhecimento e ao mesmo tempo nos dá uma *completa* descrição de tudo o que há para conhecer. Numa teoria materialista do conhecimento, isto seria contraditório; na epistemologia positivista não é. Schlick explica este ponto, repetindo a afirmação de Bohr[40] de que a mecânica quântica é uma completa descrição da realidade física:

> As leis quânticas honram a pretensão de uma completa e exaustiva descrição da natureza no sentido de que dizem *tudo* quanto há para dizer em qualquer língua acerca de qualquer processo natural. E assim em geral: quando dizemos que de acordo com os princípios da física quântica a cognoscibilidade da natureza é de qualquer modo *limitada*, isto nunca significa que

39. Moritz Schlick, "Quantentheorie und Erkennbarkeit der Natur", *Erkentnis*, 1936, *6*, 317-326, p. 317.

40. Bohr, *QMDPR*.

ainda há algo além do limite, algo que permanecerá para sempre *oculto* de nós. Não estamos aqui lidando com um limite entre conhecidas e para sempre desconhecidas leis naturais; o limite de cognoscibilidade é, ao mesmo tempo, o limite da legalidade (*Gesetzmässigkeit*) da natureza[41].

Em suma, os positivistas mantêm o velho dogma que natureza e conhecimento são por assim dizer finitos, pois seriam compostos de átomos básicos, não analisáveis – desta vez, um tipo engraçado de átomos. Os materialistas científicos, de outro lado, rejeitam o atomismo extremo, que é uma feição de mecanicismo, e os dogmas irracionalistas do caráter não analisável das totalidades, asseverando, ao invés, que natureza e conhecimento da natureza são qualitativamente infinitos e inexauríveis. Sustentam que a cada nível há totalidades tão estreitamente entrelaçadas, tão predominantemente determinadas por seus movimentos internos e pela interligação de suas partes que, na realidade, se comportam como atômicos em seu nível; mas nada existe que nos garanta que esses átomos são indecomponíveis em outros níveis, de modo que se pode por vezes considerá-los como indivisos, mas não como indivisíveis. Isto vale em especial para a unidade formada pelo sujeito e objeto. Em suma, os materialistas científicos rejeitam o atomismo como *ultima ratio* e a asserção correlativa da esgotabilidade do conhecimento.

É clara a razão pela qual os materialistas científicos não aceitam limites últimos, assim como é clara a razão pela qual os positivistas se comprazem em inventá-los: sempre foi subversivo impelir a pesquisa à frente, exigir explicação para tudo, afirmar que nenhuma explanação é final. De outro lado, a acolhida positivista dos fatos como eles são, o dogma irracionalista de que deve haver alguns limites *a priori* infranqueáveis do conhecimento, sempre foi a atitude conformista. Essa atitude de resignação, essa tentativa basicamente anticientífica e conservadora de fixar *a priori* o escopo da pesquisa e a profundidade da explicação é uma idéia favorita dos filósofos quânticos e foi explicitamente enunciada por Bohr nas seguintes palavras: toda análise do próprio conceito de "explanação" deve sempre começar e terminar com uma resignação no

41. Schlick, *op. cit.*, p. 319.

tocante ao entendimento de nossa atividade consciente de pensar[42]. Essa atitude lembra um dos reparos de Leibniz acerca da crença de Descartes de que as curvas não poderiam ser retificadas: ele cometeu esse engano, diz Leibniz, por pura presunção, medindo as forças de toda a posteridade por suas próprias forças.

7.6. Hyotheses non Fingo

'Nenhum elemento hipotético entra na interpretação de Bohr'[43] da mecânica quântica, escreve Rosenfeld. Não fica claro se ele se refere aqui às conotações populares ou a algumas das conotações técnicas da palavra hipótese; em ambos os casos sua asserção é errônea. Antes de tudo, o assim chamado princípio da complementaridade é em si mesmo hipotético em todo sentido, porque é uma conjetura mais do que aleatória (que é a conotação popular de 'hipótese'), porque não é diretamente verificável (sendo apenas uma possível interpretação das relações de Heisenberg), e porque é usada como o ponto de partida para uma multidão de inferências; a tal ponto que, dizem-nos, 'Se a consideramos do ponto de vista da epistemologia, podemos ser levados a modificar a teoria do conhecimento'[44]. O único significado que se poderia validamente atribuir à enigmática sentença reproduzida no começo é que a complementaridade não é uma hipótese física porém filosófica, como fica provado, praticamente, pelo fato de não ter sido derivado dela uma única fórmula nem um único experimento.

Para demonstrar que a complementaridade é uma hipótese, ou um conjunto de hipóteses, e não um enunciado fatual, bastará lembrar que ela se baseia em várias outras hipóteses, de modo que seu caráter hipotético é de segunda ordem. Na realidade, o assim chamado princípio de complementaridade e a filosofia toda ligada a ele repousa sobre pelo menos as seguintes hipóteses:

42. Bohr, *LL*, p. 250.
43. Rosenfeld, *SC*, p. 396.
44. *Idem*, p. 394.

i. 'A forma atual da teoria quântica fornece a mais completa descrição possível da realidade física; em particular, a função de onda proporciona uma completa especificação do estado de um microobjeto individual.' A hipótese é falsa, digo eu, porque nenhuma teoria da realidade jamais foi verificada como completa nem pode ser completa no mesmo sentido em que uma teoria matemática pode sê-lo; podem existir teorias completas de objetos ideais porque estes têm *por definição* um número finito de qualidades. Nenhuma teoria física pode ser completa levando-se em conta os seguintes axiomas subjacentes a todo esforço científico e que é confirmado por seus malogros e sucessos: a) a natureza e cada uma de suas partes é inexaurível, atual* assim como potencialmente (com respeito às partes, em si mesmas assim como no tocante às suas interligações infinitas); b) a natureza é um todo interligado, de modo que a especificação completa de um único objeto requeriria a completa especificação do universo todo, o que é no mínimo impossível, do ponto de vista prático; c) o conhecimento, como sua história mostra, é tão inexaurível quanto seus objetos; d) estamos limitados a um número finito de variáveis (em geral, a um conjunto finito de símbolos com um número finito de propriedades), ao passo que a completa especificação de cada pedaço de matéria exigiria presumivelmente um número infinito de variáveis.

ii. 'As relações de incerteza de Heisenberg (que são um axioma da mecânica de matrizes e um teorema da mecânica ondulatória e que são justamente o que o "modo complementar de descrição" visa a interpretar) são coeternas com a mecânica quântica; não é concebível nenhuma mudança desta que permiria a definição simultânea da posição e do momento de um microobjeto.' Esta suposição é evidentemente tão frágil quanto a primeira, pertencendo como pertence à mesma classe de asserções metafísicas.

iii. 'A física não lida com atributos autônomos do objeto mas com possíveis observações e com observáveis.' Esta afir-

* No sentido aristotélico *i. e.*, real. (N. da T.)

mação, que é chamada princípio dos observáveis, é uma forma do enunciado berkeleiano segundo o qual "ser é perceber ou ser percebido", o qual, penso, refutei alhures[45]. Além de ser filosoficamente errado, o princípio dos observáveis contém o germe de sua própria destruição porquanto, como é bem conhecido[46], requer – se se quiser que a teoria seja cabalmente "operacional" – a asserção simultânea da proposição inversa, isto é, "Um observável mecânico-quântico arbitrário, ou seja, um operador Hermiteano linear arbitrário, é fisicamente observável". O mínimo que se pode objetar a isso é que se trata de um enunciado não verificado – que, portanto, não deveria fazer parte de uma teoria positivista; pois é claramente impossível verificar a existência de dispositivos experimentais que permitiriam a mensuração dos atributos representados pelos operadores que a nossa fantasia poderia definir.

iv. 'As variações de energia atômica são elementares ou atômicas na acepção etimológica do termo "atômico". O *quantum* é para sempre indivisível; em particular, nunca seremos capazes de analisar as trocas de momento e energia, de modo que os limites no conhecimento estabelecidos pelas relações de Heisenberg são intransponíveis'. Esta hipótese é mecanicista, porque envolve uma atomicidade última, e é irracionalista, porque afirma um *ignorabimus*. É certamente verdade que o *quantum* de ação simboliza um certo nível de realidade, o nível atômico, que é uma casca dura de quebrar; mas todo fato na história do conhecimento, bem como numerosos indícios provenientes dos níveis mais baixos não cobertos pela forma atual da mecânica quântica, sugerem que a suposição de uma tal atomicidade irredutível e última é errônea: em todo caso, semelhante hipótese é inverificável.

v. 'A interação finita ou "atômica" entre sujeito e objeto, o liame inevitável e irredutível de todo objeto atômico com

45. Mario Bunge, "New dialogues between Hylas and Philonous", *Philosophy and Phenomenological Research*, 1954, *15*, 192.

46. P.A.M. Dirac, *The Principles os Quantum Mechanics*, Oxford, 1947, p. 37.

seu observador, força-nos a abandonar o ideal da objetividade e, como conseqüência, toda forma de causalidade'. Esta suposição é errônea, em primeiro lugar, porque há uma interpretação *causal* consistente da forma atual da mecânica quântica[47] que é, ao mesmo tempo, realística, e que *retém* a indivisibilidade do *quantum*. Em segundo lugar, porque a interação objeto-sujeito é, como qualquer outra interação, uma *prova* de *alguma* espécie de causalidade; somente se as mensurações não perturbassem em nada os objetos de observação cessaria de ser válida a lei causal. Em terceiro lugar, porque nenhuma teoria isolada, por bem-sucedida que seja, poderia forçar-nos a renunciar a causalidade, que é a chave da explicação científica; no máximo, poderia obrigar-nos (na realidade, somos obrigados) a abandonar temporariamente a esperança de *prever* com precisão arbitrária o resultado de fenômenos dentro de um certo nível; mas mesmo um tal reconhecimento temporário de uma limitação no determinismo *epistemológico* não afeta em nada o determinismo *ontológico*, isto é, o princípio de que todas as coisas estão interligadas umas com as outras de uma maneira precisa, independentemente de nossa capacidade de desvendar a forma dessas conexões.

vi. 'Há duas e somente duas categorias finais por cujo intermédio podemos descrever experimentos atômicos: ondas e partículas, que precisam ser sempre concebidas na maneira clássica, embora tendo como conceitos um intervalo limitado de validade'. Esta suposição, de que partículas e ondas são as únicas formas possíveis de matéria, é arbitrária; nada garante que no futuro outras formas de matéria não serão descobertas; além do mais, é uma suposição nociva, pois bloqueia o caminho de avanços ulteriores. O máximo que se poderia dizer é que, até agora, não fomos capazes de transcender tal limitação conceitual.

Assim, não é certo que a idéia de complementaridade é acima de tudo a mais direta expressão de um fato[48], não é

47. Bohm, *IQT*.
48. Rosenfeld, *SC*, p. 396.

verdade que Bohr não simula hipóteses quando fala de complementaridade. O que é verdade é que a doutrina da complementaridade não é fisica – nem correta.

7.7. *Complementaridade na Física Clássica?*

Seguindo as sugestões de Bohr[49], Rosenfeld deseja estender a complementaridade à física clássica – o que mostra uma vez mais que a complementaridade não é um resultado necessário da moderna física atômica mas um dogma filosófico. A idéia desta extensão é que em ambos os campos nosso conhecimento é imperfeito, pois a natureza das medições nos impede de unir todos os dados em um único modelo conceitual. Assim, somos informados[50] que os aspectos microscópico e macroscópico ou termodinâmico da evolução de um sistema físico estão um para com o outro numa relação de complementaridade; em outras palavras, as variáveis energia e temperatura seriam complementares entre si. Os fundamentos para esta conclusão são os seguintes[51]: 1) a energia é uma variável mecânica (o que diria Ostwald disso?), porque serve para definir um sistema em mecânica estatística; ao passo que a temperatura é, como a entropia, uma variável termodinâmica por meio da qual executamos a descrição térmica do mesmo sistema que é descrito mecanicamente por meio da energia; 2) a energia e a temperatura são complementares uma à outra porque, se medimos a energia, fixando destarte seu valor, não estamos aptos a afirmar o valor da temperatura com uma precisão arbitrária; e inversamente, a equalização da temperatura que ocorre quando pretendemos medi-la produz várias distribuições possíveis de energia, ou seja, uma latitude no valor da energia – e isto é interpretado no sentido de que o sistema não tem energia definida, ou não está em estado definido de energia.

49. N. Bohr, "Chemistry and the Quantum theory of atomic constitution" (mencionado abaixo como *CQT*), *Jour. Chem soc.*, 1932, pp. 384-394.

50. Rosenfeld, *SC*, p. 398.

51. *Idem*, e "The foundations of statistical mechanics", conferência, São Paulo (Brasil), agosto de 1953.

É claro que esta extensão da complementaridade é uma aplicação consistente do princípio epistemológico básico do idealismo subjetivo: *esse est percipi*. O sistema não *tem* temperatura, argumenta-se, se a temperatura observável não está sendo medida; *tem* energia somente quando tentamos medi-la (Destouches diria quando temos a intenção de medi-la). Fica também claro que uma das premissas do argumento, isto é, que a energia é uma variável exclusivamente mecânica e a temperatura uma variável exclusivamente térmica, é errada; de fato, ambas podem ser introduzidas por via fenomenológica (não-mecânica) no tocante à matéria em bloco, como se faz na termodinâmica; ou por via analítica, como se faz na mecânica estatística. Além do mais, a termodinâmica e as descrições microscópicas não fornecem aspectos colocados no mesmo pé, como Rosenfeld presume, mas diferentes níveis de análise que desvendam correspondentemente diferentes níveis de matéria, cada qual caracterizado por qualidades específicas (por exemplo, a temperatura tem sentido apenas para grandes agregados de átomos). E, como nenhuma relação de complementaridade é concebível entre conceitos e sistemas conceituais referentes a diferentes níveis, não se pode encarar as descrições microscópica e termodinâmica como complementares uma à outra. (Poder-se-ia argumentar, em favor de Rosenfeld, que mecanismo ignora níveis.)

Mas tudo isso é trivial em comparação com a seguinte descoberta da interpretação idealista da mecânica estatística: a irreversibilidade dos processos naturais que ocorrem na matéria em bloco seria conseqüência de nossa ignorância. Eis a prova exigida pelo leitor cético: 'A irreversibilidade nasce de um elemento estatístico sobreposto às leis elementares, isto é, o caráter incompleto de nosso conhecimento das condições iniciais que determinam a evolução do sistema em virtude daquelas leis'[52]. Esta é uma velha idéia de Bohr[53], que há mais de vinte anos declarou que a irreversibilidade não é uma qualidade de processos no nível macroscópico (não é uma qualidade de totalidades que está ausente de cada uma de suas par-

52. *Idem*, p. 397.
53. Bohr, *CQT*.

tes tomadas isoladamente umas da outras) – mas uma propriedade de *nossa* descrição dos referidos processos. A irreversibilidade, explicou ele, 'não significa que uma inversão do curso dos acontecimentos é impossível, mas que a previsão de semelhante inversão não pode constituir parte de qualquer descrição envolvendo um conhecimento da temperatura dos vários corpos'[54]. O mesmo aconteceria na mecânica quântica: há reversibilidade nas leis do movimento, mas

irreversibilidade essencial na interpretação física deste simbolismo. Na termodinâmica bem como na mecânica quântica a descrição contém uma limitação essencial imposta ao nosso controle dos acontecimentos que se liga com a impossibilidade de falar de fenômenos bem definidos no sentido comum[55] da mecânica.

Pois bem, esta suposta limitação essencial, inerente, intransponível diante do conhecimento (exemplificada pela ignorância dos valores iniciais) parace exercer efeitos inteiramente mágicos: primeiro, produz irreversibilidade; depois, produz um conhecimento mais profundo. Quanto ao primeiro efeito, é claro: é apenas nosso conhecimento imperfeito das condições iniciais 'que define o comportamento termodinâmico do sistema'[56]. Assim, de acordo com Bohr e Rosenfeld, a irreversibilidade não seria um traço objetivo de sistemas materiais no nível macroscópico, um resultado de um dado tipo de interações entre suas partes, mas um resultado da limitação de nossa análise das mencionadas partes. Tão logo conseguimos aperfeiçoar as observações, sustenta Rosenfeld[57], a irreversibilidade desaparece; de modo que, se quisermos levá-la em conta, cumpre-nos deter nossa análise sobrepondo à dinâmica um irredutível elemento estatístico (isto é, células finitas no espaço de fase). Esta resignação à ignorância, como Born[58] o formula em uma apresentação similar deste proble-

54. *Idem*, p. 376.
55. *Idem*, pp. 376-377.
56. Rosenfeld, *SC*, p. 397.
57. *Idem*, conferência mencionada acima.
58. Max Born, "Le second principe de la thermodynamique déduit de la théore des quanta", *Annales de l'Institut Henri Poincaré*, 1949, *II*, 1-13, p. 6.

ma, longe de ser temporária é 'fundamental e inevitável'. E aí temos o segundo efeito mágico da ignorância: que ela nos dá um maravilhoso corpo de leis da natureza na forma de mecânica estatística; se ainda ampliado pelo acréscimo do postulado da impossibilidade, em princípio, de conhecer os detalhes do comportamento microscópico do sistema, então esta marca particular de ignorância nos proporciona um nível ainda mais profundo de conhecimento, ou seja, a estatística quântica. Como é mágica semelhante espécie de "dialética"!

Em suma, a interpretação idealista feita por Bohr e Rosenfeld da termodinâmica e da mecânica estatística contém as seguintes hipóteses filosóficas: 1) o axioma idealista (ou operacionalista) de que um sistema não tem energia (ou temperatura) enquanto não a medimos; 2) a inferência idealista de que a irreversibilidade, esse traço conspícuo da natureza, é uma conseqüência de nossa ignorância de pormenores – que se poderia chamar de paradoxo da humildade orgulhosa; 3) a curiosa opinião segundo a qual, quanto mais ignoramos, tanto mais conhecemos – que é o paradoxo da *docta ignorantia*; e 4) o princípio mecanicista de que o acaso é irredutível e, além disso, é o modo básico de comportamento, pois os fenômenos possuem, segundo Rosenfeld, "um caráter estatístico próprio, inerente à sua natureza e conseqüentemente irredutível"[59].

7.8. *Será a Complementaridade a Única Interpretação Racional Possível?*

Rosenfeld pretende que a 'complementaridade aparece como a única interpretação racional possível' da mecânica quântica[60]. Além disso, que 'O primeiro ponto a compreender é que a concepção de complementaridade impõe-se a nós com necessidade lógica'[61] – como se fosse um teorema e não uma hipótese. O caráter apriorístico, dogmático dessa asserção

59. Rosenfeld, *SC*, p. 397.
60. *Idem*, p. 399.
61. *Idem*, p. 394.

aparece ainda mais claramente na profecia segundo a qual 'Qualquer que seja a forma a ser tomada pela futura teoria, ela terá de incorporar a complementaridade com um caso limite, assim como a própria' complementaridade incorpora o determinismo clássico[62]. Ao fim de sua alegação, Rosenfeld concede que 'a complementaridade é apenas uma fase que em breve teremos de deixar para trás[63] numa espécie de negação 'dialética' porque, assim somos informados,' a futura teoria reforçará a complementaridade fixando seu lugar dentro de uma síntese ainda mais ampla'[64]. Desta maneira, primeiro somos informados que a complementaridade é a negação dialética do determinismo, que doravante goza somente de uma validade limitada, isto é, no nível macroscópico; agora nos dizem que 'a' futura teoria, longe de negar dialeticamente a complementaridade, há de *reforçá-la* – o que soa como uma interpretação mecanicista da dialética, na medida em que sugere que o termo negado ou subtraído permaneça inalterado, mudando apenas seu contexto com sua negação. Se aplicada à sociologia, tal concepção da negação dialética poderia produzir teorias engraçadas.

Essa estranha profecia sobre o *futuro* da mecânica quântica, que presumivelmente se origina em revelações sobrenaturais, é oferecida precisamente como um antídoto contra as interpretações deterministas da mecânica quântica, desenvolvidas em tempos recentes, e que, ao ver de Rosenfeld, estão todas condenadas a um só destino[65]. Por quê? Porque são menos racionais do que 'a única interpretação racional possível'[66]? Supostamente. Mas, se é assim, defrontamo-nos com um novo paradoxo, que se pode esquematizar da seguinte maneira: 1) a interpretação ortodoxa é a única racional (e a única racional *possível* nisso!) – mas, como Bohr[67] e Rosenfeld[68] repetidamente asseveraram, estabelece um limite à racio-

62. *Idem*, p. 402.
63. *Idem*, p. 408.
64. *Idem*, p. 409.
65. *Idem*, p. 403.
66. *Idem*, p. 399.
67. Bohr, *TA*.
68. Rosenfeld, *EIC*.

nalidade, ao entendimento dos fatos, e deixa uma irracionalidade irredutível. 2) As interpretações não-ortodoxas são tacitamente acusadas de ser não-racionais ou, quando pouco, menos racionais do que a ortodoxa[69] – quando se empenham em transcender os limites estabelecidos à racionalidade dos fenômenos atômicos pela filosofia oficial da mecânica quântica e, no mínimo, até onde a interpretação causal de Bohm[70] está envolvida, o próprio Rosenfeld reconhece que ela é autoconsistente[71]. Como Kierkegaard disse, a religião é feita de absurdos e paradoxos – e por isso é que se deve crer nela.

Vamos dar uma espiada nessas "condenadas" interpretações determinísticas. Limitar-nos-emos à própria obra de Bohm que de acordo com Rosenfeld "está tramada de maneira muito inteligente"[72] e que é precisamente a que provocou a atual chuva de ataques contra o autor bem como contra de Broglie e outros físicos que se atreveram a objetar à fé ortodoxa. Em minha opinião, Rosenfeld comete dois enganos básicos em sua curta exposição das idéias de Bohm. A primeira é sua asserção de que Bohm fez uma descrição dos fenômenos atômicos "inteiramente dentro do espírito da mecânica corpuscular", encarando a onda de Broglie meramente como "um conceito auxiliar"[73]. Basta passar os olhos pelos artigos de Bohm para ver que ele *postula* explicitamente a realidade objetiva do campo ψ, bem como a realidade objetiva do aspecto de partícula de microobjetos. Pois bem, é surpreendente que, de todas as pessoas no mundo, fosse Rosenfeld quem criticasse a hipótese da irrealidade das ondas de Broglie. E é justamente na interpretação de Heisenberg-Bohr que elas são vistas como simples ferramenta conceitual (nem sequer modelo conceitual de realidade) a capacitar alguém a calcular probabilidades – donde o nome de 'ondas de probabilidade' ou mesmo de 'ondas de conhecimento', assim como a expressão absurda 'interferência de probabilidades'. Na interpretação ortodoxa não temos nem partículas nem ondas, mas apenas

69. *Idem, SC*. p. 400.
70. Bohm, *IQT*.
71. Rosenfeld, *SC*. p. 403.
72. *Idem, ibidem*.
73. *Idem, ibidem*.

um par de 'conceitos conjugados'[74]. É Bohr, e não Bohm, que encara as funções de onda como meros símbolos úteis na formulação das leis de probabilidade que governam a ocorrência dos processos elementares[75]. Em geral, as fórmulas da teoria quântica são encaradas na interpretação ortodoxa como enunciados acerca de "fenômenos" observáveis que nada afirmam acerca do mundo real. Por que então haveria Rosenfeld de antipatizar-se com o fato, inexistente aliás, de Bohm ter eliminado as ondas ψ da realidade?

O segundo erro importante cometido por Rosenfeld em sua crítica apressada à interpretação de Bohm é a sua asserção de que, no fim de contas, ela termina em complementaridade, porque quando se medem os "parâmetros ocultos" a descrever a posição e o momento reais do elétron, recaímos nas relações de incerteza. Isto não é certo, pois na interpretação causal aqueles parâmetros descrevem objetivamente qualidades existentes, isto é, qualidades que o elétron possui mesmo quando fechamos os laboratórios e vamos dormir – ao passo que na interpretação usual eles só existem na medida em que são "conjurados" pelo experimentador (para usar as palavras de Rosenfeld[76]) – que atua, supõe-se, como um mágico. Por certo, a determinação experimental desses atributos é sujeita a erro, já que a melhor maneira de conhecermos a natureza é modificando-a – mas desta vez as incertezas são consideradas 1) como uma limitação prática não e como um curso eterno, 2) como efeito de uma *perturbação real* exercida sobre objetos *reais*. Na interpretação usual não podemos dizer que os instrumentos perturbam o objeto, pois isto implica que este existe objetivamente; quer dizer, a mensuração não é considerada como responsável por uma perturbação real no trajeto e na velocidade originais do microobjeto, estando condenada a produzir apenas uma mudança descontínua e imprevisível na função de onda (de um estado geral para um auto-estado do observável medido), que por sua vez não possui outro significado físico afora o de uma amplitude de probabilidade.

74. *Idem*, *SC*. p. 395.
75. Bohr, *CQT*, p. 370.
76. Rosenfeld, *SC*. p. 393.

Assim, na interpretação costumeira, antes da medida, o microobjeto não se encontrava em nenhum estado definido em geral (e nem sequer se pode dizer que tenha existido), enquanto na interpretação causal, se a entendo corretamente, o ato de mensuração muda o sistema de um estado real e precisamente definido para outro estado real e precisamente definido, embora o primeiro talvez não fosse conhecido experimentalmente com suficiente precisão. Assim, as relações de Heinseberg são conservadas na interpretação de Bohm – como era de esperar, uma vez que ele não altera equação de Schrödinger; mas não são *interpretadas* como relações de complementaridade e este é, justamente, o objetivo de Bohm. Além do mais, não são concebidas como eternas; futuras teorias, que sem dúvida são urgentemente necessárias, poderiam mudar essas relações, mostrando que elas têm um limitado domínio de validade. Rosenfeld não vê isto porque identifica as relações de incerteza com as interpretações positivistas destas relações, isto é, com a doutrina da complementaridade.

Há quase vinte anos, Castelnuovo, o notável matemático, externou uma opinião que na época constituía uma advertência e ainda hoje é uma lição de prudência:

> É sempre necessário levar em conta que a ciência nunca será completada e que o progresso das observações e da teoria pode conduzir da atual fase antideterminista a uma fase determinista – a qual, por seu turno, pode ser seguida no futuro por várias alternativas similares[77].

Conclusões

Nossa principal conclusão é que a interpretação usual da mecânica quântica nem é a única interpretação racional possível nem está de acordo com o materialismo científico. Ela é, de outro lado, consistente com os princípios do empirismo lógico, particularmente com a teoria berkeleiana do conhecimento.

77. Guido Castelnuovo, "Il Principio di causalità", *Scientia*, 1936, *60*, 61-68, p. 68.

Tampouco o menor dos méritos das recentes interpretações causais da mecânica quântica proposta por de Broglie[78], Bohm[79], Jánossy[80], Novobatzky[81], Takabayasi[82], Vigier[83] e outros, bem como a infatigável crítica de Einstein[84] e de Schrödinger[85], é que elas estão nos despertando do cochilo dogmático (como Kant diria) em que a maioria de nós mergulhou. Verificou-se, na prática, que a complementaridade não é a única interpretação possível da mecânica quântica. E isto permitiu sugerir vários caminhos de saída da atual estagnação da física teórica, uma estagnação que se deve, certamente, em larga medida, ao dogmatismo com que a filosofia oficial da teoria quântica tem sido sustentada.

Daqui por diante nenhum físico teórico dado à reflexão terá o direito de pronunciar palavras como estas:

> Vejam quão nitidamente as previsões estatísticas da mecânica quântica se adaptam à interpretação dos resultados experimentais! Elas são todas passíveis de verificação e incorporam todo detalhe singular que a experiência nos revela. Nem em demasia nem muito pouco: o que mais querem as pessoas?[86]

Doravante, um número cada vez maior quer entender as fórmulas e não apenas calculá-las; doravante, um número cada

78. Louis de Broglie, *La Physique Quantique, restera-t-elle Indéterministe?*, Paris, 1953.

79. Bohm, *IQT*.

80. L. Jánossy, "The Physical Aspects of the Wave-particle Problem", *Acta Physica Hungarica*, 1952, *I*, 423-467.

81. K. F. Novobatzky, *Annalen der Physik* (6), 1951, *9*, 406; 1953, *II*, 285.

82. T. Takabayasi, *Progress of Theorical Physics*, 1952, *8*, 143; 1953, 9, 187.

83. Jean-Pierre Vigier, *C.R. Acad. Sci.*, 1951, *233*, 1010; 1952, *234*, 410; 1952, *235*, 1107.

84. A. Einstein, B. Podolsky e N. Rosen, "Can Quantum-mechanical Description of physical Reality be Considered Complete?", *Physical Review*, 1935, *47*, 777-780. Ver também "Autobiographical Notes" e "Reply to Criticism" de Einstein, em P. A. Schipp (ed.), *Albert Einstein: Philosopher-Scientist*, Evanston, II., 1949.

85. Erwin Schrödinger, "Are there Quantum Jumps?" *The British Journal for the Philosophy of Science*, 1952, *3*, 109-123, 233-242. Ver também *Endeavour*, 1950, *9*, 109-116, e *Scientific American*, 1953, *189*, n. 3, 52.

86. Rosenfeld, *SC*, p. 404.

vez maior quer deixar para trás a presente estagnação e um número cada vez maior está compreendendo que isto só será possível renunciando-se à filosofia positivista de que faz parte a doutrina da complementaridade. A atitude dessas pessoas parecer-se-á cada vez mais à atitude livre e destemida que Harvey[87] descreveu há três séculos:

> Os verdadeiros filósofos, que só sentem avidez pela verdade e pelo conhecimento, nunca se consideram como pessoas já tão cabalmente informadas, mas saúdam qualquer informação ulterior não importa de quem ou de onde possa vir; tampouco são tacanhos de mentalidade a ponto de imaginar qualquer das artes ou ciências a nós transmitidas pelos antigos, em tal estado de adiantamento ou completude que nada resta para a ingenuidade e indústria dos outros. Pelo contrário, um número muito grande sustenta que tudo quanto sabemos é ainda infinitamente menor do que tudo quanto ainda permanece desconhecido; tampouco os filósofos sujeitam sua fé a outros preceitos de tal modo que perdem a liberdade e cessam de dar crédito às conclusões de seus próprios sentidos.

87. William Harvey, *Exercitatio Anatomica de Motu Cordis et Sanguinis*, Dedicatória (1628), *apud* W. T. Sedgwick e H. W. Tyler, *A Short History of Science*, New York, 1917, Apêndice D.

8. A ANALOGIA NA TEORIA QUÂNTICA

A analogia, como os porquinhos-da-índia, encontra-se em todas as casas e todo o mundo admira sua fertilidade mas ninguém a examina com cuidado e ninguém confia nela. A ubiqüidade e a fecundidade da analogia na formação de hipóteses são de tal modo óbvias que mal é preciso celebrá-las[1]. Lembramo-nos todos que, em muitos aspectos, a molécula se comporta como uma esfera rígida, que o átomo era descrito como um minissistema solar, que o "mágico" núcleo atômico é comparável a um sistema de concha atômica fechado e que o fóton pode tomar uma feição de partícula. Mas também sabemos, em uma inspeção mais atenta, que estas e a maioria das outras analogias em física acabaram mostrando que são apenas isto – analogias e não descrições literais. Aprendemos

1. Para um grande número de exemplos, v. H. Metzger, *Les concepts scientifiques*, Paris, 1926; M. Dorolle, *Le raisonnement par analogie*, Paris, 1949; G. Polys, *Mathematics and Plausible Reasoning*, 2 vols, Princeton, 1954; e Society for Experimental Biology, *Models and Analogues in Biology*, Cambridge, 1960.

a tolerar e até a encorajar a feitura de atrevidas analogias na busca de novas idéias – que é uma forma de se conseguir quilometragem extra com as velhas idéias. Mas aprendemos também a desconfiar da analogia quer como constituinte de teorias, quer como índice para a sua avaliação: queremos ir além das semelhanças e gostamos de pensar que não aceitamos uma teoria apenas porque pode ser entendida em termos de idéias familiares.

Essa atitude ambivalente com respeito à analogia – a prolífica mas superficial matrona – parece prevalecer em todos os campos científicos. Exceto na teoria quântica, onde as analogias esboçadas há meio século não foram ainda forçadas a se retirarem, embora tenham de há muito cessado de procriar algo, exceto confusão. Em particular, as analogias entre sistemas quânticos e partículas clássicas e ondas tornaram-se uma pedra de tropeço a impedir uma interpretação consistente da teoria. O alvo do presente trabalho é defender esta reivindicação. O resultado será tríplice: 1) ênfase sobre a originalidade da teoria quântica e convite para entendê-la em seus próprios termos; 2) eliminação das doutrinas metafísicas de dualismo e complementaridade, 3) descarte da tese de que a interpretação e a explicação científicas possuem um caráter em essência analógico. Mas antes de atacar a questão, devemos correr os olhos sobre os conceitos designados pelo ambíguo termo "analogia", tanto mais quanto muitas vezes eles são manipulados por vias analógicas.

8.1. Analogia: Substancial e Formal

Quando nos defrontamos com alguma novidade, espontaneamente começamos a oscilar entre dois pólos: tentamos descobrir com o que a nova coisa se parece e com o que ela não se parece. A tomada de conhecimento de semelhanças e diferenças é o início do conhecimento. Ora, dois objetos *A* e *B* são parecidos em certa medida quer partilhem de várias propriedades, como no caso de duas coisas perceptíveis quaisquer, quer os constituintes de *A* e suas relações mútuas condigam com as de seu análogo *B*, como no caso de um corpo e sua representação conceitual como um conjunto de pontos. Embora, em ambos casos, uma identidade parcial de espécies esteja implicada, no primeiro pode-se chamar de substancial a semelhança, a similaridade ou a analogia, enquanto no segundo se pode dizer que ela é formal[2]. Ondas de água e ondas sonoras são substancialmente análogas umas às outras (ambas são ondas de pressão) e são formalmente análogas às ondas de luz (satisfazem leis similares). De outro lado, os fluxos de fluidos, eletricidade e calor são, do ponto de vista formal, mas não substancial, análogos uns aos outros. Sem dúvida, se dois objetos são substancialmente análogos, eles o serão também sob o ângulo formal, mas não inversamente; nem mesmo a completa analogia formal, isto é, o isomorfismo, implica similaridade substancial.

Substancial ou formal, a analogia pode ser forte ou fraca, rasa ou profunda. A analogia substancial entre os indivíduos de uma espécie é forte, assim como o é a analogia formal entre os microscópios óptico e eletrônico. De outro lado, a analogia substancial entre membros de diferentes *filos* é fraca, assim como o é a analogia formal entre luz e elétrons. Se duas coisas partilham de todas as propriedades elas são idênticas: a identidade substancial é então um caso particular da analogia substancial. Igualmente, se a analogia formal entre dois objetos é completa, então eles são formal ou estruturalmente idênticos, não importa o quanto difiram na natureza. Pode-se introduzir da seguinte maneira um conceito comparativo de analogia substancial: *A* assemelha-se a *B* mais do que a *C* se o conjunto de propriedades partilhadas por *A* e *B* for mais numeroso do que o conjunto de propriedades partilhadas por *A* e *C*. E vários conceitos numéricos de analogia substancial têm sido introduzidos na taxonomia numérica[3]. Quanto à analogia formal, pode-se elucidá-la como homomorfismo: é possível dizer que *A* e *B* são formalmente análogos se houver um homomorfismo quer de *A* para *B* ou inversa-

2. A distinção entre substancial e formal encontra-se em Metzger, *Les Concepts Scientifiques*; e em M. Bunge, *Scientifc Research*, 2 vols., Nova York, 1967.

3. P. H. A. Sneath e R. R. Sokal, "Numerical Taxonomy", *Nature 193*, 1962, 855.

mente. (Um homomorfismo de *A* e *B* é uma relação-e-operação que preserva um mapeamento de todos os componentes de *A* em alguns dos elementos de *B*.) Se esta correspondência é válida em ambos os sentidos ela recebe o nome de isomorfismo. Uma caracterização mais precisa requer a especificação da natureza dos objetos envolvidos.

Substancial ou formal, a analogia é uma relação de similaridade, pois é reflexiva e simétrica. Mas, visto que enfraquece com a "distância", a analogia não é transitiva exceto quando completa. Portanto, salvo no caso limite de identidade (substancial ou formal), a analogia não é uma relação de equivalência. Como uma conseqüência, a analogia parcial não leva ao agrupamento de objetos em classes nítidas e disjuntas de equivalência: ela é incuravelmente enevoada. Daí seu poder heurístico e o declínio de seu poder com o amadurecimento da ciência. Seja como for, se quisermos alcançar alguma clareza acerca deste conceito algo obscuro e no entanto importante, cumpre-nos tratá-lo de um modo não-metafórico, particularmente tendo em vista que a maior parte da literatura sobre o assunto[4] toma a metáfora proporção-analogia por uma análise da analogia. (O grego ἀναλογία significa proporção ou igualdade de razões, isto é, $A : B = C : D$.)

Qualquer assertiva no sentido de que o recém-nascido *B* é similar ao velho *A*, quer substancial quer estruturalmente, é por certo um *enunciado* de analogia. Os enunciados de analogia podem ser verdadeiros ou falsos em certa extensão e por si mesmos não causam perturbação nem paz. De outro lado, um pulo da conjunção de "*A* e *B* são análogos" com um enunciado acerca de *A*, para um enuncidado relativo a *B*, é uma *inferência* analógica. (Este aspecto elementar precisa ser apontado porque grande parte da literatura contemporânea acerca da analogia o negligencia.) E argumentos derivados da analogia podem ser férteis, mas são todos não válidos; seu êxito, se houver algum, não depende de sua forma mas da natureza do caso – por isso não pode haver lógica da analogia[5]. Em todo

4. Isto vale em particular para Dorolle, n. 1, p. 265, e M. Hesse, *Models and Analogies in Science*, Notre Dame, Ind., 1966.

5. Ver Bunge, *Scientific Research*, vol. II, cap. 15, sec. I.

caso, se a declaração de analogia que ocorre entre as premissas de uma inferência analógica for de analogia substantiva, então o argumento conclui que *B* tem a posse de algumas ou mesmo de todas as propriedades que se atribui a *A*. (Notem a analogia com indução, em que a quantificação é sobre indivíduos e não predicados.) E se uma analogia formal ocorre entre as premissas, então a conclusão de uma inferência analógica enunciará que o padrão correspondente será similar ou até idêntico ao original.

Em ambos os casos a conclusão de um argumento a partir da analogia é inconclusiva; é uma conjectura que é mister submeter a outras verificações além das que validam a premissa da analogia. Se a hipótese mostrar-se falsa concluiremos que a inferência não era apenas não válida mas também estéril. Mas se a hipótese mostrar-se (suficientemente) verdadeira, regozijar-nos-emos com a fecundidade da inferência (não válida) e com a profundidade do enunciado de analogia em sua base. A maior recompensa para uma tal aventura será constatar que a similaridade era completa: que não era uma simples analogia, porém uma identidade real, ou que não era uma mera similaridade de forma, porém uma identidade estrutural ou um isomorfismo.

Os empregos da analogia em ciência são essencialmente os seguintes: *Heurístico* – para classificar, generalizar, descobrir novas leis, construir novas teorias e interpretar novas fórmulas; *Computacional* – para resolver problemas computacionais pela manipulação de análogos (*e. g.*, modelos elétricos de sistemas mecânicos); *De Uso Experimental* – para resolver problemas de prova empírica pela manipulação de análogos, particularmente réplicas e simulações (*e. g.*, análise experimental de tensão de corpos de aço sobre réplicas de plásticos translúcidas). Focalizaremos aqui a primeira função da analogia, como se apresenta na teoria quântica. Assim, a assertiva de que o vetor de estado de um microssistema representa uma onda real (a interpretação original de de Broglie-Schrödinger) foi captada a partir da analogia formal entre a equação de estado quanto-mecânica e as equações de ondas clássicas: era uma inferência analógica baseada em uma analogia do tipo formal. Nos primeiros tempos da teoria esta interpretação era considerada literal e não metafórica, isto é, a analogia formal era tomada como indicativa de uma analogia substancial. Pouco tempo depois, ao propor sua interpretação estocástica, Born mostrou tacitamente que não se poderia concluir por nenhuma similaridade substancial a partir da analogia formal: que o vetor de estado não representa uma substância peculiar espalhada sobre o espaço todo disponível mas que representa o estado do sistema. Isto posto, sem a analogia a mecânica ondulatória talvez não tivesse nascido e assim chamada difração de ondas de matéria não seria contada como uma confirmação empírica decisiva desta mecânica. Mas a sobrevivência desta interpretação, lado a lado com a interpretação estocástica, (por sua vez, moldada numa linguagem corpuscular) é responsável por muitas das dificuldades conceituais (não-computacionais e não-empíricas) da teoria quântica. Isto será mostrado subseqüentemente.

8.2. *As Analogias estão Condenadas a Ruir mesmo quando Férteis de Início*

É indubitável que a analogia pode ser fecunda na exploração preliminar de um novo território científico, ao sugerir que o novo e desconhecido é, em alguns aspectos, como o velho e o conhecido. Se *B* se comporta como *A* sob certos ângulos, então vale a pena tomar como hipótese que agirá assim também em outros aspectos. Seja ou não a hipótese bem-sucedida, teremos aprendido algo, ao passo que nada se poderá aprender se nenhuma hipótese for formulada, em geral. Se uma hipótese de analogia passar pelas provas, saberemos que *A* e *B* são de fato similares quer substancial quer formalmente. E se a analogia falhar por inteiro, compreenderemos que se fazem necessárias algumas idéias radicalmente novas porque *B* é, em algum sentido, radicalmente diferente de *A*. Mas a menos que a analogia seja extremamente específica ou detalhada, é provável que resista a uma primeira aproximação pois, no fim de contas, nosso aparelhamento conceitual é limitado e dois sistemas concretos não são dissimilares em todos os aspectos. A questão a decidir é o que se deve sublinhar em dado estádio da pesquisa: deve-se enfatizar a semelhança ou a diferença?

O tratamento elementar do espalhamento de luz por elétrons (efeito Compton) é um exemplo típico de um triunfo inicial e um malogro final da analogia como método para manejar adventícios. Fingindo-se que tanto o elétron quanto o fóton são partículas (uma assunção ausente do tratamento avançado), o problema pode reduzir-se à colisão elástica de dois corpos e pode-se obter a fórmula para o deslocamento da freqüência da radiação espalhada – desde que se esteja disposto a por de lado uma freqüência que é incompreensível no contexto da mecânica. Isto é, se restringirmos nossa atenção às trocas de momento e descuidarmos de todas as outras questões, então a analogia bola-fóton – que, embora desconcertante, é tanto substancial como formal – mostra-se fecunda. Mas ela cai por terra tão logo se fazem perguntas ulteriores, algumas das quais hão de receber respostas erradas, sugeridas pela analogia, ao passo que outras não irão receber resposta nenhuma, pois não estão cobertas pela analogia. (Assim a analogia há de sugerir que se pergunte qual é a massa do fóton, sendo a resposta errada de que ela deve ser $h\nu/c^2$, pois seu momento é igual a $h\nu/c$ e sua velocidade é c. Isto é absurdo, pois não há massa relativa sem massa em repouso, e não há massa em repouso sem um referencial em repouso – para não mencionar a inexistência de equações de movimento de fótons. De outro lado, a analogia mecânica não nos ajudará a calcular a secção de choque de espalhamento, que requer a consideração de algumas das propriedades eletromagnéticas e quanto-mecânicos do elétron e do fóton.)

A analogia, então, tem dois gumes. De uma parte, facilita a pesquisa no interior do desconhecido, encorajando-nos a estender tentativamente nosso conhecimento antecedente a um novo campo. De outra, se o mundo é variegado, então a analogia está condenada a exibir sua limitação em algum ponto, pois o que é radicalmente novo é precisamente o que não se pode explicar com plenitude em termos familiares. Este parece ser o caso das analogias que ajudaram a construir as teorias quânticas, particularmente as analogias da partícula e da onda; elas parecem ter alcançado o seu ponto de ruptura faz muito tempo. Sem dúvida, era muito humano que se fosse buscar a inspiração na física clássica, fazendo de conta que os elétrons e os fótons se comportam às vezes como partículas e outras vezes como campos: não havia outro meio senão a analogia a fim de atribuir algum significado físico à mecânica ondulatória e à mecânica de matrizes (e mais tarde, à eletrodinâmica quântica também). Mas, entrementes, dever-se-ia ter aprendido pelo menos duas lições. A primeira é que as analogias da partícula e da onda são fracas e, além do mais, mutuamente inconsistentes. A segunda, é que as entidades acerca das quais versam as teorias quânticas portam-se de uma maneira original, isto é, de acordo com leis não-clássicas – razão por que não podem ser nem corpos clássicos nem campos clássicos. Portanto já é mais do que tempo reconhecer-se que as teorias quânticas deveriam livrar-se desses análogos clássicos e reconhecer que dizem respeito a coisas *sui generis* dignas de um novo nome genérico – digamos, *quantons*[6].

8.3. A Dualidade Partícula-onda em Óptica

Várias teorias ondulatórias da luz reinaram na óptica desde o tempo de Young, Fresnel e Cauchy até o nascimento da hipótese do fóton em 1905. Daí por diante até a criação da eletrodinâmica quântica em 1927, dois corpos de idéias mutuamente inconsistentes foram usados para explicar os fatos da óptica: a teoria do campo de Maxwell e um conjunto de hipóteses (que mal chegava a ser um sistema hipotético-dedutivo) aglomerado em torno da hipótese do fóton. Pensava-se que a natureza da luz era dual e esta dualidade foi muitas vezes considerada irredutível.

A eletrodinâmica quântica (doravante EDQ) foi edificada com o propósito de incorporar a dualidade partícula-onda em um corpo consistente de idéias, superando assim o maniqueísmo do período anterior. Acredita-se ainda amplamente

6. *Idem*, *Foudations of Physics*, Nova York, 1967.

que a EDQ conseguiu êxito na incorporação dessa dualidade, principalmente por causa da quantização do campo e porque a teoria atribui ao fóton tanto um momento linear quanto angular (ou antes análogos quânticos destes). Mas isto, por certo, não estabelece que a EDQ diga respeito ao fóton como partícula. Primeiro, porque a EDQ nega-lhe as duas propriedades corpusculares definidoras, isto é, a localização precisa – portanto um caminho definido – e uma massa. Segundo, porque, como conseqüência, a EDQ não contém nenhuma equação do movimento propriamente dita: todas as suas equações básicas, inclusive as relações de comutação, são equações de campo, das quais nenhuma implica trajetórias de fótons no espaço comum. (Na verdade, qualquer fórmula para a taxa de variação de uma variável dinâmica com o tempo, chamase equação de movimento, mas trata-se apenas de uma metáfora, pois não precisa haver movimento envolvido.) Terceiro, porque as propriedades que a EDQ consigna ao campo de radiação são não-mecânicas – *e. g.*, os componentes elétrico e magnético, as fases e a independência em relação ao referencial da velocidade de propagação do campo.

Quando muito, a EDQ permaneceu mais próxima da teoria do campo de Maxwell do que da mecânica: no fim de contas, é essencialmente a quantização da primeira. As propriedades quânticas do campo não deveriam ser confundidas com as propriedades corpusculares ou mecânicas deste campo. Assim, o fato de se poder acrescentar o momento do fóton ao momento mecânico de um pedaço de matéria, para produzir uma quantidade conservada, não prova a natureza mecânica dos fótons mais do que prova a natureza eletromagnética da matéria; da mesma maneira, a possibilidade de adicionar energias de diferentes tipos não demonstra sua identidade com o trabalho mecânico. Tudo o que isto mostra é que o quadrivetor energia-momento, ao contrário de massa e carga, é uma propriedade não-específica, isto é, uma propriedade que caracteriza todo sistema físico conhecido daí por diante. Do mesmo modo, o fato de ser possível decompor a energia do campo em energia de radiação de osciladores não prova que o campo é um sistema mecânico mas, antes, que o formalismo hamiltoniano não compromete e presta-se a analogias mecânicas que são às vezes desencaminhadoras[7]. Se jogarmos diferentes teorias em uma e mesma estrutura matemática – digamos, a "dinâmica" hamiltoniana – então somos obrigados a produzir analogias formais. Mas neste caso não deveríamos dar um caráter de hipóstese a esta similaridade matemática exclamando: "Vejam só, a mãe Natureza é inteiramente mecânica (ou inteiramente eletromagnética)!"

Em suma, a dualidade partícula-onda que rompeu a unidade da teoria eletromagnética em 1905 estimulou a criação de outra teoria, a EDQ, que pôs de lado a referida dualidade. Mesmo nas versões mais sofisticadas, a EDQ é uma teoria do campo não contendo hipótese acerca da natureza corpuscular dos fótons. A dualidade óptica é então uma relíquia do interregno 1905-1927, um remanescente que serve principalmente para desencaminhar os estudiosos para a crença de que a luz é ao mesmo tempo ondulatória e não-ondulatória ou, pior ainda, que é tão despida de caráter que há de assumir a aparência daquilo que o onipotente observador escolher.

8.4. A Dualidade Partícula-onda na Mecânica

A dualidade partícula-onda sugeriu a de Broglie o problema de saber se a matéria não poderia apresentar dualidade similar. Se o campo eletromagnético parecesse ter um lado mecânico, era bem possível que a matéria também tivesse um aspecto de campo. "A idéia de uma tal simetria foi o ponto de partida da mecânica ondulatória"[8]. O fato da analogia ser extraordinariamente fecunda não prova que ela tenha sido antes substancial do que formal.

Felizmente de Broglie e Schrödinger não perceberam, ao que parece, na época, que os formalismos de Hamilton e Ha-

7. *Idem*, "Lagragian Formulation and Mechanical Interpretation", *Americam Journal of Physics*, 25, 1957, 211, e *Foundations of Physics*, cap. 2, sec. 6.

8. L. de Broglie, *Matière et lumière*, Paris, 1937, p. 171. Ver também E. Schrödinger, "Quantisierung als Eigenwertproblem. II", *Annalen der Physik*, 79,1926, 489.

milton-Jacobi são de tal modo generosos que podem abrigar qualquer teoria física, quase, desde a mecânica até a termodinâmica. Se soubessem disto talvez não ficassem maravilhados com a analogia entre o princípio óptico de Fermat e o princípio mecânico de Hamilton e talvez deixassem, em conseqüência, de inventar a mecânica ondulatória. Teríamos que nos debater com a menos pictórica mecânica das matrizes e seríamos poupados do engano de acreditar que a mecânica quântica trata de ondas de uma certa espécie (ondas de matéria).

Chegamos a compreender a originalidade da mecânica quântica (doravante MQ) porque a teoria pode ser formulada sem se lançar mão da heurística de de Broglie e Schrödinger. Além disso, embora ainda sejam usadas expressões como 'função de onda', 'pacote de onda', 'comprimento de onda' e 'equação de onda' quando se trabalha nesta formulação particular (o 'quadro' de Schrödinger), a tendência é encará-las como análogos clássicos unilaterais. A própria frase a onda de de Broglie associada a um elétron mostra que não mais acreditamos que os elétrons *sejam* ondas: tendemos, ao invés, a pensar o vetor de estado como uma propriedade básica e global de um sistema físico mais do que uma coisa ou uma propriedade específica como a massa. Tampouco acreditamos que as assim chamadas partículas elementares sejam simples corpúsculos. A tendência é considerá-las entidades singulares dotadas tanto de propriedades corpusculares quanto ondulatórias, que são enfatizadas alternadamente ou trazidas à luz em diferentes ocasiões. Criticaremos a segunda destas crenças por ser analógica, mas antes de fazê-lo cumpre-nos recordar quais eram os seus fundamentos: os físicos podem ser teimosos, porém raramente são caprichosos.

Há dois argumentos em favor da dualidade partícula-onda da matéria: um é baseado em conjunto de experimentos, outro, em um conjunto de fórmulas. Os experimentos, que envolvem bocados de matéria e que são invocados em prol do dualismo, são por sua vez de duas espécies: aqueles em que parece surgir em primeiro plano as propriedades corpusculares (*e. g.*, traços de prótons sobre uma chapa fotográfica) e aqueles em que as propriedades do tipo onda são proeminentes (*e. g.*, espalhamento de elétrons por um arranjo regular de átomos). Mas isto dificilmente prova algo com respeito à natureza dos microssistemas envolvidos, pois os arranjos experimentais são macrofísicos e os resultados experimentais são descritos em termos clássicos – em termos de partículas e ondas. Tudo isto mostra apenas que podemos usar idéias clássicas quando se chega no nível do macro. Mas isto já sabíamos. (Mais sobre o assunto, encontraremos na Seção 6.)

De outro lado, a interpretação costumeira ou a de Copenhague sobre a MQ está certa ao enfatizar que o 'aspecto de onda' e o 'aspecto de partícula' dependem do arranjo experimental. Assim, um elétron não mostrará o mesmo comportamento quando disparado através de uma rede de difração do que ao ser imerso em um campo de raios X. Em suma, a *parecença* de um *quanton* com uma partícula (entidade clássica) ou com um campo de ondas (entidade clássica) é passível de controle experimental – ou, como dizem os devotos de Copenhague de forma desencaminhadora, depende do 'observador'. Formulado de outra maneira: o *quanton*, esse objeto prometeico, quando sob a atuação de um macrossistema (*e. g.*, um arranjo experimental) pode ser plasmado tanto em uma (pseudo) partícula quanto em uma (pseudo) onda, dependendo de suas interações com o referido macrossistema. (É inútil dizer que este último é um sistema físico, não psicofísico, e além disso que não precisa ser um artefato: há redes e outros filtros na natureza.) Mas não há dúvida que parecença não prova qualquer identidade.

A escola de Copenhague também está certa ao sustentar que o *quanton* individual não tem por si mesmo aspecto corpuscular nem ondulatório, mas o sistema composto *quanton*-macrossistema ('sistema-observador' na usual terminologia desorientadora) pode adquirir ambos os aspectos, em qualquer grau, dependendo da natureza do macrossistema (da 'decisão do observador' na interpretação antropocêntrica da escola). Portanto, se se persiste em usar quadros clássicos, estamos condenados a acabar no dualismo e a negar ao *quanton* qualquer existência autônoma. Em suma, o dualismo e o subjetivismo não são apenas princípios filosóficos herdados pela escola de Copenhague[9], são também conseqüências do *classicismo* – de uma forma analógica de pensar.

Felizmente há medidas, como as espectroscópicas, que não dizem respeito a um *quanton* sobrecarregado por um macrossistema, mas a *quantons* no espaço livre. Os resultados de tais medidas confirmam a MQ e a EDQ com uma boa aproximação. Uma vez que estas teorias podem ser lançadas sem o emprego dos conceitos de partícula e onda, salvo analogicamente, aqueles resultados empíricos sugerem que o "aspecto de partícula" e o "aspecto de onda" são dependentes de instrumento (não dependentes do observador ou subjetivos) e não constituem, portanto, indícios de que o *quanton* livre realmente existe. Em outras palavras, por paradoxal que possa parecer, o experimento sozinho é incapaz de provar ou refutar a natureza dual dos *quantons*, particularmente se seus resultados são descritos em linguagem clássica. Com o fito de apurar se as teorias quânticas favorecem o dualismo, devemos analisar as próprias teorias. Se as teorias são de fato dualistas além de serem verdadeiras, o dualismo será sustentado – ou do contrário rejeitado.

8.5. O Dualismo: Inconsistente e "ad hoc"

A fim de nos certificarmos se o dualismo é inerente à teoria quântica, devemos analisar as fórmulas da MQ e da EDQ mais do que fazer reparos sobre elas – e não apenas algumas fórmulas convenientemente escolhidas, mas as fórmulas básicas, isto é, os axiomas das mencionadas teorias. Infelizmente isto raramente é feito: o procedimento costumeiro é pegar precisamente aquelas fórmulas que parecem confirmar o princípio dualista, como se isto garantisse a interpretação dualista de todas as fórmulas remanescentes da teoria. De qualquer modo, as principais fórmulas, em geral invocadas em apoio do dualismo, são a igualdade de de Broglie '$p\,\lambda = h$' e

9. Com respeito à ancestralidade filosófica da MQ, ver M. Bunge, "Strife about Complementarity", *Brit. J. Phil. Sci.*, *6*, 1955, 1, 141, e "The Turn of the Tide", em M. Bunge, ed., *Quantum Theory and Reality*, Nova York, 1967, bem como M. Jammer, *The Conceptual Development of Quantum Mechanics*, Nova York, 1966, cap. 7, sec. 2.

a desigualdade de Heisenberg '$\Delta x \,.\, \Delta p \geq h/4\pi$'. Entretanto, λ dificilmente qualifica-se como um comprimento de onda, pois, como Landé enfatizou, o comprimento de onda é invariante na transformação de Galileu ao passo que o momento não o é. E a interpretação dualista da segunda fórmula é inconsistente com a interpretação estocástica de Born quanto ao vetor de estado, o qual implica que 'Δx' (e igualmente'Δp') designa o desvio-padrão ou espalhamento estatístico em torno do valor médio, um conceito estocástico que tem pouco, se é que tem algo, a ver com tamanhos de pacotes de ondas, aberturas de fendas em padrões de difração e outros itens da interpretação dualista[10].

No entanto, o manual-padrão não faz qualquer esforço para enquadrar as fórmulas precedentes na interpretação estocástica de Born, que elas contradizem. Em especial, oscila entre essas interpretações mutuamente incompatíveis de 'Δx' e 'Δp': a indeterminação da posição objetiva (momento) da *partícula*, a amplitude (espectral) espacial do pacote de *ondas* associado à *partícula*, o tamanho da perturbação causada pelo aparelho na posição (momento) da *partícula* e nossa incerteza subjetiva no tocante à posição (momento) real da *partícula* difratada (em forma de *onda*) através de uma fenda. Raramente se compreende que este comportamento extravagante é inconsistente e portanto não é científico. Tampouco se assinala em geral que cada uma das referidas interpretações é *ad hoc*, no sentido de ser arbitrariamente imposta aos símbolos envolvidos na questão, sem qualquer justificativa para tanto. De fato, em primeiro lugar, os postulados da MQ não afirmam que os *quantons* são partículas – nem afirmam que são pedaços de campo. Em segundo lugar, jamais se fazem quaisquer pressuposições relativas quer a um aparelho ou a um observador, com o fito de derivar as relações de Heisenberg a partir dos postulados da MQ, razão pela qual não é logicamente permissível mencioná-los no nível da teoria geral: fazê-lo é incorrer em inconsistência semântica[11].

10. A. Landé, *New Foudations of Quantum Mechanics*, Cambridge, 1965, e Bunte, Foundations of Physics, cap. 5, secs. 4 e 6.

11. Para o conceito de consistência semântica, ver Bunge, *Scientific Research*, vol. I, cap. 7, sec. 7.5, e "Physics and Reality", *Dialectica, 19,* 1965, 195.

Em outras ocasições declara-se que a MQ consiste em duas teorias mutuamente equivalentes, uma das quais moldada na linguagem de partícula e outra, na linguagem de onda. Isto também é um engano. Há várias, não apenas duas, formulações diferentes da MQ e na maioria elas são do ponto de vista matemático isomorfas – o que não implica que lhes tenha sido atribuído o mesmo significado. Uma dessas formulações é o "quadro" de Schrödinger, em termos de um vetor de estado dependente do tempo; outra é o "quadro" de Heisenberg, em termos de variáveis dinâmicas dependentes do tempo. Outras formulações são a matriz de densidade e as da integral de trajetória. Elas são formulações equivalentes de uma e mesma teoria e não são quadros, porém construções simbólicas de alto nível. A formulação de Schrödinger sugere analogias com as teorias do campo clássicas; as formulações de Heisenberg e Feynman convidam a analogias com a mecânica da partícula clássica; e a formulação da matriz de densidade sugere, se é que o faz, analogias com a mecânica estatística clássica. Mas nenhuma dessas interpretações pode ser levada até o fim de maneira consistente: as analogias são formais, dizem respeito a similaridades de forma entre algumas, não todas, das fórmulas da mecânica quântica e certas fórmulas clássicas. Além do mais, não podem ser transpostas para a EDQ. E nenhuma delas é dualista, de qualquer modo.

Em suma, a analogia mecânico-óptica, que costumava ser uma fecunda hipótese de trabalho, deveria ser agora abandonada, pois sobreviveu ao seu propósito, tornando-se fonte de confusão.

8.6. *Ascensão e Queda da Complementaridade*

Em meados de 1920, os físicos mais avançados acreditavam que precisavam aguentar duas dualidades: a alegada natureza dual do campo eletromagnético e a possível dualidade da matéria. A partir desta dupla dualidade era preciso dar apenas um passo muito curto para a vasta conjectura ontológica, segundo a qual toda entidade física tem aspectos tanto ondulatórios quanto corpusculares. É a tese do *dualismo ge-*

ral; trata-se de uma hipótese metafísica, pois diz respeito à natureza básica de tudo o que existe. Quando a MQ foi construída, as relações de ("incerteza") espalhamento de Heisenberg foram interpretadas à luz do dualismo: foram convertidas em uma ilustração precisa e marcante do dualismo. O *princípio da complementaridade* de Bohr – que, como princípio de Mach e a Doutrina Monroe, nunca foi enunciado de um modo inambíguo, e muito menos entendida com clareza – era ao mesmo tempo uma especificação e uma reinterpretação do dualismo geral. Era uma especificação ou particularização, pois, além de afirmar a dualidade, asseverava que quanto mais um dos dois aspectos era ressaltado mais seu complemento era apagado: quando mais *yin* tanto menos *yan* e inversamente.

Mas, ao contrário da tese ontológica do dualismo geral, o princípio de complementaridade pretendia dizer respeito ao complexo sujeito-objeto mais do que a microssistemas existentes de maneira autônoma. De fato, as formulações ortodoxas do princípio não asseveram que os traços corpusculares e os ondulatórios de um microssistema equilibram uns aos outos. Ao invés, elas declaram que só pode ser complementar o que é ou um par de arranjos experimentais macroscópicos (incluído o observador) ou um par de descrições dos resultados de operações efetuadas com a ajuda de tais dispositivos de laboratório ou, finalmente, um par de conceitos[12]. A complementaridade, em suma, fortalece o dualismo tornando-o ligeiramente mais preciso – embora não bastante preciso – mas, de outro lado, enfraquece a dualidade por não conseguir atribuí-la à natureza: as coisas em si mesmas, *e. g.*, átomos no espaço livre, não teriam natureza dual – além disso seriam meros inventos de uma imaginação não disciplinada pela filosofia de Copenhague, centrada no sujeito.

Ademais, sendo a suposição que os arranjos experimentais e seus resultados são classicamente descritíveis, o princípio da complementaridade permanece do lado da MQ e da EDQ: falando em termos estritos, não é um enunciado quan-

12. N. Bohr, "Kausalität und Komplementarität", *Erkenntinis*, *6*, 1936, 293, e P. Frank, "Philosophische Deutungen und Missdeutungen der Quantentheorie", *Erkenntnis*, *6* (1936), 303. Para outras fontes, ver nota 1 do artigo de Bohr, p. 273, mencionado nesta nota.

to-teórico na medida em que não diz respeito a microssistemas. Se encarado como princípio ou da MQ ou da EDQ, então entra em contradição com a afirmativa de que os microssistemas satisfazem leis não-clássicas e precisam, portanto, ser descritos e explicados em termos não-clássicos. Mas, a rigor, o princípio da complementaridade não é um princípio, pois não implica nada. De fato, nenhum teorema lhe segue. Com o fito de provar um teorema na teoria quântica, processa-se um feixe de axiomas, em geral em conjunção com um conjunto de hipóteses específicas concernentes, digamos, ao número de microssistemas e às suas ações mútuas – em suma, adiciona-se um modelo definido às suposições gerais: ver seção 9 – mas não se usa o princípio da complementaridade, que é demasiado abrangente e vago para implicar algo. (Em particular, este pseudoprincípio não encontra aplicação na EDQ, pois as expansões estatísticas dos componentes do campo eletromagnético desafiam a interpretação corpuscular.) O pseudoprincípio da complementaridade não é então nem um princípio nem um teorema – nem é tão geral como se pretende costumeiramente, pois não vale para os campos. E na teoria quântica avançada das "partículas", (segunda quantização) o campo é tratado como a coisa primordial. Assim, no caso de elétrons, ou de mésons, o campo de matéria é visto como a entidade primária, enquanto as "partículas", ou antes as entidades do tipo partícula, são apenas quanta de campo, isto é, pedaços de campo. (Um autovalor do operador do número de ocupação representa o número de entidades em um dado estado, e essas entidades – os quanta do campo – não são partículas clássicas.) Em outras palavras, qualquer teoria de segunda quantização está mais perto de uma teoria clássica do campo do que de uma mecânica clássica, mesmo quando vazada em uma estrutura hamiltoniana ou langragiana. Conseqüentemente, não há lugar para a complementaridade nas áreas mais sofisticadas da teoria quântica. Nem tampouco *a fortiori*, em quaisquer das teorias fenomenológicas – tais como o formalismo da matriz de espalhamento – que esbocem uma descrição pormenorizada do campo.

O que então, à parte da autoridade, explica a sobrevivência da complementaridade? A principal razão parece residir em sua grande utilidade. De fato, a complementaridade desfaz muitas dificuldades e responde por experimentos de duas espécies: *gedanken*-experimentos (experimentos mentalizados) que nunca foram realizados e experimentos reais que nunca foram computados em termos quanto-teóricos. O primeiro ponto é óbvio: uma vez aceito o pseudoprincípio, pode-se usá-lo para consagrar obscuridades e inconsistências, do mesmo modo que o mistério da trindade subsume muitos mistérios menores. Quanto aos experimentos que pretensamente ilustram o princípio, eles são de fato ou imaginários ou se encontram ainda fora do alcance da teoria. Entre os primeiros, acha-se o microscópio de raios gama de Heisenberg e o experimento do obturador de Bohr em sua discussão com Einstein. Como eles não têm poder confirmador, podemos deixá-los de lado. Entre os experimentos do segundo tipo, os de difração resistem. Infelizmente, a difração através de uma única fenda foi calculada apenas para uma fenda infinitamente longa e uma "onda" monocromática de de Broglie. Além do mais, o cálculo disponível é aproximado e seus resultados conflitam frontalmente com as desigualdades de Heisenberg[13] – o que por certo não pode servir de argumento contrário a este último. *A fortiori* o discutidíssimo experimento de fenda dupla nunca foi calculado exatamente em MQ, isto sem falar na EDQ. (De outro lado, e de maneira assaz estranha, é possível explicá-lo de uma forma puramente corpuscular, por meio da teoria quântica clássica de Bohr, como um efeito da periodicidade da rede de espalhamento[14]. Na verdade, algumas poucas fórmulas são usadas nas discussões qualitativas dos mencionados experimentos, mas procedem da teoria geral: não resultam de uma aplicação desta às referidas circunstâncias especiais. Além disso, alguns belos padrões de difração vêm à mostra, mas são tirados de experimentos reais (porém não calculados até agora) ou vêm de empréstimo da óptica clássica. Em suma, o debate dessas experiências em termos de complementaridade é verbal e analógico. Por conseqüência,

13. G Beck e H. M. Nussenzveig, "Uncertainty relation and diffraction by a slit", *Nuovo Cimento, 9*, 1968, 1068.

14. Ver Landé, n. 1, p. 274.

a complementaridade não é parte nem parcela da teoria quântica.

Em conclusão, a complementaridade, por razoável que parecesse nos primeiros tempos da teoria quântica, quando as pessoas pensavam em termos de quadros clássicos, esgotou agora toda e qualquer potência que possuia então: tornou-se uma desculpa para a obscuridade e a inconsistência.

8.7. *Rumo a uma Interpretação Literal da Teoria Quântica*

Um certo número de físicos achou que os conceitos de onda e partícula não pertenciam ao âmbito da MQ porque são metáforas clássicas. Assim Schrödinger sustentou em certa época que onda e partícula são "imagens que somos forçados a guardar porque não sabemos como nos livrar delas"[15]. A impressão de que se trata unicamente de metáforas, imagens ou arrimos visuais, é reforçada pelo fato de que deixam de aparecer em qualquer tentativa cuidadosa de formular a MQ de maneira ordenada, isto é, axiomaticamente. De fato, elas não aparecem nem como conceitos indefinidos nem como derivados[16]; portanto, não se deve permitir que figurem nos teoremas tampouco. A principal razão pela qual esses análogos clássicos ainda desempenham um papel importante nas discussões dos fundamentos da MQ e até da EDQ parece ser a inércia e o espírito partidário.

Embora a maioria de nós compreenda que as teorias quânticas cartografam novos territórios, persistimos na tentativa de entendê-las em termos clássicos – tal como Cartier deu o nome de Lachine a um certo lugar em Montreal porque pensou haver aportado à China. Julgamos cômodo denominar ψ uma função de *onda* e desenhar quadros de frentes de ondas – somente para assinalar que a "onda" é uma função complexa e que seu principal dever é o de nos informar onde é

15. E. Schrödinger, *Mémoires sur la mécanique ondulatoire*, Paris, 1933, p. XIV.

16. Ver Bunge, *Foudations of Physics*, cap. 5, e "A Ghost-Free Axiomatization of Quantum Mechanics", em M. Bunge, ed., *Quantum Theory and Reality*, Nova York, 1967.

provável que a *partícula* se encontre. Consideramos como algo de natureza intuitiva chamar a equação de Schrödinger uma equação de *onda* – apenas para acrescentar que ela governa a propagação de ψ em um espaço $3N$-dimensional. Achamos conveniente falar da *difração de partículas* por um cristal (por que não da colisão de ondas?) e da mudança de fase de *onda* associada à *partícula*, produzida por um campo externo. Continuamos assim a acumular inconsistências na esperança de que o princípio da complementaridade, como a confissão, irá nos absolver.

Mas podemos fazer algo ainda melhor: com compreensão tardia e ingenuidade a física clássica pode ser recolocada em termos reminiscentes da teoria quântica. Assim é possível formular a mecânica das partículas, dentro da estrutura de Hamilton-Jacobi, como uma teoria do campo a lidar com a propagação de uma onda fictícia, construída com o auxílio da solução da equação do movimento. Se se fizer necessário um análogo clássico da segunda quantização, pode-se provê-lo igualmente[17]. Em resumo, assim como quase todas as fórmulas mecânico-quânticas não-relativísticas podem ser erroneamente interpretadas em termos clássicos, do mesmo modo quase todas as fórmulas clássicas podem ser reenunciadas em uma forma (pseudo) quântica. Infelizmente, até agora poucas dessas analogias são algo mais do que jogos formais: raramente produzem novas compreensões e nunca levaram a novas previsões específicas. Tentar descobrir o *quantum* na física clássica é algo tão sem esperança quanto tentar ler a MQ e a EDQ em termos clássicos.

A fuga deste emaranhado de incoerências, obscuridades e metáforas é bastante simples, ou seja, basta encarar os microssistemas como indivíduos inteiramente pagãos. Em conseqüência, dever-se-ia rebatizá-los com nomes pagãos, como *quanton* (nome de família) e nomes de gênero como *hilon* (de ὕλη, matéria) e *pedion* (de πεδιόν, campo). Até os nomes das teorias envolvidas na questão poderiam ser mudados com

17. R. Schiller, "Relations of Quantum to Classical Physics", em M. Bunge, ed., *Delaware Seminar in the Foudations of Physics*, Nova York, 1967.

proveito, por exemplo para *hilônica* (= mecânica quântica), *pediônica* (= teoria quântica do campo) e quântica (a união dos dois). Ao final de contas, a teoria quântica é uma bem-sucedida adventícia e todo arrivista bem-sucedido necessita de um novo nome que não traia sua origem.

Sem dúvida a questão não é apenas de nomes: os conceitos clássicos têm de ser ou reformados ou eliminados da teoria quântica a não ser que eventualmente funcionem nela tal como o funcionaram na física clássica. Assim, na teoria elementar, os conceitos de massa, carga e campo eletromagnético são clássicos. De outro lado, o que em geral se chama o operador representativo da posição da partícula não é nada disso: "x" designa apenas um ponto da configuração de espaço e, a menos que seja dada a distribuição de probabilidade, um valor específico de x nada nos diz acerca da localização enevoada do *quanton*. Tão-somente a média mecânico-quântico de x, construída com a ajuda daquela densidade de probabilidade, é o análogo da coordenada clássica de posição, como evidenciam tanto a estrutura formal do conceito quanto a analogia formal entre as correspondentes equações de movimento. Os alicerces da MQ e da EDQ podem e precisam ser assentados sem o auxílio quer de analogias clássicas ou de mensurações mais ou menos ideais – do mesmo modo que a termodinâmica é formulada hoje em dia sem a ficção do calórico e sem recorrer a ciclos de máquina.

Só quando procuramos limites de correspondência clássica ou semiclássica e quando aplicamos a teoria geral a casos particulares é que estamos habilitados a buscar de novo inspiração na física clássica. Devemos tentar descobrir versões de fórmulas clássicas e, inversamente, análogos clássicos de fórmulas quânticas. (Pode-se denominar uma expressão C de *análogo clássico* de uma expressão Q mecânico-quântica se, e somente se, C e Q desempenharem papéis homólogos em fórmulas formalmente análogas, ou se C for um limite de correspondência de Q.) E beneficiar-nos-emos da física clássica quando supormos como hipótese hamiltonianas ou lagrangianas quânticas. Tomá-las da física clássica e reescrevê-las em termos mecânico-quânticos com a ajuda de regras heurísticas é uma prática honesta, contanto que as novas hamiltonianas não sejam lidos em termos clássicos. (Entretanto, roubar no jogo não paga a pena em dois importantes casos: quando a hamiltoniana clássica não pode ser simetrizada de uma forma não ambígua e quando estão em jogo interações radicalmente novas, como forças de troca.) De qualquer modo, tenham ou não as fórmulas quânticas um análogo clássico, não se deveria interpretá-las em termos clássicos e sim como ditadas pelos axiomas de interpretação da teoria[18]. E estas suposições (também chamadas "regras de correspondência" e, às vezes, "definições operacionais") deveriam ser antes literais do que metafóricas, bem como objetivas e não centradas no operador.

Uma teoria física recebe uma *interpretação objetiva e literal* ao atribuir a cada um de seus símbolos primitivos referenciais um objeto físico – entidade, propriedade, relação ou evento – mais do que um quadro mental ou uma operação humana. Assim, o vetor de estado não é adequadamente interpretado como campo de onda (no estilo do campo eletromagnético) ou como um portador de informação, mas como representante do estado do sistema envolvido – assim como na mecânica estatística cada estado de um sistema de um *N*-corpo corresponde a um ponto no correspondente espaço de fase 6N-dimensional. O fato da evolução do estado do sistema ser descrita (na formulação de Schrödinger) por uma equação que nos lembra uma equação de onda não prova a existência de uma analogia substancial, tanto mais quanto muitas interpretações metafóricas alternativas são concebíveis[19].

O que acontece com os fundamentos acontece com suas aplicações: o pensamento analógico, por mais fértil que seja como desencadeador, torna-se eventualmente baralhante. Um caso em questão é a teoria dos muitos corpos com suas vinte ou mais quase-partículas e pseudopartículas. Assim, com base numa analogia com o campo eletromagnético conjecturou-se

18. Para as diferenças forma-conteúdo, ver M. Bunge, "The Structure and Content of a Physical Theory", em M. Bunge, ed., *Delaware Seminar in the Foudations of Physics*.

19. No tocante a um certo número de interpretações metafóricas da MQ, ver M. Bunge, "Survey of the Interpretations of Quantum Mechanics", *American Journal of Physics*, *24*, 1956, 272.

que as ondas do som são quantizadas, isto é, que a energia elástica cinética de um corpo é igual a um número inteiro de *quanta* de som ou fonons. Esta hipótese foi eventualmente expandida e transformada numa teoria plena que obteve abundante confirmação empírica. Mas a analogia, embora fecunda, é rasa: enquanto um fóton é um pedaço de campo eletromagnético e pode adquirir existência autônoma livrando-se de sua fonte, um fonon não é algo assim independente: é uma propriedade de um sistema complexo; não há fonons livres. Coisa similar ocorre com as outras quase-partículas e com as assim chamadas ressonâncias na teoria das partículas elementares: são estados de coisas mais do que coisas independentes. Sugerir que eles se comportam *qual* ou *como se* fossem partículas foi muito elucidativo, pois pôs em marcha a maquinaria conceitual. Porém, manter que *são* partículas é absurdo, pois não conseguem exibir as características definidoras de uma partícula, isto é, existência independente, localização precisa e massa. No entanto, a literatura física corrente está cheia de semelhantes contra-sensos analógicos.

8.8. Interpretação Rigorosa e Explicação: Literal e não Metafórica

Os poetas, teólogos e ocultistas recorrem a metáforas e analogias sob o pretexto de que lidam com assuntos que desafiam a descrição direta ou até o entendimento racional. Os professores usam o mesmo ardil por motivo diferente, ou seja, a fim de transpor o abismo entre o desconhecido e o familiar. Quem dentre nós já resistiu à tentação de representar os elétrons ora como bolas ora como pacotes de onda? Todavia, sabemos que tais metáforas e analogias são quando muito acessórios didáticos e, na pior das hipóteses, armadilhas didáticas, sendo sempre *Ersätze* para a coisa real. Por isso tentamos evitá-las na pesquisa. Queremos que a ciência diga respeito ao que as coisas são e não ao que as coisas parecem ser: a ciência não é poesia nem teodicéia nem ciência oculta. Se estamos dispostos a deixar que a analogia guie nossas explorações preliminares (perceber a metáfora), julgamos errado permitir-lhe que desempenhe qualquer papel na teoria plenamente desenvolvida; desejamos que esta figure a própria coisa de preferência a algo que superficialmente se lhe pareça. Em outras palavras, queremos *interpretações literais* – mesmo que não se lhes atribua quaisquer visualizações familiares – porque pretendemos objetividade. Somente na matemática é que estamos interessados em espelhar uma estrutura conceitual na outra. As estruturas conceituais da ciência fatual espelham, tal é a suposição (simbólica e parcialmente a bem dizer), coisas reais e não construtos ulteriores. Apegar-se à analogia na ciência fatual é ficar dando voltas: o pensamento analógico é característico da protociência (*e. g.*, história) e da pseudociência (*e. g.*, psicanálise). A ciência adulta é tanto literal quanto objetiva. Sua epistemologia é por conseguinte realista.

Uma *interpretação objetiva e literal* de um símbolo básico (primitivo) s que ocorre em uma teoria física T atribui s a um objeto físico p, seja ele uma entidade (*e. g.*, um átomo), uma propriedade desta entidade (*e. g.*, o momento angular do átomo) ou uma variação desta propriedade (*e. g.*, um salto no valor do momento angular). Em suma, $p = Int\ (s)$. Uma interpretação objetiva e literal de toda uma teoria física T consistirá conseqüentemente em mapear $Int : S \rightarrow P$ do conjunto S dos símbolos básicos de T no conjunto P de seus parceiros físicos. Se P for inteiramente emprestado de outro campo, coberto por uma teoria T' (isto é, se $P \subset P'$, onde P' é o conjunto de objetos físicos referidos por T'), então T será interpretado em *analogia* com T'. Em particular, se T é uma teoria quântica e T' uma teoria clássica e se P é emprestado de T', então a interpretação clássica de T será metafórica. E se P tem um recobrimento não vazio com um conjunto de objetos psicológicos, tais como disposições e capacidades humanas, digamos, observabilidade, incerteza e previsibilidade, então T será uma teoria psicofísica mais do que uma teoria estritamente física.

O que vale para a interpretação vale para a explicação: se o formalismo de uma teoria física recebe uma interpretação objetiva e literal, então qualquer explicação excogitada com a ajuda da referida teoria será literal também. Não rejeitaremos de todo a explanação metafórica: deve ser tolerada, *faute de mieux*, no período da construção da teoria. Assim seria tolice recusar as analogias hidrodinâmicas do calor e do "fluxo" de eletricidade no começo – tão tolice quanto considerá-las substanciais mais do que formais. Do mesmo modo, os teóricos da informação fizeram bem em aproveitar a similaridade formal entre a informação e a negentropia*. Mas constitui procedimento abusivo inverter a jogada e reduzir o aumento de entropia à perda de informação humana acerca do sistema, pois isto priva a mecânica estatística e a termodinâmica de objetividade. Em outras palavras, uma interpretação de '*S*' em mecânica estatística tem que consignar-lhe uma propriedade física objetiva e não o estado do conhecimento humano. Igualmente, se a MQ e a EDQ devem contar como teorias físicas, então ψ precisa receber um significado físico de uma maneira literal e objetiva[20].

A situação, portanto, é a seguinte: Se queremos construir ou aprender novas teorias, é de se esperar que usemos a analogia como uma ponte entre o conhecido e o desconhecido. Mas tão logo a nova teoria esteja à mão, ela deve ser submetida a um exame crítico com o propósito de se desmontar os andaimes heurísticos e se reconstruir o sistema de uma forma literal – sendo este um dos usos da axiomatização[21]. Uma vez lograda a referida reconstrução, isto é, uma vez verificado não como a teoria se parece, mas o que ela é, e não o que os referentes da teoria imitam mas o que eles são, devemos nos recusar a reconhecer qualquer explanação metafórica no campo coberto pela teoria, pois será uma pseudo-explicação. Sugerir que a explanação científica é metafórica significa confundir as teorias científicas com as parábolas bíblicas ou subscrever o instrumentalismo[22].

* Entropia negativa, caracteriza o grau de ordem introduzido pela informação que se possui sobre o estado de um sistema.

20. Ver nota 2, p. 278 e K. R. Popper, "Quantum Mechanics Without 'The Observer' ", em M. Bunge, ed., *Quantum Theory and Reality*, Nova York, 1967.

21. Com respeito às características e empregos de axiomáticas físicas, ver Bunge, *Foundations of Physics*, cap. 4, sec. 4.2, e "Physical Axiomatics", *Reviews of Modern Physics*, *39*, 1967, 463.

22. H. Vaihinger, *Die Philosophie des Als Ob*, 4ª ed., Leipzig, 1920, p. 42: "Todo conhecimento, a menos que estabeleça apenas sucessão e coexistência real, só pode ser analógico."

8.9. Modelos

E com respeito aos modelos: devem eles ser considerados como simples auxiliares heurísticos a serem descartados depois de edificada a teoria? A resposta depende do sentido da palavra polimorfa "modelo", um termo que é tão largamente empregado quanto pouco analisado na recente filosofia da física. Há dois sentidos em que os modelos constituem de fato um ingrediente das teorias físicas e há outros dois em que não precisam sê-lo.

Se "modelo" é tomado na acepção de *representação visual* ou de analogia com experiência familiar[23], então é claro que nem toda teoria implica um modelo: destarte, as teorias do campo, quer clássicas ou quânticas, dificilmente são visualizáveis. E se "modelo" é tomado na acepção de *mecanismo* – quer no estrito sentido mecânico ou no lato sentido que inclua mecanismos não-mecânicos, tais como o mecanismo do campo do méson de forças nucleares – então algumas teorias contêm modelos desta espécie, enquanto outras não contêm. (As primeiras podem ser chamadas teorias mecanicistas ou representacionais, ao passo que as outras podem ser chamadas de teorias fenomenológicas ou da caixa preta[24].) Conseqüentemente, não é adequada a concepção neo-Kelvinista de que toda teoria científica encerra ou pressupõe um modelo que consiste de uma representação pictórica ou de uma analogia. Portanto, também é falsa a concepção a ela associada de que tanto a interpretação científica quanto a explicação científica exigem representações visuais.

De outro lado, num terceiro sentido toda teoria física *é* um modelo (do formalismo matemático subjacente) e em um quarto sentido, toda teoria física *específica* (mas nem toda teoria) *contém* um modelo ou esboço de seu referente particular. (Infelizmente, as recentes reivindações sobre o papel dos modelos na ciência não dizem respeito ao terceiro sentido ou

23. E. Hutten, *The Language of Modern Physics*, Londres, 1956, pp. 81-82. Para representações pictóricas, ver M. Bunge, *Intuition and Science*, Englewood Cliffs, 1962, cap. 3.

24. Ver A. d'Abro, *The Decline of Mechanism*, Nova York, 1939, cap. XI, e Bunge, *Scientific Research*, vol. 1, cap. 8, sec. 5.

modelo-teórico de "modelo", ou confundem-no com o quarto sentido.) A primeira pretensão é óbvia em vista da caracterização que demos à interpretação física nas seções 7 e 8. Além disso, uma teoria física é duas vezes modelo na acepção modelo-teórica: uma vez porque cada um de seus signos básicos tem uma interpretação particular dentro da matemática e outra, porque o mesmo signo pode ter também uma interpretação física – como é o caso de todos os conceitos primitivos referenciais. Assim, na mecânica pode-se interpretar primeiro 'm' como um número, depois como a inércia do corpo a que é atribuído. A interpretação final de 'm' é então a composição de uma função de interpretação matemática e física: o signo é atribuído a um número que é, por seu turno, consignado a uma quantidade de inércia. *Mutatis mutandis* para o simbolismo todo da teoria. Cuidado: isto, o sentido modelo-teórico de "modelo" só pode ser usado em conexão com teorias axiomatizadas, pois um modelo de uma teoria fatual de outro modo não interpretada é construído atribuindo-se a cada um dos conceitos primitivos da teoria uma interpretação fatual – e não se sabe quais são os conceitos primitivos antes de axiomatizar a teoria.

Quanto à nossa segunda pretensão, que envolve um quarto sentido de "modelo", isto é, que designa uma representação idealizada do sistema físico, reduz-se ao seguinte. As fórmulas gerais de uma teoria são não-específicas, de modo que não bastam para solucionar problemas particulares, tais como achar a trajetória de um míssil ou os modos de propagação de uma onda em um guia de onda ou os níveis de energia de um átomo. Com o fito de resolver qualquer problema específico desta ordem, cumpre fornecer um certo número de suposições e dados específicos relativos ao sistema físico particular envolvido: o número e a natureza das partes e suas interações pressupostas, os vínculos e as equações constitutivas, as condições iniciais e de contorno, e tudo o que se tiver. E essas hipóteses subsidiárias e dados, adicionados aos axiomas genéricos da teoria a fim de remediar sua indeterminação, constituem em conjunto um *modelo teórico* do sistema concreto. Um modelo no quarto sentido é então um conjunto de *enunciados* que especificam (grosseiramente) a natureza do referente da teoria de um modo mais preciso do que o fazem as pressuposições gerais (e portanto altamente indeterminadas). Em conseqüência, não obstante uma opinião muito difundida[25], um modelo teórico não pode ser *substituído* por uma "teoria formal" (ou seja, uma teoria fatual plenamente desenvolvida).

Aqui vão alguns exemplos de modelos teóricos em física: (1) os modelos de ponto-massa e de esfera rígida de um gás; (2) o modelo de Ising de um corpo em uma fase condensada: uma fileira de átomos ou de moléculas regularmente espacejadas e tais que cada um deles interage com seus vizinhos mais próximos; (3) o modelo clássico de um fluido ou, mesmo, o universo inteiro, enquanto meio contínuo com dada densidade e distribuições de tensão; (4) o modelo elementar de uma corrente elétrica como uma corrente unidimensional de densidade infinita; (5) a barreira de potencial como representativa de uma força externa e o poço de potencial como uma esquematização de uma força interna atrativa na mecânica quântica. Notem, primeiro, que todo modelo assim implica alguns dos conceitos de uma dada teoria, pois do contrário não poderia ser adjudicado a ela. Segundo, nenhum desses modelos está submetido a um conjunto específico de enunciados de lei: eles podem ocorrer em teorias amplamente diferentes e até mutuamente incompatíveis de uma dada classe (clássica e quântica, não-relativística e relativística etc.). Em suma, o modelo teórico não é parte nem parcela dos fundamentos de uma teoria geral: esta teoria deve estar à mão, tão plenamente interpretada quanto possível, se é que vai ser aplicada a um modelo, tornando-se por este meio uma teoria especifíca – *e. g.*, uma teoria quântica não-relativística do átomo de hélio. Isto é, o modelo não contribui, exceto heuristicamente, para dotar a teoria geral de um significado fatual (*e. g.*, físico). Terceiro, um modelo teórico não é nem vão nem fidedigno: ele é, ou antes, supõe-se que seja, e como tal é admitido até notícia ulterior, uma representação aproximada de uma coisa real.

Se um dado modelo teórico ou representação de um sistema físico é eventualmente retratável ou não, é irrelevante

25. M. Black, *Models and Metaphors*, Ithaca, N. Y., 1962, cap. XIII.

para a semântica da teoria à qual ele venha por acaso a ser ligado. A retratabilidade é uma feliz ocorrência psicológica e não uma necessidade científica. Poucos dentre os modelos que passam por representações visuais são retratáveis de algum modo. Em primeiro lugar, o modelo pode ser e, em geral, é constituído por itens imperceptíveis como partículas inextensas e campos invisíveis. É verdade que se pode dar a um modelo uma representação gráfica – mas o mesmo pode acontecer com qualquer idéia desde que sejam permitidos diagramas convencionais ou simbólicos. Diagramas, representacionais ou simbólicos, são despidos de significado a menos que estejam ligados a algum corpo de teoria. De outro lado, as teorias não necessitam de diagramas, salvo para fins didáticos. Conservemos, pois, os modelos teóricos à parte dos análogos visuais.

Resultado Final

Na ciência fatual, a analogia e a inferência analógica são bem-vindas como ferramentas de construção de teoria. Na verdade, são sinais de crescimento, sintomas de que a teoria está antes em feitura do que madura. Uma eletrodinâmica clássica amadurecida não tem necessidade de tubos de força elásticos: o campo – uma substância não-mecânica – basta para todos os propósitos, sendo os análogos mecânicos encarados como apêndice removíveis. Do mesmo modo, uma eletrodinâmica quântica madura dispensará fótons virtuais saltando para fora e para dentro dos elétrons: considerará os diagramas de Feynman como dispositivos mnêmonicos vinculados a um método de computação mais do que descrições literais[26].

Quando uma teoria fatual atinge a maturidade, envolve apenas interpretações literais e produz somente explicações literais: não envolve quaisquer *como se*. Sem dúvida, a explanação científica, se profunda, é mais do que simples dedução a partir de leis e dados: será uma subordinação a generalida-

26. M. Bunge, "The Philosophy of the Space-Time Approach to the Quantum Theory", *Methodos*, 7, 1955, 295.

des, por certo, mas, entre estas, hão de figurar algumas hipóteses de mecanismos – isto é, algumas assunções irão além das relações de entrada-saída ou externas. No entanto, tais explicações em profundidade, ou explanações interpretativas[27], são alheias às explanações metafóricas, que são superficiais por serem limitadas a similaridades e por deixarem de dizer respeito à coisa real. Correspondentemente, a concepção metafórica da explanação científica[28], que foi recentemente recomendada em lugar do cômputo dedutivo, é totalmente inadequada.

Compete a quem trabalha em fundamentos e ao filósofo da ciência: (1) reconhecer as esplêndidas dádivas que os enunciados analógicos e as inferências analógicas podem fazer para a construção de teoria; (2) analisá-las mais do que descrevê-las em termos metafóricos; (3) expor o emprego não-crítico de analogias e argumentos tirados da analogia na ciência; (4) distinguir as suposições constitutivas das puramente heurísticas (como fez Kant, há quase dois séculos); e (5) ajudar a ciência a livrar-se de seus andaimes heurísticos, pois, se conservados após a fase inicial de edificação, irão eventualmente estorvar o crescimento e o esclarecimento ulteriores do edifício teórico, como está acontecendo precisamente agora com alguns dos análogos clássicos que continuam se arrastando nas teorias quânticas.

27. M. Bunge, *Scientific Research*, vol. II, cap. 9, sec. 9.4, e "The Maturation of Science", em I. Lakatos e A. Musgrave, eds., *Problems in the Philosophy of Science*, Amsterdã, 1967.

28. Hesse, *Models and Analogies in Science*, p. 157: "o modelo dedutivo de explanação científica deveria ser modificado e suplementado por uma visão de explicação teórica como redescrição metafórica do domínio do *explanandum*".

9. AXIOMÁTICA DA FÍSICA

A abordagem axiomática tem sido raramente tentada na física, em parte porque o termo 'axiomática' é ainda amplamente, e de forma errônea, tomado por 'auto-evidente' ou por '*a priori*', e, de outra parte, porque as teorias físicas são amiúde consideradas como simples dispositivos processadores de dados, sem necessidade de organização lógica, e finalmente por medo do rigor e da clareza. Como resultado, parece que nenhum esforço significativo foi feito no tocante à organização lógica do pensamento físico entre a ingênua axiomatização de Newton da mecânica do ponto (1687) e o nascimento da axiomática moderna (Hilbert, 1899). E ainda que a lógica matemática, a metamatemática e a semântica tenham se desenvolvido vigorosamente no nosso século, apenas umas poucas tentativas em axiomáticas da física sofreram a influência de tais progressos – a saber, as de Hilbert[1] (teoria fenome-

1. D. Hilbert, Physik. Z. *13*, 1056, 1912; *14*, 592, 1913; *15*, 878, 1914.

nológica da radiação), as de McKinsey *et al*[2] (mecânica clássica da partícula), as de Noll[3] (mecânica clássica do contínuo), as de Wightman[4] (teoria quântica dos campos) e as de Edelen[5] (teoria clássica geral do campo). A maior parte das outras tentativas não conseguiram acertar e caracterizar os conceitos básicos (não definidos) e/ou fornecer um conjunto suficiente de postulados a fim de tornar necessários os teoremas típicos da respectiva teoria. Em particular, os trabalhos de Carathéodory[6] (termostática) e os de von Neumann[7] (mecânica quântica) deixaram a desejar em face das exigências da axiomática moderna. Em resumo, a axiomática da física está tendo uma infância prolongada. Seria pois injusto julgá-la por seus frutos.

Não só existem pouquíssimas teorias físicas organizadas em forma lógica satisfatória, como as axiomatizações existentes têm um dos defeitos seguintes ou ambos: (a) uma caracterização inadequada do significado físico do simbolismo; e (b) uma análise matemática insuficiente (de consistência, independência etc.). Segundo o conhecimento deste autor, apenas dois trabalhos[8] dedicam atenção adequada ao aspecto metateórico. Isto é compreensível, pois é mais compensador, e de longe mais fácil, reconstruir uma teoria do que realizar testes de consistência e independência. O que não é tão facilmente perdoável é o primeiro defeito, ou seja, a fraqueza da maioria das axiomatizações existentes sob o ponto de vista semântico. Tal debilidade interessa particularmente ao filósofo porque sua investigação pode levar a certas concepções

2. J. C. C. McKinsey, A. C. Sugar e P. Suppes, J. Ratl, Mech. Anal. 2, 253, 1953.

3. W. Noll, "The Foundations of Classical Mechanics in the Light of Recent Advances in Continuum Mechanics", *in* L. Henkin, P. Suppes e A. Tarski (eds.), *The Axiomatic Method with Special Reference to Geometry and Physics*, North-Holland Publ. Co., Amsterdã, 1959.

4. R. F. Streater e A. S. Wightman, *PCT, Spin & Statistics, And All That*, W. A. Benjamin, Inc., Nova York, 1964.

5. D. G. B. Edelen, *The Structure of Field Space*, University of California Press, Berkeley e Los Angeles, 1962.

6. C. Carathéodory, Math. Ann. *67*, 355, 1909.

7. J. V. Neumann, *Mathematical Foundations of Quantum Mechanics*, Princeton University Press, Princeton, N. J., 1955.

8. Ver notas 1 e 2.

relativas ao significado – um assunto tipicamente filosófico. Portanto, neste trabalho, concentrar-nos-emos no aspecto semântico da axiomatização da física e nos problemas filosóficos relacionados com ele. E, em vez de somente pregar uma dada teoria relativa ao significado físico sem nos preocuparmos com a verificação de sua viabilidade, mostraremos um espécime de uma teoria física axiomatizada de acordo com a nossa filosofia. Mas antes de fazê-lo cumpre examinar as concepções dominantes.

9.1. Quatro Doutrinas Relativas ao Significado Físico

9.1.1. Formalismo

Quando chega o momento de se estabelecer o conteúdo físico de um conjunto de fórmulas, a maioria dos físicos assume uma atitude assaz despreocupada: embora reconheçam que as fórmulas devem significar algo, confiam em que o contexto no qual as fórmulas ocorrem há de tornar claro o conteúdo. Esta atitude informal, que dificilmente constitui uma doutrina, pode ser contrastada com a atitude formalista apresentada por numerosos matemáticos que trabalham em física. O matemático tenderá naturalmente a abordar a axiomatização de uma teoria física como se ela fosse mais uma teoria matemática. Isto é, focalizará o formalismo, negligenciado o conteúdo físico.

Pode-se distinguir duas espécies de formalistas: o radical e o moderado. O formalista radical dirá, por exemplo, que o campo eletromagnético *é* um campo de tensores F sobre uma certa variedade e satisfaz certas equações: ele encarará o eletromagnetismo como um ramo da geometria diferencial. E, como boa parte da matemática pode ser reconstruída com base na teoria dos conjuntos, ele é capaz de ir tão longe a ponto de pretender que a axiomatização propriamente dita de uma teoria física converta-se numa parte da teoria dos conjuntos. O formalista moderado evitará identificar coisas (*e. g.*, campos físicos) com idéias (*e. g.*, campos de tensores) e, correspondentemente, identificar a física teórica com a matemática: ele concederá que certos símbolos matemáticos possuem nomes especiais em física, mas não se dará ao trabalho de perguntar o que estes nomes nomeiam. De qualquer modo, o formalista moderado, quando reconstrói uma teoria do campo eletromagnético, estará propenso a adicionar *regras de designação* (RD), tais como: *RD 'F' designa* (ou *nomeia* ou *é* chamado) *um campo eletromagnético*.

O físico não pode satisfazer-se com tal concessão – tampouco o filósofo, o qual objetará que a nomeação não atribui significado. Os nomes são, de fato, etiquetas convencionais, ao passo que as hipóteses de significado são ou verdadeiras ou falsas. Assim, a hipótese de que as componentes do tensor eletromagnético F *estão no lugar de* (representam, simbolizam) as elongações de partículas oscilantes de éter, é agora encarada como uma hipótese não comprovável e que leva à contradição: entendemos *F* como *representando* o aspecto básico de uma substância peculiar, ou seja, um campo eletromagnético no vácuo.

O físico e o filósofo, então, concordarão provavelmente nos seguintes pontos: (a) uma teoria física inclui um formalismo matemático mas é mais do que isso; (b) este algo a mais é o significado físico, cuja atribuição não se faz simplesmente pelo estabelecimento arbitrário de regras designativas; (c) os significados físicos ou cuidam de si próprios (atitude informal) ou são atribuídos por aditamento de enunciados de *correspondência* ou de "dicionário" a ligar símbolos teóricos a itens extralingüísticos – como Campbell[9] foi o primeiro a enfatizar. Até aqui muito bem: assim que este acordo é alcançado, é provável que surja violenta discussão quanto ao modo como os símbolos adquirem um significado, isto é, quanto à natureza dos enunciados correspondentes. O desacordo versa principalmente sobre o parceiro físico da correspondência objeto físico – signo: trata-se de uma querela filosófica sobre o que versa a física. A este respeito, há dois pontos de vista principais: (a) os objetos físicos são itens da experiência humana, em particular observações (empirismo); e (b) os

9. N. R. Campbell, *Physics: The Elements*, Cambridge University Press, Cambridge, Inglaterra, 1920.

objetos físicos são componentes de um mundo externo (realismo) que existe autonomamente. Se se adotar o empirismo, diz-se que os enunciados de correspondência consistem em relações de experiência-símbolo; numa filosofia realística, eles serão relações do item objetivo-símbolo. Passemos os olhos sobre estas duas concepções conflitivas.

9.1.2. Empirismo

A concepção dominante quanto à teoria física parece ser a seguinte: toda teoria física é um formalismo ou cálculo matemático a que se atribui um sentido físico por referência à experiência e, em particular, às operações de laboratório. Esta atribuição de significado é um trabalho feito termo a termo, salvo no caso de símbolos puramente formais, tais como 'e' e '+'. Há duas variantes desta doutrina: uma extremada e outra moderada. De conformidade com o ponto de vista radical, todos os conceitos físicos devem ser *reduzidos* a conceitos observacionais por meio de identidades de algum tipo, de preferência as assim chamadas definições operacionais. A posição moderada considera a existência de termos teóricos irredutíveis, todos porém *relacionados* dentro da teoria a conceitos observacionais através de postulados de correspondência; além disso, os itens teóricos devem estender-se às regiões superiores da teoria, enquanto seus enunciados de baixo nível (os teoremas mais fracos) precisam conter apenas conceitos observacionais. Tratemos destas duas versões, sucessivamente.

9.1.2.1. Operacionalismo

O ponto de vista segundo o qual a física deve conter apenas observáveis remonta a Ptolomeu, Berkeley, d'Alembert, Kirchhoff e Mach. Esta doutrina parece haver penetrado na axiomática da física através da famosa axiomatização da termostática[10] de Carathéodory, onde ele sustentava que o significado (não apenas a prova) de suas hipóteses iniciais tem de ser "definido" pelo estabelecimento experimental das condições (*e. g.*, as equações) que descrevem as propriedades

10. Ver nota 6.

das entidades envolvidas. Assim, lidando com invólucros termicamente transparentes e similares, ele escreve: "O que se entende por estas várias expressões deve ser exatamente *definido* pelo estabelecimento *experimental* das condições [...] que descrevem as propriedades termodinâmicas da parede sob investigação". Quinze anos depois, na sua malsucedida axiomatização da relatividade especial[11], Carathéodory pretendeu que esta teoria só poderia basear-se em leituras de tempo – concepção recentemente ressuscitada por J. Synge. É claro que em nenhum dos casos ele estava *definindo* símbolos: estava assentando condições verdadeiras para enunciados totais; tampouco estava lhes atribuindo um *significado* – ele estava estipulando condições de testabilidade. No entanto, a confusão se espalhou e piorou com o respaldo daquilo que começava a tornar-se rapidamente a filosofia oficial da física, ou seja, o positivismo lógico – a mais avançada escola filosófica da década de 1920. Desde então, atribuir significados físicos converteu-se aos olhos de muitos no mesmo que dar "definições operacionais".

Esta doutrina – operacionalismo – foi explicitamente enunciada, pela primeira vez, por Dingler[12]; cujos escritos influenciaram muito o mundo de fala alemã. O operacionalismo foi reinventado, independentemente, por Eddington[13], que o introduziu no mundo de fala inglesa e que formulou a lei segundo a qual o ponto de partida de qualquer teoria física consiste de "quantidades físicas definidas por operações de medida". Um ano depois, na sua pseudo-axiomatização da relatividade especial, Reichenbach[14] tentou "definir" seqüências de tempo em termos de operações. O popular livro de Bridgman[15], que data de 1927, fazia uma exploração sistemática da mes-

11. C. Carathéodory, Sitzber. Preuss. Akad, Wiss. Phys.-Math. Kl., 1924, 12.

12. H. Dingler. *Grundlinien einer Kritik und exakten Theorie der Wissenschaften, insbesondere der Mathematik*, Ackermann, Munique, 1907.

13. A. S. Eddington, *The Mathematical Theory of Relativity*, Cambridge University Press, Cambridge, Inglaterra, 1923.

14. H. Reichenbach, *Axiomatik der relativistischen Raum-Zeit-Lehre*, Frederick Vieweg und Sohn, Braunschweig, Alemanha, 1924.

15. P. W. Bridgman, *The Logic of Modern Physics*, The Macmillan, Co., Nova York, 1927.

ma idéia. Embora houvesse corrigido posteriormente a doutrina a fim de abarcar operações[16] com lápis e papel (isto é, mentais), inúmeros cientistas ainda encaram *The Logic of Modern Physics* ("A Lógica da Física Moderna") como a escritura da sabedoria filosófica.

Esta versão extrema do empirismo não apenas está amplamente difundida, mas exerce outrossim poderosa influência na avaliação e mesmo na construção de teorias físicas. Assim, os artigos fundantes de Heisenberg sobre a teoria da matriz-S[17] foram inspirados tanto por sua queixa de que as teorias quânticas correntes fervilham de inobserváveis, quanto pela exigência de que as teorias físicas deveriam conter tão-somente observáveis[18]. Alguns chegam a ponto de sustentar que a teoria física ideal é aquela cujos símbolos básicos são ou definíveis ou interpretáveis em termos de experiências humanas elementares e diretas – uma exigência natural para um empirista, pois as operações de laboratório estão embebidas na teoria[19]. Ademais, uma tal teoria ideal deveria – admitindo apenas um modesto pulo indutivo – ser dedutível somente de itens experienciais grosseiros (não experimentais). Além disso, quanto mais pobres os poderes de observação do sujeito – isto é, o menor uso e o uso menos refinado que esses poderes fazem dos instrumentos e, por conseguinte, das fórmulas teóricas – tanto melhor deste ponto de vista. A teoria empirista ideal é, sem dúvida, aquela que poderia ser desenvolvida por um "observador primitivo", isto é, um sujeito dotado de magros poderes de observação[20]. Embora tal concepção não explique porque a ciência física não emergiu há 10^6 anos, ela sugere que o empirismo radical não constitui uma filosofia adequada para a física.

16. P. W. Bridgman, Daedalus *88*, 518, 1959.

17. W. Heisenberg, Z. Physik *120*, 513, 673, 1943.

18. Para uma crítica da pretensão de que a teoria da matriz S se coaduna com o operacionalismo, ver, do autor, "Phenomenological Theories, em *The Critical Aproach*, M. Bunge (ed.), Free Press, Nova York, 1964.

19. P. Duhem, *The Aim and Structure of Physical Theory*, Atheneum, Nova York, 1962.

20. R. Giles, *Mathematical Foundations of Thermodynamics*, Pergamon Press, Oxford, Inglaterra, 1964.

O operacionalismo pode ser criticado em vários pontos[21]. Primeiro, nenhuma teoria física existente sujeita-se ao programa operacionalista, porque toda teoria deste tipo contém conceitos sem contraparte na experiência sensorial – como as do potencial, do Lagrangeano, da onda plana e do ponto constituído de massa. No entanto, tais conceitos são fisicamente significativos no sentido de que se referem, conquanto apenas de modo incompleto e indireto, a coisas e propriedade de coisas que se supõem estarem fora. Segundo, e, conseqüentemente, se as críticas operacionalistas fossem admitidas, então todas as nossas atuais teorias teriam de desaparecer, deixando um horrível vácuo conceitual. Terceiro, e, conseqüentemente, nenhuma operação significativa de laboratório seria então possível, pois cada operação deste tipo é amparada e guiada por numerosos fragmentos de teorias. Quarto, e mais a propósito: não *há* definições operacionais propriamente ditas, e isto pelas seguintes razões: (a) um fato, como uma operação de medida, pode ser descrito por um conjunto de enunciados, e nunca por um único conceito, *e. g.*, o de comprimento; (b) enquanto a mensuração é uma teoria baseada em fatos empíricos, a definição é uma operação conceitual feita em determinado contexto teórico; conseqüentemente (c) a estrutura e o conteúdo de um símbolo teórico podem ser apenas revelados por uma análise teórica, e jamais por uma operação de laboratório: o que a mensuração faz é fornecer amostra de valores numéricos de grandezas ou, antes, estimativas de tais grandezas. Em resumo, não há nem pode haver definições operacionais.

O que temos são *provas* empíricas de alguns enunciados físicos e *interpretações* empíricas de alguns símbolos físicos. Estas duas operações têm sido consistentemente confundidas pelo operacionalismo. Além disso, nunca foi provado de que todos os símbolos básicos que surgem nas teorias fundamentais, tais como no eletromagnetismo e na mecânica quântica, possuam uma interpretação empírica e, em particular, uma interpretação em termos de possíveis operações de laborató-

21. Para maiores detalhes, ver, do autor, *Scientific Research*, Springer-Verlag, Berlim, 1967, vol. I, cap. 3.

rio. É verdade, foi dito algumas vezes que o tempo propriamente dito em uma (ou relativo a uma) partícula pontual é o tempo lido por um observador montado sobre a partícula – mas isto é apenas um apoio didático, pois relógios bem como observadores são sistemas complexos que possivelmente não poderiam ser transportados por uma partícula. Uma interpretação genuína precisa ser literal e não metafórica, se é que deve pertencer à ciência e não à ficção científica. Alguém pode sentir-se tentado a dizer que a intensidade de corrente é aquilo que um amperômetro mede – mas isso é de novo um apoio, não é esclarecedor e é duplamente enganador, pois o amperômetro pode também ser usado para medir diferenças de potencial, e porque a intensidade de corrente é uma função e uma função não poderia ser tomada erroneamente por seus valores. Quanto ao truque que consiste em chamar de "observável" qualquer variável dinâmica que não possa ser medida sem a assistência de teorias inteiras, ele é tão eficaz quanto batizar uma pessoa qualquer de Leo para assegurar que ele será valente[22].

A maioria dos filósofos da ciência adotou inicialmente o operacionalismo[23]. Ulteriormente afastou-se dele, criticando-o[24]. Não obstante, o operacionalismo continua reaparecendo em formas moderadas. Em Braithwaite[25] encontramos uma versão ligeiramente sofisticada do reducionismo empirista. Segundo essa concepção, toda hipótese de correspondência ou "axioma de dicionário" possui a forma de uma identidade,

22. Para uma crítica de engraçadas linguagens observacionais, ver, do autor, "A Ghost-Free Axiomatization of Quantum Mechanics", *in Quantum Theory and Reality*, M. Bunge (ed.), Springer-Verlag, Berlim, 1967.

23. Por exemplo, R. Carnap, *Foundations of Logic and Mathematics*, University of Chicago Press, Chicago, Il., 1939.

24. Ver, *e. g.*, C. G. Hempel, "The Theoretician's Dilemma", *in Minnesota Studies in the Philosophy of Science*, H. Feigl, M. Scriven e G. Maxwell (eds.), Minnesota University Press, Minneapolis, 1958, vol. II; A. Pap, "Are Physical Magnitudes Operationally Definable?" *in Measurement: Definitions and Theories*, C. W. Churchman e P. Ratoosch (eds.), John Wiley & Sons, Inc., Nova York, 1959; e K. R. Popper, *The Logic of Scientific Discovery*, Basic Books, Inc., Nova York, 1959.

25. R. B. Braithwaite, "Axiomatizing a Scientific System by Axioms in the Form of Identifications", no volume coletivo citado na nota 3.

a saber: $o = (\ldots t_1 \ldots t_2 \ldots)$, onde o é um termo "observável" (observacional), ao passo que os t_i são termos teóricos. Por conseqüência, sempre que uma expressão teórica da forma "$(\ldots t_1 \ldots t_2 \ldots)$" ocorre em um teorema, ela pode ser substituída pelo termo observacional correspondente. Neste sentido, os termos teóricos tornam-se eufemismos inofensivos para aglomerados de experiências: suas funções não são semânticas porém sintáticas. A dificuldade que esta tese apresenta é que ela toma como dada a redutibilidade que se propõe a provar: de fato, assume que os axiomas de correspondência têm realmente a forma de identidades do tipo acima. Não há exemplo real de teoria científica que se ofereça como suporte desta tese – nem existe alguma que seja do conhecimento deste autor.

Uma versão algo mais refinada da referida tese é a de Carnap[26]. Segundo ela, toda teoria científica contém tanto os termos observacionais o quanto os termos teóricos t, mas estes podem ser definidos em termos dos primeiros através dos postulados da teoria. Tal redução é realizada com a ajuda do operador ε de Hilbert, ou seja: "$t = \varepsilon_u \phi (u, o)$", que se lê "$t$ é um objeto que satisfaz o predicado lógico ϕ que sumaria os postulados da teoria". Três objeções opõem-se a tal concepção: (a) "$\varepsilon_u \phi$" designa *um* objeto u que satisfaz a condição $\phi (u, o)$: ao contrário do operador de descrição definido i, ε é um operador de descrição não definido e portanto inadequado para referir definições propriamente ditas; (b) antes que se possa escrever a conjunção de postulados $\phi (u, o)$, os termos teóricos u devem estar à mão quer como conceitos primitivos, quer como conceitos definidos – por isso se "$t = \varepsilon_u \phi (u, o)$" fosse uma definição (o que não é), ela seria circular; (c) não há termos puramente observacionais, tais como "azul" e "grosseiro", em uma teoria física – mas isto faz limite com a seção seguinte. A influente proposta[27] de Ramsey, no sentido de "eliminar" os t's pela reformulação da teoria segundo a forma

26. R. Carnap, "On the Use of Hilbert's ∈ – operator in Scientific Theories", *in Essays on the Foundations of Mathematics*, Y. Bar- Hillel (ed.), Magnes Press, Jerusalém, 1961.

27. F. P. Ramsey, *The Foundations of Mathematics*, Routledge and Kegan Paul, Londres, 1931, cap. IX.

"Há ao menos um *u* tal que ϕ (*u*, *o*)" expõe-se às duas últimas objeções.

Concluindo, o reducionismo empiricista é cientifica e filosoficamente inadequado em suas várias versões: necessitamos de uma doutrina mais tolerante do significado.

9.1.2.2. O ponto de vista do duplo vocabulário

Entre os filósofos[28], o ponto de vista dominante não é mais o de que todo termo não-lógico de uma teoria científica deve ser operacionalmente "definido" (interpretado), mas de que toda teoria científica contém, ao lado de genuínos termos observacionais como 'quente', outros não redutíveis à experiência sensorial, como 'temperatura'. Em outros termos, o vocabulário específico de toda teoria científica pode ser dividido em dois conjuntos: uma coleção de termos estritamente observacionais e outra, estritamente teóricos. Conseqüentemente, as senteças de uma teoria científica caem em três classes conjuntamente exaustivas: observacional, teórica e mista. Entre as sentenças mistas, salientam-se as regras de correspondência ou postulados.

Sob este prisma, enquanto as sentenças observacionais são plenamente significativas porque são diretamente comprováveis, as teóricas são por si próprias destituídas de significado, pois não podem ser submetidas a provas empíricas diretas. São apenas as sentenças mistas, e particularmente as básicas – isto é, as sentenças de correspondência – que conferem um significado empírico (parcial) à teoria. De fato, enquanto os termos observacionais são plenamente significativos porque estão diretamente ancorados na experiência, os símbolos teóricos não possuem tal interpretação: são parcialmente significativas uma vez que adquirem seu significado de modo indireto, via regras de correspondência e teoremas

28. Ver. R. B. Braithwaite, *Scientific Explanation*, Cambridge University Press, Cambridge, 1953; R. Carnap, "The Methodological Character of Theoretical Concepts", *in Minnesota Studies in the Philosophy of Science*, H. Feigl, M. Scriven e G. Maxwell (ed.), University of Minnesota Press, Minneapolis, 1956, vol. I; e *Philosophical Foundations of Physics*, Basic Books, Inc., Nova York, 1966; e C. G. Hempel, no artigo citado na nota 22.

empiricamente comprováveis, mas despojados, totalmente, de termos teóricos: "O cálculo é assim interpretado de baixo para cima"[29]. As teorias científicas são então encaradas como sistemas hipotético-dedutivos, semi-interpretados mais do que sistemas plenamente interpretados, e isto porque o significado é equiparado ao significado empírico e este, por sua vez, à comprobabilidade – se seguirmos a doutrina da verificabilidade do significado sustentada pelo Círculo de Viena. Chegaremos a uma conclusão similar se partirmos de premissas diferentes, relativas à incompletitude semântica de teorias (ver Sec. 9.1.3).

Esta versão do empirismo constitui um avanço em face do operacionalismo na medida em que reconhece a ocorrência de conceitos não-observacionais em teorias científicas. É superior, também, pelo fato de não desejar ser normativa, mas simplesmente descritiva: na verdade, admite modestamente que as teorias são de fato assim, em lugar de legislar a espécie de teoria permissível. Infelizmente, acontece que as teorias físicas não são assim: não contém conceitos observacionais *stricto sensu*, tais como 'quente' e 'azul' (exemplos favoritos de Carnap). Estes termos ocorrem somente em teorias psicológicas (pois se referem a sensações), na linguagem do físico experimental e nas apresentações didáticas de teorias físicas (até o presente a maior fonte de inspiração da filosofia da ciência). Tais termos não aparecem e não devem aparecer na física teórica, por mais importantes que possam ser alhures. Em particular, não deveriam ocorrer em enunciados semânticos ou "regras de correspondência". Assim, a sentença segundo a qual a irradiação eletromagnética de um dado comprimento de onda faz surgir uma certa sensação de cor – um dos exemplos de Carnap de uma "regra de correspondência"[30] – é um enunciado pertencente à óptica psicofisiológica e não à óptica física. Ademais, não é uma regra ou prescrição mas uma hipótese plenamente desenvolvida e, mais precisamente, um enunciado corrigível, servindo como relação causa-sintoma e por isso importante na física experimental. Mas ele não

29. Braithwaite na nota 25.

30. Carnap, no segundo de seus trabalhos citados na nota 28.

ocorre nem deveria ocorrer na física teórica, que é invariante para o observador (objetiva). Em suma, as teorias físicas estão isentas de conceitos estritamente observacionais ou fenomenais.

Teorias físicas básicas não contêm sequer termos observacionais *latu sensu*, isto é, símbolos em lugar de aspectos objetivos de situações experimentais reais. De fato, uma teoria física básica é um modelo idealizado ou um esboço de um sistema físico (elétron, campo, fluido etc.) e não uma descrição literal de situações experimentais complexas, tais como a medida de cargas elétricas por meios de eletrômetros ou a determinação de secções de choque de colisão por meio de contadores de cintilação. Acontece, antes, o contrário: a descrição precisa e, *a fortiori*, a explanação de uma situação experimental apelam para idéias pertencentes a certo número de teorias científicas. Assim, uma medida de comprimento, mesmo direta e portanto grosseira, envolve um conjunto de suposições relativas à geometria do espaço físico, ao comportamento dos corpos sob transporte e à propagação da luz. Medidas de comprimento precisas, e portanto indiretas, envolvem muito mais do que isso – em geral, partes inteiras da mecânica, a teoria do eletromagnetismo e também a eletrônica quântica, se usarem *lasers*. E toda mensuração em física nuclear ou atômica utiliza quer teorias microfísicas quer macrofísicas. Por outro lado, nenhuma dessas teorias básicas está assentada em termos observacionais e nenhuma delas contém descrições da construção de instrumentos e regras para operá-los e lê-los – ao contrário do que creem alguns filósofos[31].

Certo, algumas teorias – mesmo altamente sofisticadas, como a teoria geral da relatividade e a mecânica quântica – são muitas vezes redigidas como se dissessem respeito apenas às situações experimentais. Mas até uma análise sumária mostra que esta interpretação empírica é metafórica e não literal (ver Sec. 9.1.2.1). Realmente, nenhuma de suas fórmulas básicas contém parâmetros referentes a peças de aparelhos – e muito menos a observadores sencientes. Assim, as equações do campo gravitacional de Einstein versam sobre

31. Ver nota 30.

campos e matéria, mas elas nem sequer aludem aos modos pelos quais se poderia medir o tensor curvatura – sendo esta a única razão pela qual levou quarenta anos para se projetar uma tal mensuração. A própria teoria fazia-se necessária para permitir a invenção de meios pelos quais fosse possível mensurar as componentes desta grandeza, do mesmo modo como a mecânica clássica foi necessária para medir valores de massa. Similarmente, a equação de Schrödinger é bastante geral e não encerra microvariáveis que descrevam características de instrumentos de medida. Relatos genuínos de situações experimentais (não apenas de experiências mentais) são específicos porque sucede que os instrumentos são específicos. Ademais, tais relatos envolvem idéias macrofísicas e particularmente idéias clássicas, porque o que manipulamos e observamos são apenas macrofatos – nem mesmo micro – ou megafatos. Portanto, a formulação destas teorias de alto nível em termos operacionais é duvidosa: envolve interpretações metafóricas e não literais. Mas ainda, tais teorias podem ser reformuladas sem que se recorra à ficção do observador onipresente que está sempre pronto a efetuar medidas exatas e diretas de qualquer grandeza[32].

Concluindo, temos tão parco uso para a doutrina do vocabulário dual quanto tínhamos para o dogma operacionalista. Precisamos procurar em outra parte uma concepção mais realista do significado físico.

9.1.3. Objetivismo

As doutrinas empiristas examinadas na Sec. 9.1.2 baseiam-se numa estreita interpretação das expressões "significado fatual" e "conteúdo", as quais surgem como idênticas a "significado empírico". Abandonaremos esta restrição, pois ela não se quadra com a prática científica. Assim, as componentes do tensor de energia-tensão de um corpo ou mesmo de um átomo são encaradas como símbolos fisicamente significativos, pois o pressuposto é que correspondem a um estado ob-

32. M. Bunge, *Foundations of Physics*, Springer-Verlag, Berlim, 1967.

jetivo das entranhas da coisa a que se referem, ainda que não sejam diretamente mensuráveis, e muito menos observáveis em sentido estrito. Similarmente, na teoria do campo eletromagnético, o tensor de campo *F* na Sec. 9.1.1, tem sentido mesmo na ausência de corpos carregados, quando não há possibilidade de medir *F*. Numa teoria assim, ter-se-ia, além dos postulados que determinam a estrutura matemática de *F* (e do espaço subjacente), um conjunto de equações de campo (os enunciados de lei básicos da teoria) e uma ou mais hipóteses interpretativas, ou *assunções semânticas* (*AS*), que esboçam o significado de *F*. Uma dessas assunções semânticas poderia ser

AS *F representa (modela, espelha) um campo eletromagnético* φ,

ou

$$AS \quad F \hat{=} \varphi$$

para abreviar, onde "$\hat{=}$" simboliza a relação de referência[33]. Esta fórmula constitui um enunciado de correspondência no sentido da Sec. 9.1.1, pois estabelece uma correspondência entre o símbolo '*F*' (ou o conceito *F* designado pelo signo '*F*') e a coisa (campo) chamada φ.

A nossa *AS* acima não se sujeita a nenhuma das filosofias até agora examinadas. Em primeiro lugar, não é uma regra porém uma hipótese completamente desenvolvida, não só porque envolve uma entidade transobservacional ou hipotetizada (o campo eletromagnético), mas também porque seria possível falsificá-la e, além do mais, não tem sentido em qualquer teoria de ação a distância. (Toda modificação nos pressupostos semânticos de uma teoria científica produz uma teoria diferente, mesmo quando mantemos invariável sua estrutura formal.) Tampouco nossa *AS* é uma "definição" operacional (interpretação) ou uma regra de correspondência *à la* Carnap ou Braithwaite. De fato, φ não nomeia um item empírico, mas um item físico e *AS* não estabelece que seu parceiro conceitual *F* seja um conjunto de valores encontrados experimentalmente, sem que se faça aqui nenhuma confusão entre uma função e alguns de seus valores.

33. *Idem*, nota 32, cap. 1.

AS é uma *hipótese de interpretação objetiva*, isto é, uma assunção que confere um significado fatual a um símbolo teórico. Além disso é literal e não metafórica. Em particular, a nossa *AS* não afirma que os componentes F_{0i} de *F* são as componentes da aceleração sentida por um observador montado numa partícula de massa e carga unitárias. A razão de nossa preferência por pressupostos de interpretação objetiva e literal em vez de empírica e metafórica é clara: a suposição aceita é que a física versa sobre o que é ou pode ser o caso e não sobre o que pode parecer a um sujeito, e muito menos a um observador fictício. Se a referência a observadores importa seriamente, então é preciso suplementá-la e verificá-la com a ciência dos observadores, isto é, com a psicofisiologia humana; mas se a preferência a observadores não for séria, então o conceito de observador estará fora de lugar na física teórica.

Procuremos agora descobrir em que extensão uma hipótese objetiva de interpretação (= assunção semântica) especifica o significado de um símbolo teórico. Para tanto, cumpre lembrar que todo conceito possui uma conotação ou intensificação e uma denotação ou extensão. Pois bem, o *significado* de um símbolo *s* que representa um conceito *c* pode ser definido[34] como o par ordenado constituído pela intensificação (conjunto de propriedades) e pela extensão (domínio de aplicabilidade) de *c*. (Em resumo:

$$\mathfrak{D}sc \Rightarrow [\text{Significa } s \overset{df}{=} \langle g(c), \varepsilon(c) \rangle]$$

Sem dúvida, a *AS* sugere a pretendida denotação ou extensão do conceito *F*, pois afirma que *F* se aplica a um membro arbitrário $\varphi \in \{\varphi\}$ do conjunto $\{\varphi\}$ de campos eletromagnéticos (reais e possíveis). (A extensão de toda família *F* de campos de tensores que a teoria enfoca é, sem dúvida, o agregrado $\{\varphi\}$.) Isto dá conta de apenas uma parte da extensão de *F*. A outra parte é especificada pelas equações do campo (o valor zero da quadridivergência de *F* e do quadrirotacional de *F* no espaço livre). De fato, nem todos os *F*, mas unicamente os que satisfazem os enunciados de lei básicos,

34. M. Bunge, *Scientific Research*, Springer-Verlag, Berlim, 1967, vol. 1, cap. 2.

incorporados na teoria (promissoramente), representam os campos eletromagnéticos. Em suma, os enunciados de lei em conjunção com a *AS* (em termos psicológicos: o primeiro lido em termos do último) fixam a extensão de *F*. Quanto à conotação ou intensificação deste conceito, isto é, a coleção de suas propriedades, ela está especificada na teoria tanto pelos enunciados de lei básicos como pelos pressupostos matemáticos (valores reais, continuidade etc.) subjacentes a tais enunciados de lei. Outras teorias e físicas experimentais fornecerão propriedades suplementares de *F*.

Vemos então que o significado do símbolo '*F*' é especificado em conjunto pelos seguintes componentes da teoria do eletromagnetismo: (*a*) as hipóteses formais ou estruturais (sem as quais as equações do campo não teriam sentido); (*b*) as pressuposições físicas iniciais ou enunciados de lei básicos (princípio variacional ou equações de campo e condições de cortorno); e (*c*) as assunções de interpretação objetivas. Ora, uma teoria básica como a que estamos considerando não possui outros componentes: em particular, não contém prescrições para construir instrumentos de medida e lê-los. Portanto, justifica-se que saltemos para a conclusão geral em cujos termos o conteúdo ou o significado de um simbolismo físico é determinado conjuntamente por seu formalismo e por seus pressupostos semânticos, enquanto estes forem objetivos. Equivalentemente: o significado de um conjunto de símbolos é especificado por toda a teoria onde ocorrem.

Até agora lidamos com significados objetivos ou fatuais: o que dizer do significado empírico ou do significado para um observador? Trata-se de algo que não pode ser determinado pelo exame dos fundamentos da teoria, pois a descrição das situações empíricas envolve algumas das conseqüências lógicas dos princípios básicos – *e. g.*, algumas soluções das equações de campo. Todavia, isso também é insuficiente, pois uma teoria possui implicações empíricas apenas se associada a outras teorias e assunções especiais. Assim, a teoria eletromagnética não é comprovável a menos que seja ligada com alguns fragmentos da dinâmica – *e. g.*, uma lei do movimento para partículas carregadas. O engraçado é que as teorias com funções auxiliares na tarefa de descobrir as implicações empíricas de uma dada teoria podem ser inconsistentes com ela. Por exemplo, a mecânica clássica que é necessária para projetar e operar qualquer instrumento, é inconsistente com a teoria do eletromagnetismo. De qualquer modo, nenhuma teoria por si só possui um significado empírico. Este fato justifica a tese de Quine[35] segundo a qual a unidade de significado empírico não é nem o termo nem a sentença, mas o todo da ciência.

Em conclusão, denunciamos as seguintes heresias no templo da filosofia ortodoxa da física:

a. *A tese realista*: Uma teoria física possui um conteúdo objetivo ou fatual. Nenhuma teoria física tem um *conteúdo* empírico, pois não encerra conceitos observacionais. Mas ela adquire *importância* empírica desde que se alie a outras teorias.

b. *A tese do fluxo descendente*: Em uma teoria axiomatizada os significados fluem para baixo, dos símbolos básicos (primitivos) para os definidos, e dos axiomas para os teoremas. É apenas no processo da construção da teoria que se encontra o significado de alguns símbolos, através do exame dos enunciados de baixo nível.

c. *A tese da totalidade*: Todas as componentes básicas de uma teoria (assunções formais, enunciados de lei básicos e assunções semânticas) contribuem para determinar o significado de seus simbolismos. Ainda assim, eles se limitam a esboçar significados: a interpretação de um simbolismo físico permanece sempre incompleto, portanto em fazimento (ver Sec. 9.2.3).

Tentemos agora efetuar uma exploração mais cabal da mesma área.

9.2. *O Aspecto Semântico de uma Teoria Física*

9.2.1. *Uma análise de conceitos físicos*

A fim de expor o lado semântico de teorias físicas convém analisar suas componentes últimas, isto é, seus conceitos

35. W. V. Quine, *From a Logical Point of View*, Harvard University Press, Cambridge, Mass., 1953.

não definidos (primitivos). Do ponto de vista matemático, são ou conjuntos ou mapeamentos – *e. g.*, um conjunto de corpos, e a carga elétrica. Entre os mapeamentos, sobressaem-se as grandezas físicas. Toda grandeza física é uma função sobre um conjunto de particulares, cada um dos quais representa um sistema físico. (Isto vale para teorias de um só tipo como a mecânica; para teorias de vários tipos ou pluralísticas como a eletrodinâmica, o conjunto básico é um conjunto de *n*-plas de conceitos, cada um deles representando um sistema físico de uma espécie.) Assim, cada valor da carga elétrica é a carga *de* um corpo de uma certa espécie. As notações usuais, *e. g.*, 'Q σ', para a carga do σ -ésimo sistema, sugere que Q é uma função sobre um conjunto Σ de sistemas σ. Igualmente, a força *F* σσ', exercida por um corpo σ sobre um outro σ' da mesma espécie Σ, é uma função sobre Σ x Σ. De outro lado, o índice de refração de feixes luminosos de um certo comprimento de onda em um determinado meio é dado ("definido") sobre o conjunto *L* x *M* de pares: feixe luminoso, meio. Toda grandeza é uma família indexada por algum conjunto ou, de um modo mais geral, pelo produto cartesiano Σ_1 x Σ_2 x ... Σ_n de *n* classes de sistemas físicos. (Não estamos considerando aqui outros eventuais argumentos das funções envolvidas, como posição e tempo, porque nosso enfoque recai sobre os referentes de nossos conceitos.) Os conjuntos Σ*i* nos quais são dadas as grandezas físicas, são ou representam coleções de particulares, isto é, objetos que não possuem membros (no sentido de conjunto teórico) embora possam ter partes (no sentido mereológico). Por exemplo, a classe de referência da eletrodinâmica clássica é o conjunto de triplas: corpo carregado σ – campo eletromagnético φ – sistema físico de referência *k*.

Ora, uma teoria física axiomatizada que se coadune com a doutrina realista do significado delineada na Sec. 9.1.3 terá de caracterizar o *status* matemático e o significado físico dos respectivos símbolos básicos (não definidos) e terá de inter-relacioná-los. Assim, se a "carga elétrica" é um de nossos conceitos básicos e se desejamos elucidá-lo no contexto da eletrostática elementar, devemos fazer algo do seguinte tipo. Começamos por tomar da matemática a reta real R e os conceitos de função real e integral. Depois introduzimos, como que a partir do nada (isto é, esquecendo tudo acerca da história do objeto), quatro conjuntos básicos – denominemo-los M, Σ, B e $\{\varphi\}$ – uma família básica de funções $\{D\}$, e uma função básica Q. Finalmente, estabelecemos as seguintes condições para Q:

AM Q é uma função com valores reais em Σ.

AF Em qualquer [região do espaço] $V \subset M$, para todo [corpo] $\sigma \in \Sigma$, todo [campo] $\varphi \in \{\varphi\}$, toda [imagem do corpo] $b \in B$, e toda [imagem do campo] $D \in \{D\}$: se $b \subseteq V$ e se ∂V é a vizinhança de V e se n é a normal externa de V, então, se:

$$b \triangleq \sigma \quad \text{e} \quad D \triangleq \varphi$$

então

$$Q(\sigma) = q = (1/4\pi) \int_{\partial V} d^2x \, (D.\, n).$$

AS Para cada $\sigma \in \Sigma$, $Q(\sigma)$ representa a carga elétrica total de σ.

AM é sem dúvida um axioma matemático ou formal ao passo que *AF* é um axioma físico (lei de Gauss na forma integral) e *AS* é uma assunção semântica. Os três juntos determinam a forma e o conteúdo de Q, enquanto axiomas posteriores darão conta dos restantes conceitos primitivos, em particular de D. Mas mesmo completando o sistema de axiomas de tal modo que todo conceito primitivo seja caracterizado tanto matemática quanto fisicamente, a coisa toda deve estar engastada num contexto mais amplo, se é que deve fazer sentido. O contexto mais amplo incluirá, em particular, todas as pressuposições que especifiquem a estrutura e o conteúdo dos conceitos primitivos genéricos M e $\triangleq$, isto é, geometria da variedade e geometria física para M, e semântica para $\triangleq$. Em resumo, uma especificação mais completa da estrutura e do conteúdo da teoria exige exposição ou, no mínimo, menção de um *plano de fundo*, que é uma coleção variegada de teorias[36].

36. Ver, do autor, "The Structure and Content of a Physical Theory", em *Delaware Seminar in the Foundations of Physics*, M. Bunge (ed.), Springer-Verlag, Berlim, 1967.

Ainda assim, o significado de 'Q' não ficará *plenamente* especificado pelos axiomas acima. De fato, na medida em que *AS* é apenas levemente mais informativa do que uma regra de designação convencional (veja Sec. 9.1.1). Conseqüência psicológica: para o novato, o símbolo-chave 'Q' permanece obscuro se a expressão "carga elétrica" que aparece em *AS* deixar de evocar em seu cérebro uma noção previamente adquirida ou uma experiência passada. Mas lembrará uma idéia mais ou menos definida no físico experiente, que encontrou Q antes, em certo número de fórmulas e possivelmente também na descrição de certos experimentos. A simples descrição dos procedimentos de mensuração de carga, no entanto, será não menos obscura para o novato: tais descrições farão sentido apenas à luz de um conjunto de teorias físicas envolvendo em última instância a lei de Coulomb na forma "$V = q/r$" (acarretada pela *AF* acima no caso de uma carga pontual). Isto é, os diversos modos pelos quais as cargas elétricas podem ser medidas não determinam o significado de 'Q'. Se algumas vezes elas parecem fazê-lo, é somente porque tais procedimentos estão incrustados em um contexto teórico que inclui, entre outras coisas, uma teoria que especifica a forma e o conteúdo de Q, ainda que apenas em esboço.

De qualquer modo, os conceitos básicos e específicos de uma teoria científica não estão definidos, mas são introduzidos nela como conceitos primitivos. Sem dúvida, 'primitivo' não significa "não analisado", "irracional" ou "obscuro": os conceitos básicos são analisados tanto formal quanto semanticamente dentro da própria teoria, isto é, através dos postulados dos tipos *AM*, *AF* e *AS*. Quão fina é esta análise? A análise formal pode ser tão completa quanto se queira, pois é feita em termos de conceitos já elucidados nas teorias matemáticas pressupostas pela teoria científica dada: é sempre possível referir-se aos ramos pertinentes da matemática que se encontram na base formal da teoria. De outro lado, a análise semântica dos conceitos primitivos específicos é obrigada a permanecer incompleta. Não porque todo conceito primitivo, a fim de adquirir um conteúdo fatual, deva apontar para algum item da experiência comum – que, de qualquer modo, não é um item bem analisado – mas porque o significado de um símbolo teórico é especificado quer dentro da teoria em causa quer por todas as outras teorias na qual ele ocorre mesmo que secundariamente. Por exemplo, o significado de 'Q' é especificado não somente pela eletrostática, mas também pela dinâmica, que oferece o cenário adequado para a lei elementar "$V = q/r$" derivada da lei de Gauss.

Em conclusão, os conceitos básicos de uma teoria científica axiomatizada são introduzidos formalmente por meio de axiomas de três tipos: formais, físicos e semânticos. Essas hipóteses iniciais conjuntamente determinam em esboço a conotação ou intensificação dos diferentes conceitos básicos. Uma especificação mais completa da intensificação exige que se elabore a teoria e que ela seja relacionada a outros campos de pesquisa. A denotação ou extensão pretendida é delineada de maneira similar. De outro lado, a extensão real ou "domínio de validade" de um dado conceito teórico precisa ser explorado por ciência experimental. A extensão toda, real, permanece desconhecida exceto quando vazia: por meios empíricos podemos apenas focalizar um número limitado de particulares que satisfazem a teoria e portanto compõem o subconjunto conhecido da extensão real da teoria. Não é necessário dizer que por outros meios nenhum dos particulares será identificado.

Estamos agora em melhor situação para entender as diferenças entre a interpretação física e matemática de uma estrutura axiomática.

9.2.2. Modelos em matemática e em física

Como é sabido, há duas espécies de axiomas matemáticos: os puramente sintáticos ou abstratos e os semânticos ou interpretados. Enquanto os primeiros são estruturas de nível único, os segundos são em geral formulados empregando-se duas linguagens diferentes: uma é a linguagem-objeto da teoria abstrata básica e a outra é a metalinguagem na qual algo é dito sobre o que são os símbolos básicos da linguagem-objeto. Assim, se escrevemos '$x \in R$' sem especificar o que 'R' representa, efetuamos um enunciado puramente sintático: dizemos apenas que x (não descrito) está em R (não descrito).

Mas se escrevemos 'x é um número real', então atribuímos a um 'R' uma interpretação definida e o fazemos falando a respeito de x; isto é, proferimos um enunciado metalingüístico. É claro, a física não tem o que fazer com sistemas puramente sintáticos: em nossa ciência devemos saber o que estamos falando mesmo se aquilo que estamos falando for falso. Lancemos um olhar sobre as teorias matemáticas interpretadas – as ferramentas do físico teórico.

A metalinguagem utilizada na interpretação de uma teoria matemática abstrata em termos matemáticos, constitui, sem dúvida, ainda outra linguagem matemática. Equivalentemente: quando sujeita à interpretação, uma teoria abstrata é interpretada dentro da matemática. Mais precisamente o fundamento de uma teoria abstrata T é um conjunto de condições (axiomas) sobre uma n-pla

$$B(T) = < S_0, S_1, ..., S_{n-1} >,$$

onde S_0 é um conjunto não descrito ou abstrato e os S_i para $i > 0$ são predicados de certos graus (monádico, lugar-duplo etc.). Tais símbolos básicos caracterizam-se apenas pelos axiomas de T. Por contraste, qualquer dos correspondentes *modelos matemáticos* T_m de T se refere a uma n-pla específica.

$$B(T_m) = < P_0, P_1, ..., P_{n-1} >,$$

tal que: (a) P_0 é um conjunto fixo ("concreto"), *e. g.*, a reta real, e os P_i para $i > 0$ são predicados específicos ou funtores com a mesma estrutura que os correspondentes S_i (*e. g.*, se S_2 é uma relação binária P_2 também será), e (b) todo axioma (e conseqüentemente toda fórmula) do formalismo abstrato original T é satisfeito quando todo S_i é especificado ou interpretado de modo a ser o correspondente P_i. Assim, enquanto o conceito verdadeiro não tem significado com respeito à estrutura abstrata T, um modelo matemático (o m-ésimo modelo) de T é verdadeiro na interpretação dada. Toda interpretação consiste de uma representação mapeada do conjunto $S = \{S_0, S_1, ..., S_{n-1}\}$ de símbolos caracterizados apenas por T, no conjunto $P = \{P_0, P_1, ..., P_{n-1}\}$ de conceitos conhecidos fora de T. Tal atribuição de conceitos plenamente significativos aos símbolos básicos de uma teoria abstrata, isto é,

$$\text{Int} : S \to P$$

é na matemática um assunto *interno*, no sentido de que tanto o domínio S como o intervalo P de Int são conceitos.

Por contraste, um *modelo físico* ou interpretação de uma estrutura matemática é uma representação mapeada do conjunto S de símbolos básicos de uma teoria em um conjunto P de objetos físicos – coisas, propriedades de coisas, ou relações entre coisas. Em suma, enquanto o domínio de Int é conceitual, seu intervalo é extraconceitual: na física, o mapeamento Int está com um pé na mente e outro no mundo externo. Assim, no caso mais simples de uma teoria física de tipo singular (monística), P_0 será um conjunto de coisas, *e. g.*, fluidos, enquanto os P_i para $i > 0$ serão ou propriedades daqueles particulares concretos ou relações entre eles – portanto, seus representantes conceituais serão funções em S_0 (em geral S_0^p, onde p é o número de lugares do predicado envolvido). No caso de uma teoria física de tipo múltiplo (pluralista), P_0 será analisável em pares, em triplas ou, em geral, em n-plas de coisas físicas.

De qualquer modo, a peculiaridade de uma interpretação não matemática é então de que se trata parcialmente de um caso *externo* no sentido de ser ela feita por referência a coisas que se supõem, certa ou erradamente, estarem fora dali. Assim, enquanto o conjunto B na Sec. 9 2.1 era um conjunto em ordem e portanto um conceito caracterizável do ponto de vista matemático (teoria dos conjuntos e teoria da medida), o conjunto Σ no qual B tinha por suposição uma função delegada, é a coleção de todos os corpos reais e possíveis. Em resumo, Int : $B \to \Sigma$. A relação de referência $\hat{=}$ que aparece em nossa AS – *e. g.*, no enunciado "$b \hat{=} \sigma$" – é uma sub-relação de Int e relaciona um objeto teórico com um objeto físico. (Quando o objeto físico é não observável, é amiúde denominado entidade teórica – o que constitui sem dúvida uma contradição em termos.) Entretanto, as interpretações físicas não são inteiramente externas: são pontes entre a mente e o mundo.

Assim, o âmbito da maioria das grandezas é interpretado como um intervalo na reta real. A questão, no entanto, é que esta interpretação física é em parte externa apenas porque as teorias físicas se referem, por suposição, a entidades extrateóricas. Assim sendo, a teoria do modelo[37] ora corrente, restrita como está à matemática, é necessária mas insuficiente para lidar com as axiomáticas da física.

Em todo caso, a apresentação de um formalismo é necessária mas insuficiente para se ter uma teoria não abstrata (interpretada) na matemática e *a fortiori* na física. Em aditamento a todos os axiomas formais requeridos para caracterizar matematicamente todo conceito primitivo, e para todos os enunciados físicos que ligam dado conceito primitivo a outros conceitos específicos, precisamos para cada conceito primitivo de um axioma semântico. Dir-se-á que toda teoria que se adapte a tal exigência é *completa primitiva* quanto aos conceitos. A menos que esta exigência seja preenchida, não se pode garantir nenhuma interpretação definida, pois um e mesmo conjunto de axiomas formais e físicos é partilhável por diferentes teorias, isto é, por teorias relacionadas a diferentes conjuntos de entidades físicas e/ou diferentes propriedaes físicas. Assim, uma e mesma teoria do campo escalar, com uma dada equação de onda no seu centro, pode ser interpretada quer como se descrevesse certos aspectos de um fluido, quer como se descrevesse um campo não material. Ou, num exemplo bem mais simples: para a maioria dos materiais, a resistência elétrica cresce com a temperatura. Portanto, no conjunto Σ de materiais desta espécie, a relação $<$ pode ser interpretada seja como "menos resistiva do que" ou como "a uma temperatura mais baixa do que". Em outras palavras, o conteúdo da estrutura relacional $B\,(T) = < D, < >$ não é em geral determinada unicamente pela fixação do domínio D de particulares, isto é, pelo acréscimo da assunção interpretativa "Int $(D) = \Sigma$". Necessitamos, ademais, de uma assunção interpretativa para $<$ *e. g.*, "Int_1 $(<)$ = menos resistiva do que" ou "Int_2 $(<)$ = a uma temperatura

37. Ver A. Robinson, *Introduction to Model Theory and to the Metamathematics of Algebra*, North-Holland Publ. Col, Amsterdã, 1963.

mais baixa do que". A simples menção de "a pretendida interpretação" de um conjunto de símbolos é por demais ambígua.

Uma vez esboçados certos traços da axiomática da física, vejamos quão longe ela pode levar-nos.

9.2.3. Escopo da axiomática da física

Uma teoria física axiomatizada deveria satisfazer as exigências básicas metamatemáticas, em geral impostas às teorias matemáticas[38], especialmente a consistência e a independência, quer no nível dos conceitos (independência mútua de conceitos primitivos), quer no nível proposicional (independência mútua dos axiomas). O fato de ser difícil provar a consistência não a torna menos desejável: na verdade, a consistência é o supremo desiderato relativo à organização de um corpo de conhecimento. Em aditamento à consistência interna, é preciso satisfazer o que se pode denominar de consistência externa[39]: qualquer sistema dado de axiomas físicos deveria coadunar-se com outras (não todas) teorias aceitas, principalmente com seus próprios pressupostos. Se no topo de tudo isso a teoria for também fatualmente verdadeira em razoável extensão, tanto melhor. Mas até uma teoria física falsa é uma teoria física e, se ousada e profunda, pode ser heuristicamente valiosa; de outro lado, uma teoria fenomenológica rasa, se for falsa, não terá qualquer valor[40].

E o que dizer acerca da completitude? Dos diferentes sentidos da 'completitude' os dois seguintes são de interesse sob o ângulo aqui abordado: completitude primitiva e completitude dedutiva. Partamos da primeira, que foi rapidamente caracterizada na Sec. 9.2.2. Suponhamos que uma certa constante C – que pode muito bem representar a velocidade da luz no vácuo – figura entre os conceitos primitivos de uma certa teoria – que pode muito bem ser a relatividade especial. Cla-

38. Ver R. R. Stoll, *Set Theory and Logic*, W. H. Freeman and Co., São Francisco, Califórnia, 1963.

39. Ver nota 31, cap. 8.

40. Ver notas 16 e 36 e, do autor, "The Maturation of Science", *in Problems in the Philosophy of Science*, I. Lakatos e A. Musgrave (eds.), North-Holland Publ. Co., Amsterdã, 1967.

ro, não é objetivo da teoria fixar o valor numérico de *C*: isto é preocupação da física experimental. Conseqüentemente o axioma (*s*) que especifica a natureza de *C* deveria afirmar apenas que seu valor é um número real, sua dimensão, a de uma velocidade, e seu referente, a velocidade de propagação de um sinal eletromagnético no espaço livre (todo). Em termos gerais, queremos que nossas teorias sejam tão completas nos conceitos primitivos quanto consistentes com a função do experimento. Uma *p*-completitude exaustiva terminaria no subjetivismo de Eddington.

Algo similar vale para a completitude dedutiva ou o poder de produzir quaisquer fórmulas em um dado campo. Desde o trabalho de K. Gödel sabemos que nenhuma teoria consistente, envolvendo uma quantidade moderada de teoria dos números pode ser completa; por conseguinte nenhuma teoria física consistente que utilize a análise pode ser completa, sem levar em conta a pretensão não comprovada de que a mecânica quântica é uma teoria completa. Todavia, gostaríamos por certo que cada uma de nossas teorias incluísse todos os teoremas padrões e particularmente as fórmulas essenciais do campo que recobre. Porém, mesmo que o teorema de Gödel não valha, não devemos desejar uma teoria física de tal ordem que toda e qualquer fórmula tenha de ser ou comprovável ou refutável no âmbito da teoria. Na verdade, queremos estar em condições de introduzir novas assunções especiais, tais como vínculos coercitivos e condições iniciais, tanto quanto hipóteses especiais – *e. g.*, de que σ é uma carga pontual – que não sejam nem axiomas nem teoremas da teoria. Equivalentemente: desejamos ter a liberdade de acrescentar fórmulas não fundamentais à teoria sem com isso cair em contradições. Mas esta é apenas uma maneira de dizer que desejamos *in*completitude dedutiva na medida em que as fórmulas não fundamentais estão em jogo.

Em suma, nossas teorias devem ser quer *p*-completas, quer *d*-completas. Mas não inteiramente assim. Em outras palavras, cumpre-nos axiomatizar o *cerne* de uma teoria física, isto é, o núcleo composto por suas hipóteses centrais, evitando especificações que a tornariam demasiado estreita ou induzi-la-iam a usurpar as funções de experimento. O montante desejável de incompletitude ou abertura para novos dados e novas suposições deve tranqüilizar aqueles que desconfiam de que o pensamento axiomático traz a perfeição e o fim da pesquisa. Isto não deveria constituir fonte de preocupação, não somente porque o nosso desejo é axiomatizar apenas o cerne de toda teoria, mas também pelas seguintes razões: primeiro, todo enunciado físico, ainda que inatacável do ponto de vista matemático, é, quando muito, parcialmente verdadeiro no tocante aos fatos[41]; segundo, a melhor organização disponível de um campo de conhecimento fatual não é o melhor possível, se não por outro motivo ao menos pelo fato de que as ferramentas formais (lógicas e matemáticas) estão sendo incessantemente afiadas; terceiro, mesmo supondo que se pudesse assentar de uma vez por todas os fundamentos de uma teoria – uma estranha pretensão, muitas vezes apresentada com respeito à mecânica quântica – ainda assim, poder-se-ia continuar elaborando-os durante toda a eternidade, mediante o aditamento de assunções especiais e a derivação dos correspondentes novos teoremas. Em resumo, a axiomatização não leva à estagnação. Muito pelo contrário, ela facilita o crescimento e o amadurecimento da ciência[42].

9.3. Uma aplicação: cinemática relativística

9.3.1. Plano de fundo e conceitos básicos

Apliquemos as idéias anteriores à organização lógica de uma teoria simples do ponto de vista matemático, mas ardilosa semanticamente: a cinemática relativística especial ou CRE, abreviadamente[43]. Esta teoria é a base da física relativística, pois não especifica a natureza das entidades sobre as quais enfoca sua atenção. Do ponto de vista histórico e lógico, a

41. Para uma teoria axiomática a respeito de uma verdade parcial, ver, do autor, *The Myth of Simplicity*, Prentice-Hall, Inc., Englewood Cliffs, N. J., 1963.

42. Ver o artigo citado na nota 40.

43. Para um sistema similar e maiores detalhes, ver cap. 3, sec. 2 do livro citado na nota 32.

CRE pressupõe a teoria eletromagnética de Maxwell para o vácuo e conseqüentemente partilha do plano de fundo desta última. Ela consiste das seguintes teorias: (a) lógica comum (cálculo de predicado com identidade), um fragmento da semântica (a teoria relativa à "$\hat{=}$"), álgebra, topologia, análise, geometria das variedades e tudo o mais que estas teorias pressupõem em troca – em particular a teoria ingênua dos conjuntos; (b) uma teoria do tempo local ou dependente de referencial (cuja preocupação é elucidar "T")[44], geometria da física (que esclarece o conceito de estrutura de espaço relativo a um referencial e o conceito de sistema de referência físico), e uma teoria geral dos sistemas – que elucida os conceitos de justaposição ou adição física de sistemas físicos e o de ser a parte de um todo[45]. A teoria de Maxwell fornece três conceitos primitivos de CRE: o conceito S de sinal eletromagnético (ou campo de radiação independente de fonte), o conceito C de velocidade de um $s \in S$ e o conceito eletromagnético Λ de referencial inercial (Lorentz) definido na teoria de Maxwell[46] como aquele referencial físico em relação ao qual valem as equações de Maxwell. Este terceiro conceito ocorre nas formulações do metaenunciado conhecido como o princípio da relatividade – *e. g.*, "as leis básicas da física devem valer em relação a qualquer sistema de referência inercial". Não se trata de uma lei da natureza, porém de um enunciado[47] de metalei e não deve, portanto, aparecer entre os axiomas da CRE, embora a teoria devesse por certo coadunar-se com ela: é um princípio heurístico ou de construção de teoria e não um princípio constitutivo. Tal fato não é facilmente reconhecível antes da axiomatização da CRE.

Escolhemos a seguinte septupla como *base primitiva* (conjunto de conceitos primitivos) da CRE:

$$B\,(\text{CRE}) = \langle \Sigma, S, \Lambda, E^3, T, \{X\}, C \rangle.$$

44. Para uma teoria relacional do tempo local, ver cap. 2, sec. 3 do livro citado na nota 32.

45. M. Bunge, nota 32, cap. 2, sec. 5.

46. M. Bunge, nota 32, cap. 3, sec. 1.

47. M. Bunge, Am. J. Phys. *29*, 518, 1961.

Σ será interpretado como o conjunto de sistemas físicos de qualquer espécie – material, do tipo campo ou mecânico-quântico; S será tomado como o conjunto de sinais eletromagnéticos; Λ, como o conjunto de referenciais inerciais (Lorentz); E^3, como o espaço tridimensional euclidiano; T, como o intervalo da função do tempo estudada na cronologia[41]; um elemento da família $\{X\}$, como a posição instantânea de um $\sigma \in \Sigma$ relativa ao referencial $\lambda \in \Lambda$; e $C(s, \lambda)$, como a velocidade de um sinal eletromagnético no vácuo, relativa a um $\lambda \in \Lambda$.

Com base nos conceitos primitivos precedentes e em certos conceitos formais tomados à lógica e à matemática, construiremos os seguintes conceitos derivados:

Def. 1. $E^{3+1} \overset{\text{def}}{=} E^3 \times T$ (para não ser confundido com o espaço-tempo dos eventos, que é pseudo-euclidiano).

Def. 2. $X^0 \overset{\text{def}}{=} ct$ (co-tempo).

Def. 3. Se $\sigma \in \Sigma$, $\lambda \in \Lambda$, e $t \in T$, então:

$V(\sigma, \lambda, t) \overset{\text{def}}{=} dx(\sigma, \lambda, t) / dt$

Def. 4. Se $\sigma \in \Sigma$, $\lambda \in \Lambda$, e $t \in T$, então: σ está em movimento retilíneo e uniforme, m. r. u. $\lambda \overset{\text{def}}{=} V(\sigma, \lambda, t) = \text{const.}$

9.3.2. *Os enunciados básicos*

Os conceitos básicos e definidos acima estão amarrados nos seguintes axiomas, cada um deles focalizando um conceito primitivo. Seu *status* formal físico ou semântico é indicado por *AM*, *AF* e *AS*, respectivamente (ver Sec. IIA).

A1: *Sistemas*

(*a*) $\Sigma \neq \phi$. [*AM*]
(*b*) Todo $\sigma \in \Sigma$, representa um sistema físico. [*AS*]

A2: *Sinais*

(*a*) $S \neq \phi \wedge S \subset \Sigma$. [*AM*]
(*b*) Todo $s \in S$ representa um sinal eletromagnético. [*AS*]

A3: *Referenciais*

(*a*) $\Lambda \neq \phi \wedge \Lambda \subset \Sigma - S$. [*AM*]

(*b*) Cada $\lambda \in \Lambda$ representa um sistema referencial inercial (Lorentz). [*AS*]

(*c*) Para cada $\lambda \in \Lambda$ há uma base $e = \langle e_0, e_1, e_2, e_3 \rangle$ em E^{3+1} tal que $e \triangleq \lambda$. [*AS*]

A4: *Espaço local*

(*a*) E^3 é um espaço euclidiano tridimensional dotado de produto interno. [*AM*]

(*b*) E^3 representa o espaço comum relativo a (metaforicamente: "como visto a partir de") qualquer $\lambda \in \Lambda$. [*AS*]

A5: *Tempo local*

(*a*) T é um intervalo de tempo na reta real. [*AM*]

(*b*) T é o intervalo da função tempo na teoria do tempo local. [Equivalentemente: um $t \in T$ representa um instante do λ-tempo.] [*AS*]

(*c*) Para cada $\lambda, \lambda' \in \Lambda$, os co-tempos associados X^0 e $X^{0'}$ são tais que $\partial X^0 \partial X^{0'}$ existe e é positivo. [Equivalentemente: não há de forma global reversão no tempo.] [*AF*]

A6: *Localização*

(*a*) $\{X\}$ é uma família não vazia de funções. [*AM*]

(*b*) Todo $X \in \{X\}$ é uma função de $\Sigma \times \Lambda \times T$ em R^3. [*AM*]

(*c*) $X(\sigma, \lambda, t)$ representa a posição de um ponto do sistema σ, referida ao referencial λ, no instante t relativo a λ (metaforicamente: "medido por"). [*AS*]

(*d*) Para cada evento pontual há uma sextupla $\langle \sigma, s, \lambda, X^0, X^1, X^2, X^3 \rangle \triangleq$ evento [*AS*]

A7: *Constância da velocidade da luz*

(*a*) C é uma função com valores reais em $S \times \Lambda$. [*AM*]

(*b*) Cada $s \in S$ se propaga no vácuo relativo a qualquer $\lambda \in \Lambda$, com movimento retilíneo e uniforme e com velocidade c – isto é, $C(s, \lambda) = c$. [*AF*]

9.3.3. Comentários

O sistema de axiomas precedente é *p*-completo e *d*-completo no sentido fraco descrito na Sec. 9.2.3. De fato, ele caracteriza todos os conceitos primitivos tanto formal quanto semanticamente – contanto que o plano de fundo da teoria seja relembrado, como ocorreu na Sec. 9.3.1 – e acarreta todas as fórmulas típicas da CRE[48]: a relatividade da simultaneidade (uma lei e não uma convenção), as fórmulas de transformação de Lorentz, a inariança do elemento de linha no espaço dos eventos $\Sigma \times S \times \Lambda \times E^{3+1}$ (não em E^{3+1}) e, naturalmente, o que quer que essas fórmulas acarretem por seu turno, particularmente a "contração" do comprimento e a "dilatação" do tempo. Ao contrário de outras axiomatizações – nomeadamente as de Carathéodory[49] e Reichenbach[50] – a nossa é independente do observador – como deve ser, uma vez que a essência da covariança é precisamente a invariança (numérica) de enunciados de lei sob certas substituições de referenciais, em especial, observadores. Isto não é um mérito da axiomática, porém uma peculiaridade da filosofia realística subjacente ao nosso tipo particular de axiomática física (*cf.* Sec. 9.1.3).

A nossa axiomatização mostra que a CRE não versa nem sobre o tempo-espaço vazio (construção formalista de Minkowski), nem sobre pontos materiais (construção mecanicista), nem sobre barras e relógios (interpretação operacionalista), e muito menos sobre um conjunto de observadores qualificados e intercomunicantes (interpretação subjetivista). Ela evidencia que a cinemática relativística especial versa sobre quaisquer triplas ordenadas $<\sigma, s, \lambda>$, desde que Σ, S e Λ sejam os conjuntos de referência ou domínios de entidades físicas da teoria. Indica também que a CRE emprega dois espaços diferentes: o espaço euclidiano E^{3+1} vinculado a qualquer referencial singular, e o espaço pseudo-euclidiano total (inter-referencial) de eventos $\Sigma \times S \times \Lambda \times E^{3+1}$ cujo elemento de linha é Lorentz invariante. (A costumeira identificação de

48. Ver nota 43.
49. Ver nota 9.
50. Ver nota 12.

E^{3+1} como espaço de eventos ou o mundo é passível de objeção porque não há eventos sem entidades físicas. É correto somente se E^{3+1} for construído a partir de eventos, como propôs Noll[51].) Conseqüentemente as fórmulas de transformação de Lorentz recebem uma interpretação física e não apenas matemática: considera-se que são válidas para coordenadas físicas X e não para os pontos x de E^{3+1}. Aceita ou não esta interpretação particular da CRE, uma coisa é nítida: uma tal clareza relativa aos referentes de uma teoria física é conquistada apenas através de sua axiomatização. Esta possibilidade de identificar o referente real de uma teoria torna-se particularmente valiosa no caso da mecânica quântica elementar, cujo referente continua sendo matéria controversa: alguns julgam que seja um observador, outros, um dispositivo experimental, outros ainda, um agregado estatístico de microssistemas, ou então um conjunto potencial (Gibbs) de microssistemas, e, finalmente de outra maneira, um microssistema individual. A axiomatização da teoria torna claro qual dessas interpretações é permitida pelo formalismo[52].

Pode-se perceber que a maioria de nossos axiomas para a CRE são ou da *AM* ou da *AS*: há somente dois enunciados de lei propriamente ditos, isto é, *A5* (*c*) (não existe de forma geral reversão no tempo) e *A7* (*b*) (constância da velocidade da luz). O primeiro nunca é explicitamente formulado, mas é usado derivando-se as fórmulas de Lorentz na medida em que fixa o sinal do coeficiente L_{00} da matriz de transformação. Pressuposições ocultas como esta são necessariamente desenterradas com a axiomatização. Quanto ao princípio da relatividade, como já foi mencionado antes, ele é obedecido por nosso sistema de axiomas, mas não está incluido neste porque é um metaenunciado heurístico. Embora os fundamentos da CRE contenham apenas dois *AF*, todo *AM* torna-se um *AF* quando traduzido em termos físicos com a ajuda da *AS* acom-

51. W. Noll, "Space-Time Structures in Classical Mechanics", no volume citado na nota 36.

52. Ver cap. 5 do livro citado na nota 32 e, do autor, "Quanta and Philosophy", em *7e. Congrès interamèricain de philosophie*, Presses de l'Université Laval, Quebec, 1967.

panhante. Assim, *A1* diz que Σ é não vazio (*AM*) e que Σ representa o agregado de sistemas físicos (*AS*) – o que equivale à asserção da existência de sistemas físicos. E esta última é um enunciado físico, ainda que não seja um enunciado de lei. Algo similar vale no tocante aos teoremas: eles são enunciados físicos porque as *AS* dizem que os símbolos básicos têm alcance físico. Cabe notar finalmente que os conceitos de sistema de referência, sinal eletromagnético e tempo local são utilizados mas não analisados na CRE: sua análise é confiada às teorias subjacentes.

Esta discussão um tanto seca dos fundamentos da CRE será suficiente aqui, pois não foi suscitada com o fito de avivar a controvérsia acerca do significado da CRE, porém a fim de ilustrar nossa abordagem objetivista da axiomática física[53].

Reparos Finais

Muitas teorias físicas são conhecidas, mas sabemos relativamente pouco sobre sua exata natureza e, em especial, sobre seu conteúdo. Neste terreno a física dificilmente está mais adiantada que a matemática em 1900, quando a moderna axiomática e metamatemática estavam acabando de nascer. Numa situação assim espera-se que o filósofo seja de alguma utilidade, pois ele é supostamente o analista de idéias *par excellence*. Ora, as idéias científicas não são devidamente analisadas quando as examinamos fora de seu contexto, mas quando expomos a sua sistematicidade – suas relações com outras idéias – bem como suas relações com as coisas de que elas tratam. E até agora a axiomatização é o meio mais eficaz de sistematizar e, portanto, de elucidar um corpo de idéias. É ponto pacífico que a axiomática física não pode ser perfeita, senão, por outro motivo, pelo menos porque ela precisa deixar algumas janelas abertas através das quais novos conhecimentos possam entrar, e porque ela consiste na organização de um corpo

53. Para mais comentários sobre a natureza da relatividade, quer especial quer geral, ver nota 32, cap. 3, secs. 2 e 3.

de enunciados muitos dos quais são, no melhor dos casos, parcialmente verdadeiros (ver Sec. 9.2.3). Também, a axiomatização não substitui a criação de teorias originais. No entanto, por mais limitado que seja em escopo, a axiomatização é uma fase na maturação.

Eis algumas razões pelas quais se pode sustentar que a axiomatização promove o amadurecimento da ciência:

(*a*) Ela desvenda muitas pressuposições tácitas (o plano de fundo da teoria) e muitas assunções ocultas, colocando-as portanto sob controle;

(*b*) Ela exibe a estrutura da teoria, facilitando, destarte, o controle das derivações;

(*c*) Ela delineia a interpretação da teoria, impedindo, por este meio, interpretações *ad hoc* (particularmente as metafóricas);

(*d*) Ela permite conferir o que quer que tenhamos sacado a descoberto a partir de nosso fundo de assunções, ajudando-nos destarte a localizar deduções não válidas e sugerindo a maneira de enriquecer o conjunto de assunções;

(*e*) Os conceitos e as hipóteses-chave são identificados, de modo que não precisamos sucumbir à tentação de definir e provar tudo;

(*f*) As conseqüências de possíveis mudanças nos fundamentos são melhor compreendidas;

(*g*) Os estranhos – em particular os intrusos psicológicos inflamados de zelo filosófico ou pedagógico – são mantidos fora;

(*h*) As deficiências da teoria podem ser melhor localizadas e corrigidas;

(*i*) Extravagâncias filosóficas são eliminadas e as análises filosóficas são facilitadas.

Em suma, a axiomatização encarece a clareza e o rigor, assim como facilita a crítica e portanto o desenvolvimento. Em conseqüência, combater a axiomática é promover a confusão e o dogmatismo.

10. A FLECHA DO TEMPO

Dentre todas as idéias importantes, as de ser e de tempo parecem ter sido confundidas durante sua história. E das duas, a segunda aparentemente sempre ganhou o páreo da confusão. No mais das vezes, a confusão provém do fato de se conceituar o tempo como alguma coisa que flui, isto é, da identificação de fluxo e tempo, em vez de se construir o tempo como o passo do vir-a-ser. Essa reificação do tempo, tão típica do conhecimento comum, vem vindo desde o pensamento arcaico – e não somente no Oriente e no Mediterrâneo. Assim, os Maias, que criaram uma visão dinâmica do mundo, acreditavam que os deuses carregavam em suas costas tanto o sol quanto o tempo, e designavam o tempo, o sol e o dia com a mesma palavra: *kinh* (León-Portilla)[1]. As concepções de tempo como coisa e como processo encontram-se, evidentemente, em um certo número de locuções nas línguas indo-

1. M. Leon-Portilla, *Tiempo y Realidad en el Pensamiento Maya*, Unin. Nacional Autonoma de Mexico, México, 1968.

européias, sugerindo que o tempo flui, voa e até nos espolia; que ele pode ser perdido e achado, roubado e ganho; que está sempre com pressa para ir do passado ao futuro; que pode causar nascimento e morte. E, pelo menos na Espanha, o tempo pode ser morto e necessita, inclusive, de tempo (*Hay que dar tiempo al tiempo*).

Entretanto, confusões e absurdos concernentes ao tempo não são privilégio do pensamento arcaico e de seu registro fóssil – a linguagem cotidiana. Patologistas e teratologistas do tempo poderiam ter um bom passatempo examinando certas confusões conspícuas na literatura científica contemporânea. Uma delas, talvez a mais prejudicial de todas, é a fusão de três idéias bem distintas, amontoadas à sombra da, assim chamada, "flecha do tempo": a assimetria do tempo, a não-invariança sob a reversão do tempo e a irreversibilidade. Tentemos aclarar esta confusão, mesmo com o risco de erro.

10.1. Anisotropia do Tempo

Todo mundo parece concordar que o tempo é assimétrico, mas não está claro, de modo algum, o que se pretende dizer com isto. Para esclarecer essa idéia necessitamos de uma teoria definida do tempo. Beneficiar-nos-emos de uma teoria do tempo proposta alhures (Bunge)[2] e que formaliza a antiga intuição de que o tempo nada mais é senão o passo do vir-a-ser. (Com respeito aos precursores, ver Whitehead[3], Russel[4] e Noll[5].)

Esta teoria analisa o conceito da função de tempo local T em termos de três conceitos não definidos que podem ser

2. M. Bunge, "Physical Time: the Objective and Relational Theory" *Phil. Sci.*, *35*, 1968, 355-388 e "Physique et Métaphysique du Tempo", *in Proc. XIV th Intern Congress of Philosophy*, I, Herder, Viena, 1968.

3. A. N. Whitehead, *The Principles of Natural Knowledge*, Cambridge University Press, Cambridge, 1919.

4. B. Russel, *Our Knowledge of the External World*, Allen & Unwin, Londres, 1952.

5. W. Noll, "Space-Time Structures in Classical Mechanics", em M. Bunge (ed.), *Delaware Seminar in the Foundations of Physics*, Berlim-Heidelberg-Nova York, Springer Verlag, 1967.

elucidados em outros contextos, isto é, o de evento (E), o de sistema de referência (K) e o de escala cronométrica (S). Os postulados desta teoria são:

A1. *Há eventos* [mudanças de estado de sistemas], *sistema de referência físicos* [não apenas geométricos] *e escalas cronométricas* [maneiras de fazer corresponder, mapear, durações a números].

A2. *T é uma função de valores reais no conjunto de todas as quádruplas ordenadas (e, e', k, s), onde* e *e* e' *estão contidos em* E, k *está em* K *e* s *em* S.

A3. *O conjunto dos eventos é compacto* [no sentido de que, para qualquer e em E, todo k em K, cada s em S e qualquer t dado na reta real R, existe um segundo evento e' tal que $T(e, e', k, s) = t$].

A4. *As durações são aditivas* [isto é, para quaisquer e, e' e e'' em E, relativos a um referencial fixo k e sobre uma escala dada s: $T(e, e', k, s) + T(e', e'', k, s) = T(e, e'', k, s)$].

Estes axiomas determinam o conceito de tempo local como um conceito ancorado em mudança real e relativo a algum referencial. Eles acarretam, entre outros, os seguintes resultados pertinentes à questão da anisotrópica do tempo:

Teorema sobre a direção do tempo. A duração é um intervalo orientado. [Isto é, para quaisquer dois eventos e, e' em um dado referencial k e sobre uma escala dada s: $T(e, e', k, s) = -T(e', e, k, s)$.]

Prova: Pelo Axioma 4. (Tomemos $e'' = e$ e levemos em conta que, precisamente pelo mesmo postulado, $T(e, e, k, s) = 0$.)

Em suma, a função de tempo local é ímpar nos eventos: isso é tudo o que se pode dizer com respeito à assimetria do tempo. Em particular, o enunciado acima não afirma que o futuro é diferente do passado porque há eventos e processos únicos e irreversíveis. Na verdade, a função T de tempo local é a mesma se o conjunto E de eventos for composto de eventos reversíveis ou irreversíveis, de eventos repetíveis ou únicos. Em particular, a função T é a mesma para a mecânica da partícula e a termostática (ambas lidam com processos reversíveis), para a mecânica do contínuo e a termodinâmica irreversível. O que está igualmente certo, pois, se cada teoria tivesse seu conceito peculiar de tempo, a comparação entre teorias seria quase impossível.

O teorema precedente diz que o lapso de tempo entre dois eventos não simultâneos *e* e *e'* está orientado na direção oposta ao intervalo de tempo entre *e'* e *e*. Mas isto não nos diz qual dos dois eventos vem antes. Podemos certamente acrescentar uma convenção apoiando o conceito de ordem (de eventos) no de direcionalidade (da duração). Mas quaisquer destas convenções partirá da admissão de que temos critérios independentes para determinar qual dos dois eventos não simultâneos vem primeiro. A convenção padrão é, de fato, a seguinte:

Definição. e é *anterior* a *e'*, relativo a *k* e *s*, se e somente se $T(e, e', k, s) > 0$.

Isto não é uma lei da natureza: nada, exceto a tradição, nos impede de inverter a desigualdade. Em outras palavras, a assimetria do tempo, tal como expressa pelo teorema acima, é um fato, mas a decisão de contar o tempo para a frente, isto é, na direção dos eventos vindouros, é arbitrária. Colocando em termos metafóricos: a natureza nos diz que o tempo "flui", mas não para onde. Melhor dizendo: o tempo não tem uma flecha inserida em seu interior. Suas flechas devem ser procuradas em processos inteiros e não em um dos aspectos dos processos.

10.2. Reversão do Tempo

A reversão do tempo consiste na inversão do sinal das variáveis ou coordenadas do tempo. Esta é uma operação matemática. A fim de descobrir seu significado físico, se houver algum, talvez seja de grande ajuda aclarar a noção de coordenada física como noção distinta da de coordenada matemática.

Enquanto na física elementar se introduzem coordenadas logo no início, nos fundamentos da física as coordenadas deveriam aparecer numa fase tardia, se é que deveriam, uma vez que a natureza das variedades subjacentes, e também possivelmente das leis básicas, tem sido caracterizada em coordenadas dispostas livremente. Esse método evita pressuposições geométricas desnecessariamente restritivas e desenfatiza a importância do ponto de vista e das técnicas de resolução de problemas, ao mesmo tempo que ressalta o pertinente à natureza mais do que às nossas representações desta. Mais ainda, se se acredita que espaço e tempo não são nem coisas nem intuições *a priori*, porém antes certas relações entre coisas e suas mudanças (isto é, eventos), começar-se-á pela própria realidade – isto é, pela coleção de coisas ou pela coleção de eventos – como o objeto que a física geométrica deveria mapear.

Pode-se conceber a realidade, ou o espaço físico, como o conjunto E de eventos ou como a coleção de objetos da física elementar, a exemplo das partículas pontuais e dos pontos de uma frente de onda eletromagnética. Um meio de conceituar a realidade é mapear E sobre um espaço geométrico G. Isto é, supomos a existência de uma função γ de E em G, capacitando-nos a manejar a imagem conceitual $g = \gamma(e)$ de cada elemento e de E. (O mapeamento γ é injetor mas não sobrejetor: a diferentes pontos físicos é preciso atribuir diferentes pontos geométricos, mas podem existir pontos geométricos sem correlato físico. Portanto γ tem um inverso esquerdo. O inverso em que estamos interessados é a função representação $\hat{=} G \rightarrow E$ discutida em Bunge[6].)

É necessário tornar a geometrização do mundo mais precisa do que isto: temos que representar a "distância" (espacial, temporal, espaço-temporal ou outras) entre dois pontos físicos quaisquer e e e'. Isto pode ser feito introduzindo-se uma função adequada δ que atribua a qualquer par ordenado (e, e') a diferença $g - g'$ de dois vetores em G, cuja diferença é um terceiro ponto em G. Em resumo, $\delta : E \times E \rightarrow G$ com $(e, e') \rightarrow g - g' \in G$. Alguns outros axiomas (*e. g.*, "Se $e = e'$, então $g - g' = O$") determinarão de modo exclusivo esta fun-

6. M. Bunges, *Foundations of Physics*, Springer-Verlag, Berlim-Heidelberg-Nova York, 1967.

ção de separação física δ. A geometrização de E, esboçada até agora, pode ser sumariada no diagrama comutativo esboçado a seguir, onde p representa a projeção de E x $E = E^2$ em qualquer de seus fatores.

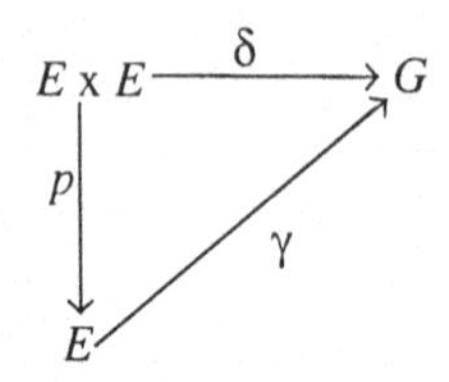

Como $\delta = p\,\gamma$, os axiomas para δ determinam a imagem geométrica G de E.

O próximo passo consiste em aritmetizar plenamente E, no sentido de mapear sua imagem geométrica G em algum campo de números, em geral a reta real R. (Mais precisamente, introduzimos a função α de G em R^4.) A aritmetização pode envolver "coordenatização". Como há dois espaços envolvidos, E e G, haverá dois conjuntos de coordenadas: físicas e geométricas. A i-ésima coordenada geométrica é uma função f_i que associa a todo ponto de um espaço vetorial (como G) um elemento de um campo (*e. g.*, R) de tal maneira que $f_i(b_j) = \delta_{ij}$, onde b_j é o j-ésimo vetor da base e δ_{ij}, o delta de Kronecker. Admitindo que E, e portanto que G é quadridimensional, temos as

- *coordenadas geométricas* $x_i : G \to R$ com $i = 1, 2, 3, 4$, que fixam a posição de qualquer ponto no espaço geométrico G. Mas temos o acréscimo de quatro funções que podem ser chamadas de
- *coordenadas físicas* $X_i : E \to R$ com $i = 1, 2, 3, 4$, que identificam qualquer ponto no espaço físico E. (A menos que se possa admitir E como espaço vetorial, estas não serão coordenadas no sentido matemático. Tampouco serão as coordenadas de partículas empregadas na mecânica: elas são funções com valor real em Σ x K x T, onde Σ é o conjunto de partículas, K, o conjunto de referenciais inerciais e T, o intervalo da função tempo.) Os x_i e X_i são funções diferentes mesmo se seus valores coincidirem nos pontos de G que eventualmente tenham uma imagem em

E. Na ciência fatual, os x_i ajudam a descrever o que ocorre *em* um ponto geométrico $g \in G$, enquanto os X_i ajudam a descrever o que acontece *a* um elemento físico $e \in E$. (Estas duas maneiras de descrição, embora diferentes, equivalem-se: ver Truesdell[7].) Os dois conjuntos de coordenadas estão relacionados pela composição $X_i = x_i \gamma$.

A aritmetização pode ser levada adiante, pela metrificação tanto de E quanto de G. Haverá duas formas métricas, uma para cada espaço: d_E e d_G. O elemento de reta $d_E s$ conterá as coordenadas físicas X_i, enquanto o elemento de reta geométrico $d_G s$ conterá as coordenadas geométricas x_i. Por exemplo, na relatividade especial a métrica de Lorentz refere-se ao espaço físico ao passo que a métrica de Minkowski refere-se ao espaço geométrico. Matemáticos e físicos freqüentemente divergem entre si no tocante a estes assuntos, pois falam de tipos diferentes de coordenadas, e portanto de diferentes formas métricas.

O diagrama a seguir sumariza a formalização do processo esboçado até agora.

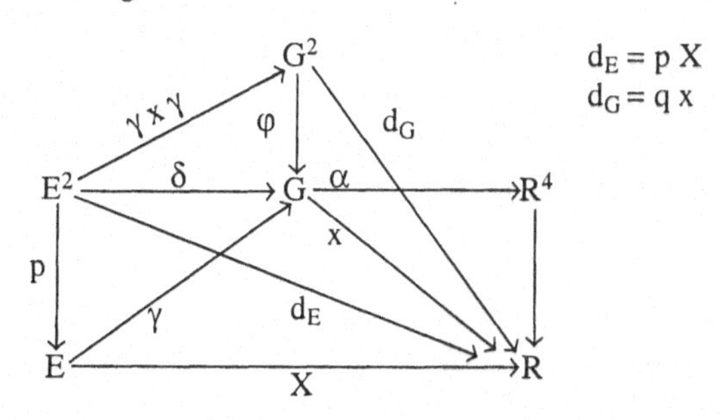

As coordenadas geométricas x_i não tem pé no espaço E de eventos, daí serem fisicamente despidas de significado. Só as coordenadas físicas $X_i = x_i \gamma$ tem realmente significado fatual, já que elas têm um dos pés em E, isto é, $X_i \in E \times R$. Isso vale, em particular, para x_4 e X_4: só a última é uma coordenada de tempo. Por exemplo, na relatividade especial a quarta coordenada que ocorre na métrica de Lorentz é uma

7. C. Truesdell, *The Elements of Continuum Mechanics*, Springer-Verlag, Berlim-Heidelberg-Nova York, 1967.

coordenada de tempo; também o tempo próprio é uma coordenada de tempo. Por outro lado, x_4 pode ser visto como aquela função cujo quadrado somado à soma dos quadrados das coordenadas espaciais, é invariante para a rotação.

Admitindo então que X_4 seja uma coordenada de tempo, o que significa a inversão de seu sinal? A resposta depende do que estamos mirando: se para o substrato E de X_4 ou para o papel que X_4 desempenha nos enunciados de lei (equações de movimento, equações de campo ou equações constitutivas). Respondamos cada questão, por vez.

Consideremos X_4 como um mapeamento do espaço físico E na reta real. E pode ser encarado como um conjunto "marcado", isto é, um conjunto com um elemento distinto e_0 interpretável como o evento inicial de uma série e, portanto, como o correlato físico do zero da coordenada do tempo. Isto nos capacita a identificar X_4 com a restrição da função do tempo local T (Sec. 1) no conjunto $E \times \{e_0\} \times \{k\} \times \{s\}$, onde k e s são, respectivamente, o mesmo referencial e escala apresentados na definição de X_4. Em termos mais simples, $X_4(e) = T(e, e_0, k, s) = t$. Pois bem, pelo teorema da anisotropia do tempo, referido na Sec. 1, $T(e, e_0, k, s) = - T(e_0, e, k, s)$. Daí a inversão do sinal de t corresponder a uma inversão da ordem de aparecimento dos pares de eventos subjacentes: se anteriormente e_0 precedia e, agora é o contrário. Em suma, *a reversão do tempo corresponde à reversão do processo*.

O que dizer sobre a inversão de t em um enunciado de lei $L(t)$, tal como uma equação de movimento ou uma equação de campo? Há duas possibilidades: ou $L(-t) = L(t)$ ou a igualdade não se mantém. Caso ela se mantenha, diz-se que $L(t)$ é invariante para uma reversão de tempo ou, resumidamente, que é *T-invariante*. Todos os enunciados microfísicos básicos (leis de alto nível) conhecidos até agora são T-invariantes, mas podem ter conseqüências lógicas (leis de baixo nível) que careçam dessa propriedade. Exatamente como aconteceu antes, uma reversão de tempo – com ou sem a T-invariança do enunciado de lei envolvido – não é indício do "fluxo" para trás do tempo. A inversão de tempo em um processo descrito por um enunciado de lei T-invariante é apenas a reversão do processo original – *e. g.*, um movimento com velocidades e *spins* invertidos. Um tal processo anda "para frente no tempo" tanto quanto o processo original o faz: só que se opta por descrevê-lo como a inversão de tempo de $L(t)$ desde que esta fórmula é idêntica a $L(-t)$.

Se um enunciado de lei deixa de ser T-invariante, então ele se refere a processos irreversíveis. Mas se for T-invariante, poderá ou não dizer respeito a processos reversíveis, dependendo das fórmulas acompanhantes. Assim, as equações de Maxwell são T-invariantes, mas, se conjugadas com a condição da radiação para fora (não ondas entrantes), elas descrevem a propagação irreversível de uma onda (retardada) que sai. Em suma, a T-invariança não tem nada a ver com um retorno ao passado e não é um indicador inambíguo de reversibilidade. Mas a reversibilidade é algo que pertence à próxima seção.

10.3. Irreversibilidade

A reversibilidade é uma propriedade de certos processos, principalmente microfísicos. Um processo reversível é, em termos estritos, um processo em que tanto o sistema envolvido quanto sua circunvizinhança podem ser repostos em sua condição original. Ora, todo enunciado de lei concerne a algum sistema S_1 de algum tipo sob a ação de alguma circunvizinhança S_2 (eventualmente a circunvizinhança nula ou espaço livre). Essa circunvizinhança, constante ou mutante, não é governada pela suposição de que mude apreciavelmente sob a reação do sistema S_1: o enunciado de lei focaliza este último e negligencia a retroalimentação. Quando as reações são levadas em conta, os enunciados de lei se referem a um terceiro sistema composto de S_1 e S_2, que será imerso em um sistema ulterior S_3, que por sua vez será considerado como suficientemente grande para menosprezar quaisquer mudanças provocadas pelo sistema combinado. Deste modo é construída uma caixa chinesa de pílulas (conjunto de caixas graduadas que se encaixam). A caixa externa é o universo, mas para propósitos práticos pode-se tomá-la como a circunvizinhança imediata do sistema no qual eventualmente estamos interessados.

Sendo isto assim, não é de se admirar que a irreversibilidade possa surgir mesmo se as leis do sistema são T-invariantes. Embora o afloramento da irreversibilidade a partir de processos reversíveis de menor escala tenha sido considerado um paradoxo, nada tem de paradoxal se recordarmos que as leis determinam os processos apenas de maneira parcial. De fato, um processo ou história é determinado conjugadamente por um conjunto de leis e um conjunto de vínculos, condições iniciais, condições de contorno e outras hipóteses subsidiárias que representam circunstâncias particulares quer do sistema quer de sua circunvizinhança. Em especial, as condições de contorno, tão importantes na física do contínuo, na física do campo e na mecânica quântica, constituem realmente uma representação esquemática ou de caixa negra do estado da circunvizinhança. (No caso de materiais com memória, talvez seja preciso acrescentar um bom trecho da história prévia do sistema. Isto porque o tensor de tensão de qualquer sistema material é determinado tanto pelas deformações presentes quanto pelas deformações passadas do corpo; a mecânica do contínuo, a eletrodinâmica e a termodinâmica não podem ser T-invariantes em geral. Daí por que as teorias T-invariantes podem explicar processos irreversíveis como a radiatividade e a propagação de ondas. No que tange aos sistemas físicos, assim como às pessoas, a carreira efetiva é determinada por um feixe de leis e pelo *concurso de circunstâncias.*

Por essa razão é errônea a crença de que a reversibilidade é mais fundamental do que a irreversibilidade. (De outro lado, não parece que a T-invariança seja mais básica do que sua oposta. Pelo menos, há esperança de elucidar leis T-não-invariantes, como as equações de Fourier de transferência de calor, em termos de leis T-invariantes e certas condições subsidiárias.) Uma forma particularmente equivocada, ainda que atraente, de tentar salvar a reversibilidade e depreciar a irreversibilidade é supor que, a longo prazo, todos os processos são reversíveis: isto é, que a irreversibilidade é uma característica enganosa de seres de vida curta. Imagina-se que, para um ser cujo lapso de vida compreendesse vários ciclos de Poincaré, todo e qualquer processo apareceria como reversível – o sonho estóico da eterna recorrência popularizado por Nietzsche. Para começar, a cláusula "sobre intervalos de tempo suficientemente longos" (ou "se se pudesse esperar bastante tempo") torna a hipótese praticamente irrefutável, pois cada caso de irreversibilidade poderia ser descartado como uma evidência de que não se esperou o suficiente. Em segundo lugar, a hipótese (como a maioria das discussões sobre o enigma da reversibilidade-irreversibilidade) pressupõe que tudo consiste de um feixe de partículas newtonianas sem estrutura, de modo que as barreiras de potencial mecânico-quânticas, as condições de contorno e os vínculos como a da radiação para fora não desempenham papel algum.

Cabe culpar esta última suposição pelo enfoque usual sobre a *T*-invariança das equações básicas com o desleixo das suposições subsidiárias, geralmente responsáveis pela irreversibilidade. Este tipo de engano não seria cometido se a mecânica clássica fosse identificada à mecânica do contínuo – onde as condições de contorno, os vínculos e, muitas vezes, até as histórias passadas desempenham um papel supremo – ou se a existência de processos microfísicos irreversíveis, como a radiatividade, fosse lembrada.

Outro pensamento desembriagador é que na maioria dos casos uma circunvizinhança que atua aleatoriamente produzirá processos irreversíveis de maneira quase independente da *T*-invariança das leis básicas envolvidas. (Ver Bergmann e Leibowitz[8] e Blatt[9].) Uma vez que cada fragmento de sistema real do universo inteiro encontra-se sob a ação de perturbações aleatórias, a reversibilidade não tem possibilidades a longo prazo. Portanto, a suposição de que se todo sistema fosse entregue a si mesmo ele se desenvolveria de uma forma inteiramente reversível (Gold[10]) é um contrário inútil para o enunciado do fato.

Em conclusão, a *T*-invariança e a reversibilidade, embora relacionadas, são distintas: enquanto a primeira diz respeito a leis (ou antes a enunciados de lei), a reversibilidade só

8. P. Bergmann e J. L. Leibowitz, "New Approach to Nonequilibrium Processes", *Phys. Rev.*, 99, 1955, 578-587.

9. J. M. Blatt, "An Alternative Approach to the Ergodic Problem", *Prog. Theor. Phys.*, 22, 1959, 745-756.

10. T. Gold, "The arrow of time", *Am. J. Phys.*, *30*, 1962, 403-410.

pode ser predicada a processos. Mais ainda, as duas são não-equivalentes: a *T*-invariança de leis é necessária mas insuficiente para a reversibilidade de processos. Quer dizer, se um processo é reversível então ele satisfaz leis *T*-invariantes mas o inverso não sucede – não obstante a autoridade de Prigogine[11]. Parece que conhecemos umas poucas condições que são, separadamente, suficientes para a irreversibilidade: leis *T*-não-invariantes, limites semipermeáveis (como as barreiras de potencial nuclear), ou o acoplamento do sistema com uma circunvizinhança que atua aleatoriamente. Mas não conhecemos ainda qualquer condição necessária e suficiente para a irreversibilidade, nem sabemos se há uma condição universal desta espécie, isto é, que valha para sistemas de todos os tipos. E não é provável que achemos qualquer condição necessária, suficiente e universal enquanto centrarmos nossa pesquisa no caso muito especial e artificial das partículas newtonianas – se não por outro motivo, pelo menos porque para tais partículas a distinção da reversibilidade-irreversibilidade é uma questão de grau (Grad)[12]. Nem é provável que sejamos bem-sucedidos nessa investigação se nos agarrarmos ao aumento de entropia como o único critério de irreversibilidade: primeiro, porque há um certo número de funções de entropia (quer na termodinâmica quer na mecânica estatística), mas não todas, que apresentam aumento constante de entropia; segundo, porque há processos microfísicos (portanto, nem entrópicos nem não-entrópicos) que são irreversíveis – por exemplo, o decaimento de partículas elementares de vida curta.

Conclusões

Aqui temos um apanhado final de nossa discussão:

1a. A assimetria ou a anisotropia do tempo consiste em que as durações são intervalos orientados – ou, em termos

11. I. Prigogine, *Introduction to Thermodynamics of Irreversible Processes*, Interscience, Nova York, 1961, p. 14.

12. Grad. H. *Levels of description in statistical mechanics and*

equivalentes, que a função de tempo local é ímpar com respeito aos eventos.

1b. A anisotropia do tempo independe da causalidade, da *T*-não-invariança e da irreversibilidade. Tanto as leis *T*-invariantes quanto os processos reversíveis são descritos com a ajuda de uma função de tempo assimétrica.

2a. A *T*-invariança (permanência sob reversão de tempo) é uma propriedade de certos enunciados, em particular enunciados de lei, que contém a variável tempo.

2b. A *T*-invariança implica a possibilidade de reversão de processo (por exemplo, inversão de movimento), mas não a reversão da direção do tempo.

3a. A irreversibilidade refere-se a certos processos e não a suas leis, isto sem falar do tempo.

3b. Se um processo é reversível então suas leis são *T*-invariantes mas não inversamente: a *T*-invariança é somente necessária para a reversibilidade. Sendo os processos determinados conjuntamente pelas leis e pelas circunstâncias, a *T*-invariança é compatível com a irreversibilidade.

Se 1a, 2a e 3a forem verdadeiras, será enganoso falar da "flecha do tempo", pois esta expressão pitoresca abrange idéias inteiramente distintas. E se 1b, 2b e 3b forem verdadeiras, então, embora o tempo seja apenas um aspecto do processo – a tal ponto que um universo sem eventos seria carente de tempo – a descrição de um processo pressupõe alguma idéia de tempo, idéia que quanto mais clara e menos metafórica tanto melhor.

thermodynamics, *in* M. Bunge (ed.), Delaware Seminar in the Foundations of Physics, Berlim-Heidelberg – Nova York: Springer-Verlag, 1967.

Este livro foi impresso na cidade de Cotia,
nas oficinas da Meta Brasil,
para a Editora Perspectiva.